建筑装饰装修材料检测技术培训教材之八

JINSHU JI JINSHU FUHE ZHUANGSHI CAILIAO JIANCE JISHU

金属及金属复合装饰材料检测技术

中国建筑材料检验认证中心
国家建筑材料测试中心 组编

中国计量出版社
CHINA METROLOGY PUBLISHING HOUSE

图书在版编目(CIP)数据

金属及金属复合装饰材料检测技术/中国建筑材料检验认证中心，国家建筑材料测试中心组编. —北京：中国计量出版社，2009.4

建筑装饰装修材料检测技术培训教材之八

ISBN 978-7-5026-2979-3

Ⅰ.金… Ⅱ.①中…②国… Ⅲ.①金属材料：装饰材料—检测—技术培训—教材②金属复合材料：装饰材料—检测—技术培训—教材 Ⅳ.TU56

中国版本图书馆 CIP 数据核字(2009)第 032461 号

内 容 提 要

本书是建筑装饰装修材料检测技术培训教材之八，内容包括金属及金属复合装饰材料概述、金属及金属复合装饰材料原材料检测技术和金属及金属复合装饰材料检测技术。全书内容全面、论述深入，紧密结合检测工作实践，具有很强的指导性和实用性。

本书可作为建材行业中金属及金属复合装饰材料检测人员职业技术培训的教材，同时适用于大中专院校相关专业的师生，也可作为金属及金属复合装饰材料生产企业和相关管理、科研单位人员提高专业知识、专业管理水平的自学用书。

中国计量出版社 出版

地　址 北京和平里西街甲 2 号(邮编 100013)
电　话 (010)64275360
网　址 http://www.zgjl.com.cn
发　行 新华书店北京发行所
印　刷 北京市密东印刷有限公司
开　本 787mm×1092mm 1/16
印　张 15.75
字　数 374 千字
版　次 2009 年 4 月第 1 版 2009 年 4 月第 1 次印刷
印　数 1—3 000
定　价 38.00 元

如有印装质量问题，请与本社联系调换

建筑装饰装修材料检测技术培训教材
编审委员会

本书编委会

主　编　蒋　荃　刘元新

副主编　刘婷婷　刘　翼

参　编　（按姓氏笔画排序）

马丽萍　刘玉军　朱生高　乔亚玲　杜大艳

张庆华　张丹武　林　文　周　建　赵春芝

徐晓鹏　戚建强

参编单位　北京材料分析测试服务联盟

国家建筑材料质量监督检验中心

国家建筑材料行业职业技能鉴定(037)站

序言

我国迅猛发展的建筑工业对建筑材料及装饰装修材料的质量和性能提出了更加严格的要求。与此相适应，建筑材料及装饰装修材料检测技术的重要性也日益彰显。为适应这一形势的要求，贯彻执行国家建设资源节约型、环境友好型社会的号召，加强技能型人才的培养，近年来，作为北京材料分析测试服务联盟理事单位——国家建筑材料测试中心（建材特有工种职业技能鉴定站）在开展检测方法研究、扩大检测范围、提高检测能力的同时，开展了一系列的建材质量控制工职业技能鉴定培训工作，使从业人员系统地掌握了建筑工程检测的专业知识，为提高建筑工程质量及建筑材料检测行业的整体水平，规范我国的建筑材料检测市场，进行了有益的尝试。

为进一步促进我国建筑装饰装修材料检测工作的健康发展，满足我国建筑装饰装修材料广大检测人员的要求，中国建筑材料检验认证中心和国家建筑材料测试中心在多年来开展研究和培训工作的基础上，组织有关专家编写了这套建筑装饰装修材料检测技术培训教材。本系列教材共有《装饰装修材料中有害物质检测技术》、《防水材料检测技术》、《建筑涂料检测技术》、《门窗幕墙及其材料检测技术》、《建筑陶瓷与石材检测技术》、《卫生洁具及其配件检测技术》、《建筑用管材与管件检测技术》、《金属及金属复合装饰材料检测技术》8 个分册，基本上涵盖了建筑装饰装修材料的各个类别。

本系列教材的作者均为长期从事建筑装饰装修材料检测方法研究和具体检测工作的高级专业技术人员，书中包含了作者们多年来积累的丰富经验、心得体会和部分研究成果。在编写本系列教材时，本着高起点、严要求的原则，以国家的政策法规和产品及检测方法标准为依据，从检测技术的角度，按材质、类别和使用部位，分类阐述了各种装饰装修材料的定义与应用，归纳汇总了目前国内外最先进的试验与检测技术，力求使本系列教材具有先进性和科学性。本系列教材从国内检测实验室的实际情况出发，具体介绍了各种材料的检测方法及操作要点，注重文字简洁与图文并茂，并结合实际检测中经常遇到的难点问题进行了讲解，因而具有较强的实用性和针对性。

本系列教材的编辑出版填补了国内建筑装饰装修材料检测技术专业书籍的空白。各相关机构可以以本系列教材为依据，开展相关的技术培训及职业鉴定活动，为社会培养高素质的专业人才，从而提高建筑工程质量及建筑材料检测行业的整体水平。

本系列教材适用于建筑工程及材料质量监督站、试验室的检验人员，建筑装饰装修材料生产单位、装修设计及施工单位的检验人员，各级工程检测、鉴定机构、材料试验室的检验人员，各级建委(建设局)、各建设监理公司、各工程建设单位、施工企业的检验人员，建筑、建材科研、设计院(所)、图书馆、大中专院校相关专业人员和广大师生。

本系列教材的编写与出版作为北京材料分析测试服务平台与科技资源创新试点建设——服务体系建设重点支持课题，由中国建筑材料检验认证中心、国家建筑材料测试中心组织编写，北京材料分析测试服务联盟等单位为参编单位。本系列教材在编写过程中，不仅得到了很多专家、检测人员的关心与支持，也得到了北京市科委的大力支持。特此向一切参与、关心和支持本系列教材编写和出版的人员表示衷心的感谢。

因水平所限，本系列教材中难免存在疏漏和不当之处，敬请读者不吝指正。

《建筑装饰装修材料检测技术培训教材》
编审委员会
2008 年 8 月于北京

前言

金属材料分为黑色金属和有色金属两大类。黑色金属包括铸铁、钢材，在建筑业中的钢材主要是作房屋、桥梁等的结构材料，只有钢材中的不锈钢用作装饰使用；有色金属包括铝及其合金、铜及铜合金、金、银等，它们广泛应用于建筑装饰装修工程中。在我国，以各种金属作为建筑装饰材料，有着源远流长的历史，至今还留下许多古迹，如颐和园中的铜亭，泰山顶上的铜殿，昆明的金殿，西藏布达拉宫金碧辉煌的装饰等都是古人留下的典范。现代金属装饰材料在建筑物中的应用更是多种多样，丰富多彩。这不仅因为金属材料具有独特的光泽和颜色；而且作为建筑装饰材料，金属庄重华贵，经久耐用，其性能均优于其他各类建筑装饰材料。现代常用的金属装饰材料包括铝及铝合金、不锈钢、铜及铜合金。

随着房地产业的不断升温，建筑装饰装修行业也得到了快速发展，经过数十年的发展，我国的建筑装饰水平已接近发达国家的水平。其中，金属及金属复合装饰材料在室内外装饰工程中的用量越来越大，使用金属及金属复合装饰材料进行装饰已经成为建筑领域的一个热点。但一些工程质量问题也相继涌现出来，偷工减料，以次代好，严重影响了建筑的整体效果，甚至给人民群众的生命安全带来威胁。2006 年 5 月竣工的位于深圳市福田区爱华小区内的飞扬时代大厦使用了 6000 余平方米的面铝、背铝均为 0.5 mm，总厚 4 mm 的厚氟碳铝塑板，质保期为 20 年，该楼还被评选为深圳市优良样板工程，但 2007 年 12 月即出现了起鼓现象，严重起鼓铝板约数十张，且几乎每张都有稍微的起鼓和变形。厂家承认是铝塑板质量问题，解释说铝板油污没清洗干净，导致与塑料层粘结不紧密，复合层间的剥离强度不够，在使用过程中经日晒雨淋发生分离变形。

因此,金属及金属复合装饰材料产品的质量问题已经成为人们最关注的问题。本书以监测和控制产品质量为目的,介绍了一些常用的金属及金属复合装饰材料原材料和产品的检测标准及方法。

本书具有以下特点:

(1) 首次系统地介绍了金属及金属复合装饰材料原材料和产品的检测方法;

(2) 为了使本书具有较强的实用性,在编写时作者比较注重归纳比较;

(3) 在编写过程中将编者对标准的理解和平时检测的经验结合其中,具有较强的参考性;

(4) 本书在编写时收集了现有标准,并注意引用新标准,力求使所采纳的标准为最新版本。

在本书编写过程中大量参考并引用了最新相关标准及许多专家、科技人员的专著、论文,在此对标准、专著和论文的作者特别表示感谢。

愿本书对金属及金属复合装饰材料产品生产企业和用户的质量控制有所帮助,祝金属及金属复合装饰材料行业有更大的发展。

编者

2009 年 2 月

目　录

第一章　金属及金属复合装饰材料概述 …………………………（1）
第一节　铝单板 ……………………………………（3）
第二节　彩钢板 ……………………………………（13）
第三节　金属吊顶 …………………………………（17）
第四节　铝塑复合板 ………………………………（25）
第五节　铝蜂窝板 …………………………………（34）
第六节　铝合金型材 ………………………………（42）
第七节　铝及铝合金阳极氧化膜与有机聚合物膜 ……（56）
第八节　金属装饰保温板 …………………………（66）
第九节　钛锌复合板 ………………………………（70）
第十节　建筑用泡沫铝板 …………………………（71）
第十一节　相关术语 ………………………………（74）
第二章　金属及金属复合装饰材料原材料检测技术 ……………（79）
第一节　原材料分类 ………………………………（79）
第二节　金属基材检测技术 ………………………（79）
第三节　涂装及涂料检测技术 ……………………（97）
第四节　芯料检测技术 ……………………………（107）
第五节　粘结材料检测技术 ………………………（113）
第六节　保护膜检测技术 …………………………（123）
第三章　金属及金属复合装饰材料性能检测技术 ………………（141）
第一节　表面涂层检测技术 ………………………（141）
第二节　产品物理力学性能检测技术 ……………（214）
附表　国内外相关标准 ……………………………（236）
参考文献 ……………………………………………（242）

第一章　金属及金属复合装饰材料概述

人类社会的发展历程，是以材料为主要标志的。100 万年以前，原始人以石头作为工具，称为旧石器时代。1 万年以前，人类对石器进行加工，使之成为器皿和精致的工具，从而进入新石器时代。新石器时代后期，出现了利用粘土烧制的陶器。人类在寻找石器过程中认识了矿石，并在烧陶生产中发展了冶铜术，开创了冶金技术。公元前 5000 年，人类进入青铜器时代。公元前 1200 年，人类开始使用铸铁，从而进入了铁器时代。随着技术的进步，又发展了钢的制造技术。18 世纪，钢铁工业的发展，成为产业革命的重要内容和物质基础。19 世纪中叶，现代平炉和转炉炼钢技术的出现，使人类真正进入了钢铁时代。与此同时，铜、铅、锌也大量得到应用，铝、镁、钛等金属相继问世并得到应用。直到 20 世纪中叶，金属材料在材料工业中一直占有主导地位。

建筑材料是随着人类的进化而发展的，它和人类文明有着十分密切的关系，在人类历史发展的各个阶段，建筑材料都是显示文化的主要标志之一。建筑材料的发展是一个悠久而又缓慢的过程。原始人类为了躲避雨雪、雷电和野兽等的侵害，最初是居住在洞穴中的，这种洞穴，就是天然的建筑物。人类为了适应自身的生存和发展，从天然洞穴之中走出来，开始利用土、石、草、木、竹等作为建筑材料，这又经过了一个漫长的历史过程。以后，随着人类的进步对建筑物有了更高的要求，建筑材料从简单的利用天然材料，逐渐过渡到发明和创造新材料，开始出现了规矩石材的生产和砖瓦的烧制，“秦砖汉瓦”即由此而来。此后，人们又将金属的坚实和贵重运用于建筑之上。例如，广州光孝寺的东、西铁塔，铸制于五代南汉时期，是现在保存最早的铁塔；四川峨眉山的铜塔，尽铜制雕铸之能事，天下闻名。但纵观整个中国古代史，建筑材料没什么大的变动，没随着朝代不同而有多少改变。秦砖汉瓦，支撑结构整个古代历史都在用木头。直到 20 世纪中叶，所谓的现代建筑也主要用钢筋混凝土，别的材料在中国很少使用。

改革开放以来，随着我国经济的不断发展，城市建设日新月异。大批大量应用铝塑板、铝单板、彩钢板、铝蜂窝板、铝型材等金属及金属复合装饰材料的大型公共建筑物屹立在各大城市，以及使用近年新兴的金属装饰保温板、泡沫铝板和钛锌复合板/铜塑复合板/钢塑复合板的新型建筑物，给城市增添了一道亮丽的风景线。

用于装饰的金属材料种类有铝及铝合金、不锈钢、铜及铜合金等。

(1)铝、铝合金及其装饰制品

铝是有色金属中的轻金属，密度为 2.7 g/cm^3，银白色。铝的导电性能和导热性能都很好，化学性质也很活泼，暴露于空气中，表面易于生成一层氧化铝薄膜，保护下面的金属不再受到腐蚀，所以铝在大气中耐蚀性较强，但因薄膜极薄，因而其耐蚀性有一定限度。纯铝具有很好的塑性，可制成管、棒、板等，但铝的强度和硬度较低。铝的抛光表面对白光的反射率达 80%以上，对紫外线、红外线也有较强的反射能力。铝还可以进行表面着色，从而获得具有良好的装饰效果。铝合金是为了提高铝的实用价值，在铝中加入镁、锰、铜、锌、硅等元素

而组成的。铝合金种类很多,用于建筑装饰的铝合金是变形铝合金中的锻铝合金(简称锻铝,代号 LD)。锻铝合金是铝镁硅合金(Al-Mg-Si 合金),其中的 LD31 具有中等强度,冲击韧性高,热塑性极好,可以高速挤压成结构复杂、薄壁、中空的各种型材或锻造成结构复杂的锻件。LD31 的焊接性能和耐蚀性优良,加工后表面十分光洁,并且容易着色,是 Al-Mg-Si 系合金中应用最为广泛的合金品种。铝合金装饰制品有:铝合金门窗、铝合金百页窗帘、铝合金装饰板、铝箔、镁铝饰板、镁铝曲板、铝合金吊顶材料、铝合金栏杆、扶手、屏幕、格栅等。铝箔是指用纯铝或铝合金加工成 6.3 μm～0.2 mm 的薄片制品。铝箔有很好的防潮性能和绝热性能,所以铝箔以全新的多功能保温隔热材料和防潮材料广泛用于建筑业,如卷材铝箔可用作保温隔热窗帘,板材铝箔(如铝箔波形板、铝箔泡沫塑料板等)常用在室内;通过选择适当的色调和图案,可同时起到很好的装饰作用。

(2)不锈钢建筑装饰制品

不锈钢是含铬 12%以上,具有耐腐蚀性能的铁基合金。不锈钢可分为不锈耐酸钢和不锈钢两种,能抵抗大气腐蚀的钢称不锈钢,而在一些化学介质(如酸类)中能抵抗腐蚀的钢为耐酸钢。通常将这两种钢统称为不锈钢。用于装饰上的不锈钢主要是板材,不锈钢板是借助于不锈钢板的表面特征来达到装饰目的的,如表面的平滑性和光泽性等。还可通过表面着色处理,制得褐、蓝、黄、红、绿等各种彩色不锈钢,既保持了不锈钢原有的优异的耐蚀性能,又进一步提高了它的装饰效果。

(3)轻钢龙骨

轻钢龙骨是安装各种罩面板的骨架,是木龙骨的换代产品。轻钢龙骨配以不同材质、不同花色的罩面板,不仅改善了建筑物的热学、声学特性,也直接造就了不同的装饰艺术和风格,是室内设计必须考虑的重要内容。轻钢龙骨从材质上分有铝合金龙骨、铝带龙骨、镀锌钢板龙骨和薄壁冷轧退火卷带龙骨;从断面上分有 V 型龙骨、C 型龙骨及 L 型龙骨;从用途上分有吊顶龙骨(代号 D)、隔断(墙体)龙骨(代号 Q)。吊顶龙骨有主龙骨(大龙骨)、次龙骨(中龙骨和小龙骨)。主龙骨也叫承载龙骨,次龙骨也叫覆面龙骨。隔断龙骨有竖龙骨、横龙骨和通贯龙骨之分。铝合金龙骨多做成 T 型,T 型龙骨主要用于吊顶。各种轻钢薄板多作成 V 型龙骨和 C 型龙骨,它们在吊顶和隔断中均可采用。

(4)其他金属材料

铜及铜合金:纯铜是紫红色的重金属,又称紫铜。铜和锌的合金称作黄铜。其颜色随含锌量的增加由黄红色变为淡黄色,其机械性能比纯铜高,价格比纯铜低,也不易锈蚀,易于加工制成各种建筑五金、建筑配件等。

铜和铜合金装饰制品有:铜板、黄铜薄壁管、黄铜板、铜管、铜棒、黄铜管等。它们可作柱面、墙面装饰,也可制作成栏杆、扶手等装饰配件。

金箔:是以黄金为颜料而制成的一种极薄的饰面材料,厚度仅为 0.1 pm 左右。目前使用较多的是在国家重点文物和高级建筑物的局部用金箔装被润色。金字招牌是金箔应用的一种创新,是其他材料制作的招牌无法比拟的,豪华名贵,永不褪色,能保持 20 年以上。它的价格比一般铜字招牌贵一倍左右,但外表色彩与光泽,使用年限都明显好于铜字招牌。

然而,不同的产品有着各自的优点和缺点。只有掌握了和控制了该产品的质量,才能更好地将其应用到建筑装饰中去,最大限度地发挥其建筑特点。

在本章中将具体介绍不同金属及金属复合装饰材料的发展概述、应用、分类、相关技术要求及检验规则、原材料组成几部分内容。

第一节 铝单板

一、铝单板的发展

铝单板是指以铝或铝合金板(带)为基材,加工成型的表面有保护性和装饰性涂层或氧化膜的建筑装饰用单层板(图 1—1)。

图 1—1 铝单板

铝单板系金属幕墙中的第二代产品,而铝单板幕墙应用已经有了几十年的历史。一般基板材料为 2 mm～3 mm 的防锈铝板,钣金工艺先按设计的外形尺寸进行加工(剪、切、冲、折弯、滚弯、焊接等)。氟碳单板目前已作为衡量建筑物档次的主要指标之一,表面处理后在外表面静电喷涂氟碳,可保证在阳光下暴露 10 年以上不褪色、不粉化、不风化,实现设计师豪华气派或高尚典雅的设计风格。铝单板的优点为安装方便、产品牢固可靠、成本低廉、可加工成各种形状,如平板、弧板,尤其是在各种设计造型的双曲板方面,有更明显的优势。广泛应用于建筑装饰,如宾馆、酒店、写字楼、商场、车站、机场、体育馆等现代化建筑的幕墙、室内外装饰及广告标志牌等。

铝单板具有以下特点:

(1)轻量化、刚性好、强度高;

(2)不燃烧性、防火性佳;

(3)最佳的面耐候性能和抗紫外线、优异的耐酸、耐碱性能,在室外正常条件下,不褪色保质期限为 15 年;

(4)加工工艺型好、可加工成平面、弧形面和球形面;

(5)塔形等各种复杂的形状、不易沾污、便于清洁、保养;

(6)色彩可选性广、装饰效果极佳;

(7)易于回收、无污染、利于环保。

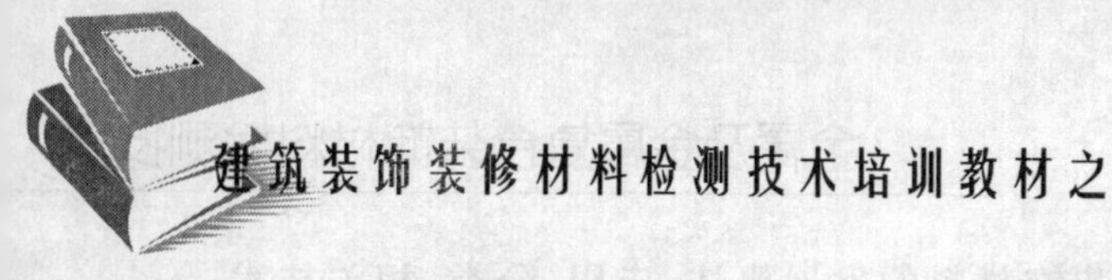

二、铝单板的应用

近年来，我国越来越多的大型项目、公共项目使用了铝单板作为装饰材料。图 1—2～图 1—4 为部分成功案例的图片。

图 1—2　武汉工业大学体育馆

图 1—3　河间市电信大厦

图 1—4　西藏灵芝机场

三、分类

铝板板按照表面处理方式分为辊涂、喷涂、阳极氧化等。其中辊涂和喷涂按涂层种类分别分为氟碳、聚酯和陶瓷；喷涂按所用涂料性状分为液体喷涂和粉末喷涂；氟碳涂层按照涂层工艺分别分为二涂、三涂和四涂；阳极氧化按涂层厚度分为 AA5、AA10、AA15、AA20 和 AA25。具体参见表 1—1 所示。

四、相关技术要求及检验规则

现有铝单板标准已经不能完全包括现有产品种类，一些近几年发展的新产品只能参照相关标准，具体见表 1—1 所示。值得一提的是，已报批的由中国建筑材料检验认证中心负责编制的《建筑装饰用铝单板》国家标准中将包括下表中全部铝单板产品种类，该标准中还首次系统地对铝单板基材质量、产品尺寸偏差作出规定。

表 1—1　单板产品种类及可参照标准

<table>
<tr><th colspan="4">产品种类</th><th>可参照标准</th></tr>
<tr><td colspan="2" rowspan="4">辊涂</td><td rowspan="3">氟碳</td><td>二涂</td><td rowspan="3">GB/T 17748—2008《建筑幕墙用铝塑复合板》</td></tr>
<tr><td>三涂</td></tr>
<tr><td>四涂</td></tr>
<tr><td colspan="2">聚酯、丙烯酸</td><td>GB/T 22412—2008《普通装饰用铝塑复合板》</td></tr>
<tr><td rowspan="6">喷涂</td><td rowspan="4">液体</td><td rowspan="3">氟碳</td><td>二涂</td><td rowspan="3">JG/T 133—2000《建筑用铝型材、铝板氟碳涂层》
YS/T 429.1—2002《铝幕墙板 板基》
YS/T 429.2—2002《铝幕墙板 氟碳喷漆铝单板》
GB/T 8013.3—2007《铝及铝合金阳极氧化膜与有机聚合物膜 第 3 部分：有机聚合物喷涂膜》</td></tr>
<tr><td>三涂</td></tr>
<tr><td>四涂</td></tr>
<tr><td colspan="2">聚酯、丙烯酸</td><td>GB/T 8013.3—2007《铝及铝合金阳极氧化膜与有机聚合物膜 第 3 部分：有机聚合物喷涂膜》</td></tr>
<tr><td rowspan="2">粉末</td><td colspan="2">氟碳</td><td>国家标准《建筑装饰用铝单板》(已正式报批)</td></tr>
<tr><td colspan="2">聚酯</td><td>GB 5237.4—2004《铝合金建筑型材 第 4 部分 粉末涂漆型材》</td></tr>
<tr><td colspan="4">陶瓷</td><td>国家标准《建筑装饰用铝单板》(已正式报批)</td></tr>
<tr><td colspan="3" rowspan="5">阳极氧化</td><td>AA5</td><td rowspan="5">GB 5237.2—2004《铝合金建筑型材 第 2 部分 阳极氧化、着色型材》
GB/T 8013.1—2007《铝及铝合金阳极氧化膜与有机聚合物膜 第 1 部分：阳极氧化膜》
GB/T 8013.2—2007《铝及铝合金阳极氧化膜与有机聚合物膜 第 2 部分：阳极氧化复合膜》</td></tr>
<tr><td>AA10</td></tr>
<tr><td>AA15</td></tr>
<tr><td>AA20</td></tr>
<tr><td>AA25</td></tr>
</table>

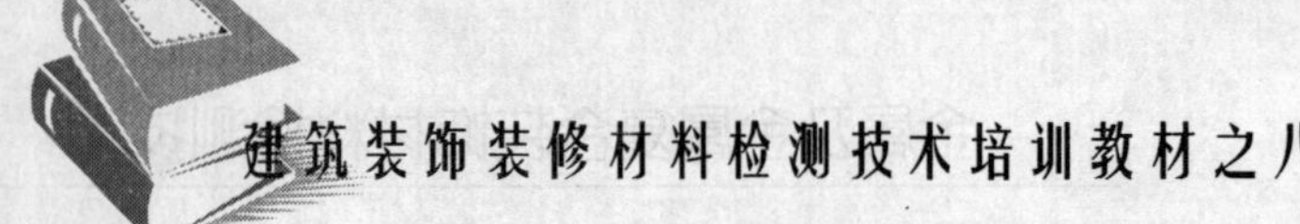

(一)JG/T 133—2000《建筑用铝型材、铝板氟碳涂层》

1.检验项目及技术要求(表1—2)

表1—2 JG/T 133—2000《建筑用铝型材、铝板氟碳涂层》中的检验项目及技术要求

检验项目		技术要求
外观		无流痕、裂纹、气泡、夹杂物或其他表面缺陷
平均涂层厚度		三涂≥40 μm,二涂≥30 μm
色差		目测不明显,或单色时 $\Delta E \leqslant 2$
铅笔硬度		≥HB
光泽度		规定值±5
耐冲击性		50 kg·cm不脱漆
耐磨性		≥5.0 L/μm
附着力	干式	划格法0级
	湿式	划格法0级
	沸水煮	划格法0级
耐化学性	耐盐酸	15 min点滴无气泡,外观无变化
	耐硝酸	颜色变化 $\Delta E \leqslant 6$
	耐砂浆	无任何变化
	耐洗涤剂	无气泡,漆膜无脱落
耐人工老化	褪色	2000 h,$\Delta E \leqslant 3$
	粉化	2000 h,0级
	失光	2000 h,不次于2级
耐湿性		4000 h,2级以上
耐盐雾		4000 h,2级以上

2.检验规则

(1)检验类别

分为出厂检验和型式检验。

(2)出厂检验

1)涂层表面质量由供方技术监督部门进行检验,保证产品质量符合本标准(或订货合同的要求)的规定,并填写质量保证书。

2)需方应对收到的产品按本标准的规定进行验收,如检验结果与本标准(或订货合同)的规定不符时,可以以书面形式向供方提出,由供需双方协商解决。属于外观质量的异议,应在收到产品之日起一个月内提出;属于其他性能异议时,可在收到产品之日起三个月内提出。

3)检验项目:每批产品出厂前均应检验外观质量、涂层厚度、色差、光泽度偏差、铅笔硬度、涂层附着力、耐冲击性、耐盐酸。

4)取样：非破坏性试验应在产品上进行，对于破坏性试验在产品余量区或按标准规定准备的试样上进行。

5)涂层外观质量的色差应100%检查，其他性能的检验按GB/T 2828中特殊检查水平S—1，合格质量水平AQL为6.5所规定的一次正常抽样方案进行取样。不同批量范围的大小及允许的不合格数见表1—3。如需方要求提检查水平和合格质量水平时，另在合同中注明。

表1—3 不同批量范围的大小及允许的不合格数 件

批量范围	样本大小	允许的不合格数
≤50	2	0
51～500	3	0
501～3500	5	1

(3)型式检验

1)有下列情况之一时应进行型式检验：

①新产品或老产品转厂的试制定型检验；

②正式生产后，每当结构、材料、工艺有较大改变而可能影响产品年性能时；

③正常生产时每年检验一次；

④产品长期停产后，恢复生产时；

⑤出厂检验结果与上次型式检验有较大差别时；

⑥国家质量监督机构提出型式检验要求时。

2)型式检验项目应包括本标准规定的全部技术要求。

3)对于耐磨性、耐砂浆、耐人工老化，例行型式试验为每2年一次。

(4)合格判定

1)涂层外观质量、颜色和色差不合格时为单件不合格。

2)涂层其他性能检验结果的判定按相应的规定进行。

3)当物理性能试验有任一试验不合格时，应从该批产品中取双倍数量的试样进行重复试验；若合格，判定该项目为合格，否则判该项目为不合格。

(二)YS/T 429.2—2000《铝幕墙板 氟碳喷漆铝单板》

1.检验项目及技术要求(表1—4)

表1—4 检验项目及技术要求

检验项目	技术要求
外观	漆膜应平滑、均匀、色泽基本一致，不得有流痕、皱纹、气泡及其他影响使用的缺陷
光泽度	规定值±5
涂层厚度	三涂平均厚度≥40 μm，最小局部厚度≥35 μm； 二涂平均厚度≥30 μm，最小局部厚度≥25 μm
色差	涂层颜色应与供需双方商定的标准色板基本一致
铅笔硬度	≥1H

续表

检验项目		技术要求
附着力	干式	划格法 0 级
	湿式	划格法 0 级
	沸水煮	划格法 0 级
耐冲击性		50 kg · cm 不脱漆
耐硝酸		颜色变化 $\Delta E \leqslant 6$
耐溶剂性		100 次丁酮试验后涂层应不露底
耐洗涤剂		无气泡，漆膜无脱落
耐盐雾		1000 h 乙酸盐雾试验后，表面不应产生腐蚀斑点，在交叉划线处产生的腐蚀流应在离划线的两侧各 2 mm 以内，用胶带法撕剥时，在离划线 2 mm 以远部分，不应有漆膜脱落的现象
		铜加速乙酸盐雾试验，经过 120 h 试验后，其保护等级 ≥9.5 级
人工加速耐候性	褪色	2000 h，$\Delta E \leqslant 3.0$
	粉化	2000 h，0 级
	失光	2000 h，不次于 2 级
耐湿热性		1500 h，1 级以上
耐磨性		≥1.6 L/μm

2. 检验规则

(1)板材由供方技术监督部门进行检查和验收，保证板材质量符合本标准要求，并填写质量证明书。

(2)需方应对收到的产品按本标准的规定进行检验，如检验结果与本标准(或订货合同)的规定不符时，应按 GB/T 3199 的有关规定向供方提出，供需双方协商解决。

(3)板材应成批提交验收，每批应由同一牌号、状态、规格的板材组成。

(4)检验项目：每批板材均应进行化学成分、尺寸允许偏差、力学性能、外观质量的检查。当合同中要求进行弯曲性能检查时，每批还应进行弯曲性能的检查。

(5)板材的取样应符合表 1—5 的规定。

表 1—5 取样规定

检验项目	取样规定
化学成分	符合 GB/T 17432 的规定
力学性能	每批取总张数的 2%，最少取 2 张，每张取一个试样。其他要求应符合 GB/T 16865 的规定
工艺性能	每批取总张数的 2%，最少取 2 张，每张取一个试样。其他要求应符合 GB/T 16865 的规定
尺寸偏差	逐张检测
外观质量	逐张检测

(6)检验结果判定

1)化学成分不合格时,判整批不合格。外观质量、尺寸允许偏差不合格时,为单件不合格。

2)当力学性能、工艺性能结果有一个试样不合格时,从不合格试样被切取的板材上重取双倍数量的试样进行重复试验。如复验后仍有一个试样不合格时,该张板材应予报废。供方可对不合格试样所代表的板材区间逐张进行检验,合格者交货。

(三)已报批的国家标准《建筑装饰用铝单板》

1.检验项目及技术要求(表1—6~表1—11)

表1—6 装饰面外观质量要求

分类	要求	
辊涂	板材边部应切齐,无毛刺、裂边。板材不允许有开焊等。外观应整洁,图案清晰、色泽基本一致,无明显划伤。装饰面不得有明显压痕、印痕和凹凸等残迹。无明显色差	不得有漏涂、波纹、鼓泡或穿透涂层的损伤
液体喷涂		涂层应无流痕、裂纹、气泡、夹杂物或其他表面缺陷
粉末喷涂		涂层应平滑、均匀,不允许有皱纹、流痕、鼓泡、裂纹、发粘
陶瓷涂层		表面无裂纹,颗粒和缩孔≤2个/m²
阳极氧化膜		不允许有电灼伤、氧化膜脱落及开裂等影响使用的缺陷

表1—7 尺寸偏差要求

项目	基本尺寸	允许偏差	
		室外用	室内用
基材厚度/mm	符合GB/T 3880.3的要求		
长度/mm	长度≤2000	±2.0	-1.5~0
	长度>2000	±2.5	-2.0~0
对角线/mm	长度≤2000	≤2.5	≤2.0
	长度>2000	≤3.0	≤2.5
对边尺寸/mm	长度≤2000	≤2.5	≤1.5
	长度>2000	≤3.0	≤2.5
面板平整度/(mm/m)	—	≤2	
折边角度偏差/°	—	±1	
折边高度/mm	—	≤1.0	

注:以上规定适用于外形为矩形的铝单板,外形为其他形状时,部分要求可参照执行。

表1—8 膜厚要求

单位:μm

表面种类			膜厚技术要求
辊涂	氟碳	二涂	平均膜厚≥25,最小局部膜厚≥23
		三涂	平均膜厚≥32,最小局部膜厚≥30
	聚酯、丙烯酸		平均膜厚≥16,最小局部膜厚≥14

续表

表面种类			膜厚技术要求
液体喷涂	氟碳	二涂	平均膜厚≥30,最小局部膜厚≥25
		三涂	平均膜厚≥40,最小局部膜厚≥34
		四涂	平均膜厚≥65,最小局部膜厚≥55
	聚酯、丙烯酸		平均膜厚≥25,最小局部膜厚≥20
粉末喷涂	氟碳		最小局部膜厚≥30
	聚酯		最小局部膜厚≥40
陶瓷			25～40
阳极氧化	室内用	AA5①	平均膜厚≥5,最小局部膜厚≥4
		AA10	平均膜厚≥10,最小局部膜厚≥8
	室外用	AA15	平均膜厚≥15,最小局部膜厚≥12
		AA20	平均膜厚≥20,最小局部膜厚≥16
		AA25	平均膜厚≥25,最小局部膜厚≥20

①AA为阳极氧化膜厚度级别的代号。

表1—9　建筑装饰用铝单板物理化学性能要求

项　目		涂装材质			
		氟碳	聚酯、丙烯酸	陶瓷	阳极氧化
光泽度允许偏差	低光＜30	±5			
	30≤中光＜70	±7			
	高光≥70	±10			
附着力	干式	划格法0级			—
	湿式	划格法0级			
	沸水煮	划格法0级			
铅笔硬度(划破)		≥1H		≥4H	
耐化学腐蚀性	耐盐酸	无变化			
	耐砂浆性	无变化			—
	耐硝酸	无起泡等变化,$\Delta E \leq 5.0$			—
	耐溶剂性①	丁酮,无漏底	二甲苯,擦拭法无漏底或静置法无软化	丁酮,无漏底	—
封孔质量		—			≤30 mg/dm²
耐磨性		≥5 L/μm	—	≥5 L/μm	≥300 g/μm
耐冲击性		50 kg·cm,表面层无开裂、脱落		50 kg·cm,表面层无脱落、允许有轻微开裂	—

①静置法适用于粉末喷涂涂层,擦拭法适用于其他涂层。

表 1—10 加速耐候性能要求

项目		试验时间		标准指标
耐盐雾性	铜加速盐雾(CASS)试验①	AA15	24 h	≥9 级
		AA20	48 h	
		AA25	48 h	
	中性盐雾②	4000 h		不次于 1 级
耐人工候加速老化		4000 h		色差≤3.0
				光泽保持率≥70%
				其他老化性能不次于 0 级
耐湿热性		4000 h		不次于 1 级

①仅适用于阳极氧化铝单板；

②仅适用于其他表面层铝单板。

表 1—11 自然环境曝露性能要求

级别	试验时间	要求
Ⅰ级	10 年	色差≤5.0
		光泽保持率≥50%
		粉化 4 级，白色 3 级
		涂层无开裂和剥落
Ⅱ级	5 年	色差≤5.0
		光泽保持率≥30%
		粉化 4 级
		涂层无开裂和剥落
Ⅲ级	1 年	涂层无变色、开裂和剥落，仅有轻微粉化、失光和褪色

2. 检验规则

产品检验分出厂检验和型式检验两种。

(1)出厂检验

每批产品均应进行出厂检验。检验项目包括：外观质量、尺寸允许偏差、膜厚、光泽度偏差、附着性、耐酸性、耐砂浆性、耐溶剂性、封孔质量、耐冲击性、焊钉连接。

1)组批规则

出厂检验以同一品种、同一颜色、同一生产批次(连续生产)、实际交货量不小于 3000 m^2 组成一个检验批。交货量不足 3000 m^2 时，仍按一个检验批计算。

2)抽样方法

①外观质量、焊钉连接应逐件检查；

②尺寸偏差、膜厚、光泽度偏差检验的取样按表 1—12 的规定进行；

表 1—12 检验样品随机抽取取样数量表 件

批量范围	随机取样数	不合格品上限
1～10	全部	0
11～200	10	1
201～300	15	1
301～500	20	2
501～800	30	3
800 以上	40	4

③附着性、耐酸性、耐砂浆性、耐溶剂性、封孔质量、耐冲击性性能检验每批抽取 2 件产品进行检验。其中破坏性检验项目，根据需要按表 1—13 规定的试样规格随炉进行小样制备。

表 1—13 试样尺寸及数量

试验项目		试样尺寸/mm	试样数量/块
外观质量		整张板	3
尺寸允许偏差			
膜厚			
光泽度偏差			
附着力		50×75	3
漆膜硬度		50×75	3
耐化学腐蚀性	耐酸性	100×100	6
	耐砂浆性	100×100	3
	耐溶剂性	100×430	3
封孔质量		200×200	3
耐磨性		100×150	3
耐冲击性		75×150	3
加速耐候性	耐盐雾性	100×150	4
	耐人工候加速老化	100×150	4
	耐湿热性	150×100	4

3)判定与复验规则

①理化性能中检验结果有某一项或一项以上性能不合格时，应从该批中另取 4 个试样进行复检，复检结果仍有试样某一项或一项以上性能不合格，则判定全批不合格。

②外观质量和膜厚不合格时为单件不合格。

③其他性能检验超过表 1—12 中规定的不合格品上限时，判定该批不合格。但允许供方逐块检验，合格者交货。

(2)型式检验

1)在正常生产条件下，每年至少进行一次型式检验。当遇到下列情况之一时，应进行型式检验：

①新产品或老产品转厂生产的实验定型鉴定；

②正式生产后，如结构、材料、工艺有较大改变，可能影响产品性能时；

③产品停产半年后，恢复生产时；

④正常生产每年检验一次，其中耐中性盐雾、耐人工候加速老化和耐湿热性每两年检验一次；

⑤出厂检验结果与上次型式检验有较大差异时。

2)组批规则

型式检验以同一品种、同一颜色、同一生产批次(连续生产)、实际交货量不小于 3000 m^2 组成一个检验批。交货量不足 3000 m^2 时，仍按一个检验批计算。

3)抽样方法

性能检验的抽样按出厂检验的规定。

4)判定与复验规则

型式检验结果中耐酸性、耐碱性有一项不合格，则判定该批产品不合格。其他项目如有一项不合格，可对不合格品加倍抽样复检。复检结果全部达到标准要求时判定该批产品合格，否则判定该批产品不合格。

五、原材料组成

原材料组成包括铝合金基材、涂料、保护膜。

第二节　彩钢板

一、彩钢板的发展

彩钢板是指经过表面预处理的钢基板上连续涂覆有机涂料(正面至少为两层)，然后进行烘烤固化而成的建筑内、外用彩色涂层钢板及钢带，这种板材表面色彩新颖、附着力强、抗锈蚀性和装饰性好，并且可进行剪切、弯曲、钻孔、铆接、卷边等加工。其耐热、耐低温性能好，耐污染、易清洗，防水性、耐久性强。可用作建筑外墙板、屋面板、护壁板、拱复系统等(图1—5)。

彩钢板在国外已有很长的发展历史，而 20 世纪 80 年代末我国才陆续建设彩钢板机组，这些机组多建在钢铁厂及合资企业，彩钢板工艺设备基本从国外引进。到 2005 年国产彩钢板达到 173 万吨，出现了产能过剩。国有特大钢铁企业宝钢、鞍钢、本钢、首钢、唐钢、济钢、昆钢、邯钢、武钢、攀钢等企业的机组产能、装备水平较高，都相继建成了采用国外技术、年生产能力 12 万～17 万吨的彩钢板机组。

同时，许多民营企业投资的彩钢板生产大多采用国产设备，产能较小，但上马快、投资低，产品主要面向建材、装饰行业。另外，外资、台资也纷纷兴建彩涂机组，但大部分集中在沿海地区。1999 年以来，随着彩涂板市场兴旺，彩涂板的生产及消费进入了快速增长期。从 2000 年～2004 年，生产量以平均 39.0％的速度递增。到 2005 年止，全国彩涂板产能大于 800 万吨/年，还有一批彩涂机组正在建设之中，全国总产能超过 900 万吨/年。

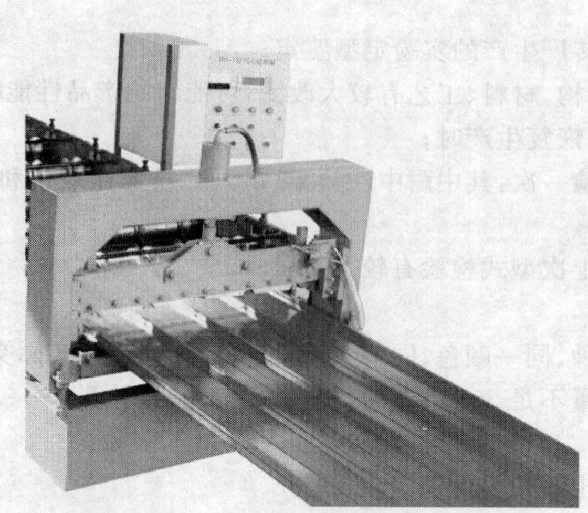

图 1—5　彩钢板

目前国内彩钢板行业主要存在以下问题：

(1)尽管目前用量最大的建材用热镀锌基板产能很大，但缺少无锌花平整热镀锌钢卷及锌合金镀层钢卷等良好的基板；

(2)国产涂料品种、质量不能完全满足需求，进口涂料的高价格降低了竞争力，贴膜彩色板所需塑胶膜尚需依赖进口，缺少涂层厚、功能性、高强度、花色丰富的高档彩涂板；

(3)产品不够规范，造成资源严重浪费，产能 4 万吨/年以下的低产能机组过多，在产品质量和环境资源保护方面都存在问题；

(4)全国新建彩涂机组过多，远超过市场需求，致使许多彩涂机组开工率很低，甚至停产。

将来我国彩钢板行业应遵循以下发展趋势：

第一，采用高质量基板，对基板的表面、板形及尺寸精度要求都愈来愈高。具体产品包括：室外用如小锌花平整热镀锌钢卷、无锌花平整热镀锌钢卷及时下兴起的锌合金热镀卷；室内用如电镀锌钢卷、贴膜冷轧板及铝板卷。

第二，改进预处理工艺及预处理液，设备数量少，成本低成为主流工艺，不断改进预处理液的稳定性、抗蚀性、环保性能。

第三，注重新涂料的开发，对一般聚酯、聚偏氟乙烯(PVDF)和塑料溶胶进行改良，获得超级颜色重现性，抗紫外线、抗二氧化硫、提高耐蚀性；开发耐污染、吸热等功能性涂料。

第四，机组设备更完善。如采用新型焊机、新型辊涂机、完善固化炉、配置先进的自动化仪表等。

第五，由于冷压花比热压花成本低，具有美观、立体感、强度高等特点，使冷压花生产技术成为发展趋势。

第六，注重产品的多样化、功能化、高档化，如深冲型彩涂板、“柚子皮”彩涂板、防静电彩涂板、耐污染彩涂板、高吸热性彩涂板等。

二、彩钢板的应用

彩色涂层钢板在建筑上用作净化厂房吊顶、围护及净化产品工业厂房、仓库、冷库；大跨度层面板；原有建筑加层、临时办公室；商店、市场、岗亭等。有时作为面材，以自熄型聚苯乙烯为芯材，用热固化胶在连续成型机内加热加压复合而成超轻建筑板材，具有自重轻，保温隔热，是一种集承重、保温、防水、装修于一体的新型围护结构材料。施工速度快、易拆卸回收是其又一显著特点，因此在2003年抗击非典时，小汤山临时医院全部采用彩钢板建成，为抗击非典的最终胜利立下大功（图1—6）。

图1—6

三、分类

按照表面处理方式分为：聚酯、硅改性聚酯、高耐久性聚酯和聚偏氟乙烯。

四、相关技术要求及检验规则

现有关于彩钢板标准GB/T 12754—2006《彩色涂层钢板及钢带》和GB/T 13448—2006《彩色涂层钢板及钢带试验方法》，仅适用于辊涂工艺生产的钢板及钢带。

（一）技术要求

GB/T 12754—2006中的检验项目及技术要求见表1—14所示。

表1—14　检验项目及技术要求

检验项目	技术要求
力学性能	附录B《彩涂板的力学性能》的要求
镀层重量	每面3个试样平均值应不小于相应面公称镀层重量，单个试样值应不小于相应面镀层重量的85%
表面质量	钢板表面不应有气泡、缩孔、漏涂等对使用有害的缺陷

续表

<table>
<tr><th colspan="4">检验项目</th><th colspan="2">技术要求</th></tr>
<tr><td rowspan="15">正面涂层性能</td><td colspan="3">涂层厚度</td><td colspan="2">平均值≥20 μm,单个值应不小于规定值的90%</td></tr>
<tr><td colspan="3">涂层色差</td><td colspan="2">供需双方商定</td></tr>
<tr><td colspan="3">涂层光泽</td><td colspan="2">低级≤40;40<中级≤70;高级>70</td></tr>
<tr><td colspan="3">涂层硬度</td><td colspan="2">聚酯、硅改性铅笔硬度≥F;
高耐久性聚酯、聚偏氟乙烯≥HB</td></tr>
<tr><td rowspan="2" colspan="2">涂层柔韧性/附着力</td><td>弯曲试验</td><td colspan="2">低级(A)≤5T
中级(B)≤3T
高级(C)≤1T</td></tr>
<tr><td>反向冲击试验</td><td colspan="2">低级(A)≥6J
中级(B)≥9J
高级(C)≥12J</td></tr>
<tr><td rowspan="8">涂层耐久性</td><td rowspan="4">耐中性盐雾</td><td>聚酯</td><td>480 h</td><td rowspan="4">起泡等级≤3级</td></tr>
<tr><td>硅改性聚酯</td><td>600 h</td></tr>
<tr><td>高耐久性聚酯</td><td>720 h</td></tr>
<tr><td>聚偏氟乙烯(PVDF氟碳)</td><td>960 h</td></tr>
<tr><td rowspan="4">紫外灯加速老化</td><td>聚酯</td><td>UVA—340,600 h
或UVB—313,400 h</td><td rowspan="4">无起泡、开裂,粉化≤1级</td></tr>
<tr><td>硅改性聚酯</td><td>UVA—340,720 h
或UVB—313,480 h</td></tr>
<tr><td>高耐久性聚酯</td><td>UVA—340,600 h
或UVB—313,600 h</td></tr>
<tr><td>聚偏氟乙烯(PVDF氟碳)</td><td>UVA—340,720 h
或UVB—313,1000 h</td></tr>
<tr><td colspan="2">其他性能</td><td>耐溶剂、耐酸碱、耐污染、耐沸水、耐干热等</td><td colspan="2">订货时协商</td></tr>
<tr><td rowspan="2">反面涂层性能</td><td colspan="3">涂层厚度</td><td colspan="2">一涂平均值≥5 μm
二涂平均值≥12 μm</td></tr>
<tr><td colspan="2">其他性能</td><td>色差、光泽、硬度、柔韧性、附着力、耐久性等</td><td colspan="2">订货时协商</td></tr>
</table>

(二)检验规则

每批彩涂板的检验项目、试样数量、试样位置和试验方法应符合表1—15的规定。

表 1—15　检验项目、试样数量、试样位置和试验方法

<table>
<tr><th>序号</th><th>检验项目</th><th>试样数量</th><th>试样位置</th><th>试验方法</th><th>备注</th></tr>
<tr><td>1</td><td>涂层厚度</td><td rowspan="8">3 个/批</td><td rowspan="8">在板宽的 1/2 处取一个，在两边距边部 50 mm 处各取一个</td><td rowspan="7">GB/T 13448</td><td>测量点为距边部不小于 50 mm 的任意点</td></tr>
<tr><td>2</td><td>涂层光泽
(镜面光泽)</td><td>—</td></tr>
<tr><td>3</td><td>铅笔硬度</td><td>—</td></tr>
<tr><td>4</td><td>弯曲</td><td>试样方向为纵向
(沿轧制方向)</td></tr>
<tr><td>5</td><td>反向冲击</td><td>—</td></tr>
<tr><td>6</td><td>耐中性盐雾</td><td>—</td></tr>
<tr><td>7</td><td>紫外灯
加速老化</td><td>UVA－340 采用 12 h 为一循环周期：8 h 紫外光照，黑板温度(60±3)℃，4 h 冷凝，黑板温度(50±3)℃。UVB－313 采用 8 h 为一循环周期：4 h紫外光照，黑板温度(60±3)℃，4 h 冷凝，黑板温度(50±3)℃</td></tr>
<tr><td>8</td><td>镀层重量</td><td>GB/T 1839</td><td>—</td></tr>
<tr><td>9</td><td>拉伸试验</td><td>1 个/批</td><td>GB/T 2975</td><td>GB/T 228</td><td>拉伸试样不去除涂层</td></tr>
</table>

彩涂板应按批检验，每批应不大于 30 t 的同牌号、同规格、同镀层重量，以及涂层厚度、涂料种类和颜色相同的彩涂板组成。

五、原材料组成

原材料组成包括钢基材、涂料、保护膜。

第三节　金属吊顶

一、金属吊顶的发展

提起金属吊顶，即经过表面预处理的建筑装饰用金属吊顶也就是铝扣板吊顶，人们已不觉陌生，这种最初用在公共建筑室内的天花装饰材料已被欣然接受，出现在居室中。大都是在厨房和卫生间，由于管道的存在和油烟、水汽的污染，厨卫是必然要做吊顶的。金属吊顶特有的防火、平整、易清洁等特性使其博得大众偏爱。各式各样的金属吊顶，现在已逐渐在市场上占据了一席之地，打破了原本石膏吊顶、PVC 吊顶并立天下的局面(图 1—7)。

与传统材料比，金属吊顶具有诸多优势：防火、防水性能好；材质轻，强度高、安装方便；具有良好吸音、隔音效果；油烟清洗方便；使用寿命长，不易变形变色。目前市场上金属装饰板的材质种类有铝、铜、不锈钢、铝合金等，铝合金装饰板并不贵，每平方米 100 元～200 元，

图 1—7 金属吊顶

是现在大多数人装修厨房、卫生间屋顶的首选。铜、不锈钢材料的装饰板档次较高，价格也高，选择的人并不多。

金属吊顶板有开孔和不开孔之分。开孔的金属板除了可以吸收噪声，装饰效果也更加突出，通常在卧室、办公室较为常用；而厨房、卫生间因为环境特殊，油烟、水汽容易渗入、附着在基材表面，腐蚀龙骨，所以一般选用不开孔的金属吊板。

色彩缤纷、形状各异的金属吊顶已经改变了以往吊顶模式化的造型，突破了旧思维的局限。每种款式都有数十种颜色可供挑选，有豪华气派的亮光漆，也有温馨典雅的亚光漆。材料在造型上极富变化：有质朴大方的平吊顶，令视觉开阔的弧形吊顶，别具一格的立体叠级造型吊顶等。特别是一种组合图案金属吊顶，这种吊顶的最大特色在于它是由多块方形铝合金板材组成一幅图案，有蓝天白云、宇宙星空和海底世界等多个系列的幻彩吊顶。

随着钛金技术、覆膜技术、辊涂技术和纳米技术等尖端工艺不断应用在吊顶产品上，金属吊顶也获得了许多新的特性。以钛金吊顶为例，其强烈的金属质感丰富了视觉表现，高反射度能有效强化房间内的灯光效果，特殊处理的表面还可以屏蔽电磁波辐射，对静电也有明显的抵抗功效。

二、应用

除了家庭装饰外，金属吊顶更广泛的应用于公共建筑，如机场航站楼，地铁站等。图 1—8 为首都国际机场 T3 航站楼，图 1—9 为北京地铁 5 号线车站。

三、分类

1. 按表面处理工艺分

(1)辊涂(代号为 GT)；

(2)喷涂[粉末喷涂(代号为 FPT)、液体喷涂(代号为 YPT)]；

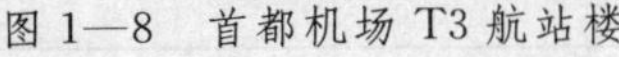

图 1—8　首都机场 T3 航站楼

图 1—9　北京地铁 5 号线车站

(3)覆膜(代号为 FM);

(4)阳极氧化(代号为 YH)。

2. 按材料分

(1)金属吊顶板代号为 JS(铝及铝合金基材、钢板基材、不锈钢基材、铜基材等);

(2)金属复合材料吊顶板代号为 JF(蜂窝板、瓦楞板等)。

3. 按形状分

(1)条板(代号为 T);

(2)块板(代号为 K);

(3)格栅(代号为 G);

(4)异形板(代号为 Y)。

4. 按功能分

(1)有吸声孔(代号为 YK);

(2)无吸声孔(代号为 WK)。

四、原材料组成

原材料组成包括铝或钢基材(或复合材料)、涂料、保护膜。

五、相关技术要求及检验规则

现有关于金属吊顶标准 JC/T 1059—2007《金属及金属复合材料吊顶板》,国家建筑材料测试中心在该标准的基础上进行适当修改将其升级为国标 GB/T ***** — ****《金属及金属复合材料吊顶板》(报批稿),其要求如下。

(一)技术要求

1. 外观质量

外板材边部应切齐,无毛刺、裂边。板材不允许有开焊等。外观应整洁,图案清晰、色泽基本一致,无明显擦伤和毛刺;装饰面不得有明显压痕、印痕和凹凸等痕迹;目视无明显色差,白色 $\Delta E \leqslant 1.0$,其他颜色 $\Delta E \leqslant 1.5$,金属色和阳极氧化膜以目视为准。其他外观质量要求见表1—16。

表1—16 其他外观质量要求

分类	外观质量要求
辊涂	不得有漏涂、波纹、鼓泡或穿透涂层的损伤
液体喷涂	涂层应无流痕、裂纹、气泡、夹杂物或其他表面缺陷
粉末喷涂	涂层应平滑、均匀,不允许有皱纹、流痕、鼓泡、裂纹、发粘
覆膜	无针孔、鱼眼、鼓泡、折痕、杂质印、气泡、毛刺、水纹、分层、剥离、面膜皱褶和面膜划伤等,花纹无差异
阳极氧化	不允许有电灼伤、氧化膜脱落及开裂等影响使用的缺陷

2. 尺寸偏差

(1)铝及铝合金基材厚度偏差(不包括膜厚)应符合 GB/T 3880.3 标准,钢基材厚度偏差(不包括膜厚但包括镀层)应符合 GB/T 12754 标准,其他材料应符合相应的国家标准。

(2)吊顶板产品厚度要求见表1—17。

表1—17 产品厚度要求 单位:mm

种类		厚度
铝及铝合金吊顶板		≥0.35
铝蜂窝吊顶板	铝面板	≥0.50
	整板	≥8.00
钢吊顶板		≥0.30

(3)条板形尺寸偏差要求见表1—18。

表1—18 条板形尺寸偏差要求 单位:mm

项目		要求	
		优等品	合格品
长度 l	$850 < l \leqslant 3000$	±1.25	±2
	$3000 < l \leqslant 6000$	—	±2
宽度 b		—	±0.75
折边高度 h		—	±0.5

(4)块板尺寸偏差要求见表1—19。

表 1—19 块板尺寸偏差要求 单位:mm

项目		要求	
		优等品	合格品
长度 l	l≥1000/mm	−0.4～0	−1～0
	l<1000/mm	−0.3～0	−1～0
宽度 b/mm		−0.3～0	−1～0
折边高度 h/mm		—	±0.3

(5)格栅高度偏差应不超过±1.0 mm。

(6)产品棱边应平直,最大弯曲≤2‰。

(7)条板平整度要求见表 1—20 和图 1—10,格栅平整度要求参照条板平整度的要求。

表 1—20 条板平整度要求 单位:mm

位置	0<宽度 b≤100	100<宽度 b≤200	200<宽度 b≤300	300<宽度 b≤400
C	−1.0～+1.5	−1.25～+2.0	−1.5～+2.5	−1.75～+2.7
D	−1.5～+1.5	−2.5～+2.0	−3.5～+2.5	−4.0～+2.7

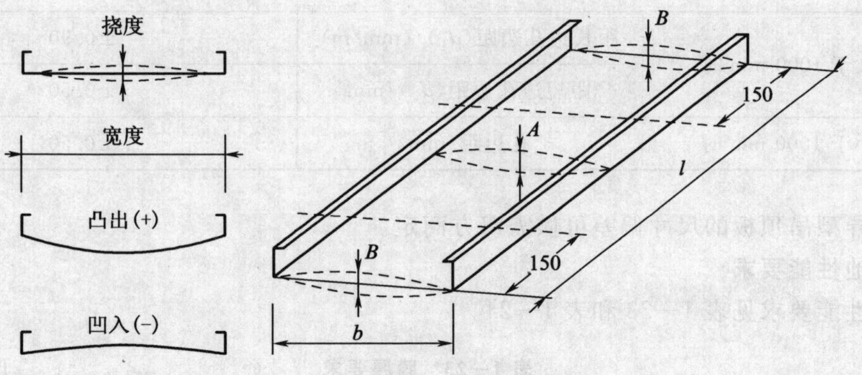

图 1—10 条板平整度示意图

l—样品长度;b—样品宽度;A—中部挠度;B—端部挠度

(8)块板平整度要求见表 1—21 和图 1—11。

表 1—21 块板平整度要求 单位:mm

宽度 b	0<长度 l≤1000		1000<长度 l≤2000		2000<长度 l≤3000	
	边部 A_1	中间 A_2	边部 A_1	中间 A_2	边部 A_1	中间 A_2
0≤b≤400	−0.5～+0.5	−0.2～+3.0	−0.5～+1.5	−0.2～+4.0	−0.5～+3.0	−0.2～+6.0
400<b≤500		0.0～+4.0		0～+5.0	−0.5～+3.5	0～+7.0
500<b≤625		0.0～+6.0		0～+7.0	−0.5～+4.0	0～+9.0
625<b≤1250		0.0～+10.0		0～+13.0	合同约定	

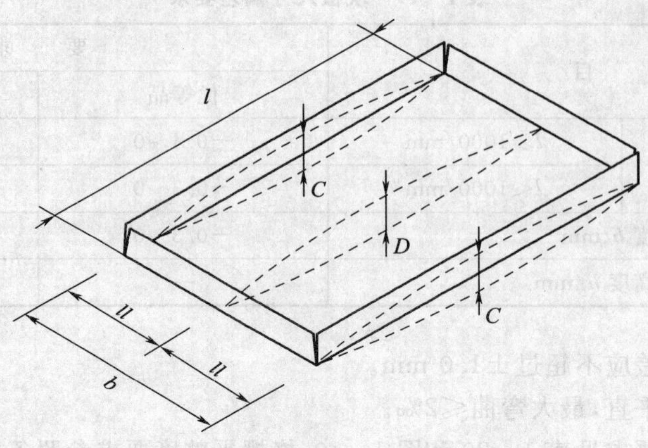

图 1—11 块板平整度示意图

l—样品长度；b—样品宽度；C—边部挠度；D—中间挠度

(9)有孔天花板微孔尺寸要求见表 1—22。

表 1—22 有孔天花板微孔尺寸要求

项目		允差
长度大于 1000 mm 时	距长边孔边距(d_1)/(mm/m)	±0.90
	距短边孔边距(d_2)/mm	±0.50
长度小于 1000 mm 时	孔边距/mm	±0.50

(10)异型吊顶板的尺寸偏差可供需双方商定。

3. 其他性能要求

其他性能要求见表 1—23 和表 1—24。

表 1—23 膜厚要求 单位：μm

表面种类				膜厚要求
辊涂		氟碳	二涂	平均膜厚≥25，最小局部膜厚≥23
			三涂	平均膜厚≥32，最小局部膜厚≥30
		聚酯、丙烯酸		平均膜厚≥16，最小局部膜厚≥14
喷涂	液体	氟碳	二涂	平均膜厚≥30，最小局部膜厚≥25
			三涂	平均膜厚≥40，最小局部膜厚≥34
			四涂	平均膜厚≥65，最小局部膜厚≥55
		聚酯、丙烯酸		平均膜厚≥25，最小局部膜厚≥20
	粉末	聚酯		最小局部膜厚≥40
覆膜				150～180

续表

表面种类		膜厚要求
阳极氧化	AA5①	平均膜厚≥5，最小局部膜厚≥4
	AA10	平均膜厚≥10，最小局部膜厚≥8
	AA15	平均膜厚≥15，最小局部膜厚≥12
	AA20	平均膜厚≥20，最小局部膜厚≥16
	AA25	平均膜厚≥25，最小局部膜厚≥20

①AA为阳极氧化膜厚度级别的代号。

表 1—24　性能要求

项目			要求
光泽度偏差	低光<30		±4
	30≤中光<70		±5
	高光≥70		±6
附着力①	铝及铝合金基材		0级
	钢基材		≤5T
漆膜硬度(划破)①			≥HB
耐冲击性①/N·m	铝及铝合金基材		≥4
	钢基材		≥6
耐酸性①			无变化
耐碱性①			无变化
耐油性			无变化
封孔质量②/(mg/dm²)			失重≤30
涂层耐久性③	耐盐雾性④	阳极氧化(铜加速乙酸盐雾试验)	≥9级
		其他涂层(中性盐雾试验)	不次于1级
	耐湿热性		不次于1级
	耐人工候加速老化性④	色差	$\Delta E\leq3.0$
		光泽保持率	≥70%
		粉化	不次于0级
		其他老化性能	不次于0级
耐沸水性⑤			无变化
平面拉伸粘结强度⑥/MPa			≥0.6

①此项不适用于阳极氧化吊顶板；
②此项仅适用于阳极氧化吊顶板；
③如果有额外要求，由双方协商规定试验时间；
④此项仅适用于室外、半室外用及其他有耐久性要求的吊顶板；
⑤此项仅适用于金属复合材料和覆膜吊顶板；
⑥此项仅适用于金属复合材料吊顶板。

4. 吊顶风荷载试验

当有特殊要求时，应进行风荷载试验。在试验风荷载条件下，吊顶板与吊顶系统应连接牢固，无变形、损坏、脱落，板面最大残余变形量不超过 2 mm。

当用户有吸声或防火要求时，其指标由供需双方商定。

（二）检验规则

产品检验分出厂检验和型式检验两种。

1. 出厂检验

出厂检验项目包括：尺寸偏差、外观质量、涂层厚度、光泽度偏差、涂层硬度、涂层附着力、耐冲击性、耐酸性、耐碱性、耐沸水性。

2. 型式检验

型式检验包括技术要求规定的除吊顶风载荷试验和吸声防火外全部技术指标要求。

当遇到下列情况之一时，应进行型式检验。

(1)新产品或老产品转厂生产的试验定型鉴定；

(2)如结构、材料、工艺有较大改变，可能影响产品性能时；

(3)产品停产半年后，恢复生产时；

(4)正常生产一年时；

(5)出厂检验结果与上次型式检验有较大差异时。

3. 组批与抽样规则

(1)组批

出厂检验应以连续生产的同一规格品种、同一颜色的产品为一批。

型式检验样本以出厂检验合格的同一品种、同一规格、同一颜色的产品 3000 m^2 为一批，不足 3000 m^2 的按一批计算。

(2)抽样

出厂检验，外观质量的检验可以在生产线上连续进行，规格尺寸允许偏差的检验从同一检验批中随机抽取 3 张板进行，其余出厂检验项目按所检验项目的尺寸和数量要求随机抽取。

型式检验，从同一检验批中随机抽取 3 张板进行外观质量和尺寸偏差的检验，其余按表 1—25 要求的尺寸和数量随机裁取。

表 1—25　试样尺寸及数量

试验项目	试样尺寸/mm	试样数量/块
外观质量	整板	至少 2(总面积不小于 1 m^2)
尺寸偏差	整张板	3
膜厚		
光泽度偏差		
附着力	50×75	3
漆膜硬度	50×75	3
耐冲击性	75×150	3

续表

试验项目	试样尺寸/mm	试样数量/块
耐酸性	100×100	3
耐碱性	100×100	3
耐油性	100×100	3
封孔质量	200×200	3
耐盐雾性	100×150	4
耐湿热性	100×150	4
耐人工候加速老化	100×150	4
耐沸水性	150×150	3
平面拉伸粘结强度	50×50	6

4. 判定规则

检验结果全部符合标准的指标要求时，判该批产品合格。若有不合格项，可再从该批产品中抽取双倍样品对不合格的项目进行一次复查，复查结果全部达到标准要求时判定该批产品合格，否则判定该批产品不合格。

第四节　铝塑复合板

一、铝塑板的发展

铝塑板全称为铝塑复合板，是以塑料为芯层，外贴铝板的 3 层复合板，并在表面施加装饰性或保护性涂层（图 1—12）。

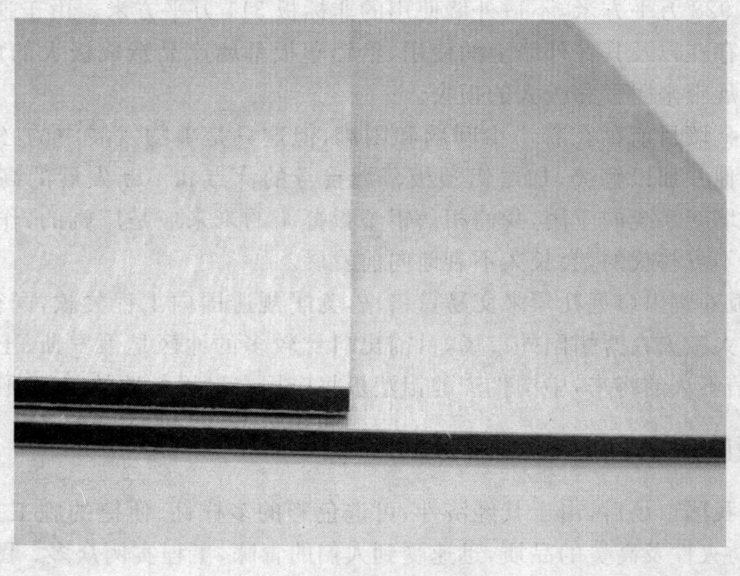

图 1—12　铝塑复合板

铝塑复合板本身所具有的独特性能，决定了其用途广泛：它可以用于大楼外墙、帷幕墙板、旧楼改造翻新、室内墙壁及天花板装修、广告招牌、展示台架、净化防尘工程。铝塑复合板在国内已大量使用，属于一种新型建筑装饰材料，自20世纪80年代末90年代初从韩国等地引进到中国，便以其经济性、可选色彩的多样性、便捷的施工方法、优良的加工性能、绝佳的防火性及高贵的品质，迅速受到人们的青睐。纵观一栋栋拔地而起的新型建筑，不难在其间寻觅到铝塑复合板的踪迹。

在国外，铝塑板的名称有好多种，有叫铝复合板(Aluminum Composite Panels)的；有叫铝复合材料(Aluminum Composite Materials)的；在欧洲许多国家称铝塑板为Alucobond，源于铝塑板的一种商标名称。国外生产铝塑板的企业并不是很多，但生产规模都很大。著名的有总部设在瑞士的Alusuisse公司、美国的雷诺兹金属公司 、日本三菱公司、韩国大明等。

铝塑板作为一种高新技术复合材料的产品，自20世纪60年代在欧洲研究开发出来至今已有三十多年的历史，其各种性能也在不断的改善和提高，产品使用范围广泛存在于运输行业、建筑行业及某些特殊行业，如广告行业等。特别是在建筑行业的使用，由于其单位面积重量轻，相对强度较高，易于加工和安装，所以得到非常普遍的应用。从建筑室内到室外装饰，从低层建筑到高层建筑，都可见到铝塑板的身影。同时，国外在铝塑板的应用过程中都有一套非常严格和经过认证的操作规范，来确保铝塑板能正确的被使用。特别是当产品应用于建筑物时，其产品认证和使用单位都必须严格地遵守相关规范。由于有严格的认证系统，所以近三十几年来，国外复合铝塑板的应用，特别是在欧洲，都一直在向前发展，新产品新系统不断涌现。

目前，我国是世界上最大的铝塑板生产和应用的国家，生产厂家，复合生产线约200～250条，总生产能力为2亿平方米左右，实际生产能力近8000万～1亿平方米。与国外产品相比，我国一些骨干企业的产品能与之相媲美，但就总体质量而言还有一定的差距。如国外有的产品的铝合金内外板均选用5000系列的合金板，而国内目前一般为3000系列的合金板。据中国铝塑复合建筑材料协会2002年底至2003初对18家能够基本代表我国铝塑板行业水平的企业进行调查，结果显示其外墙板产量2002年为1285万平方米，其中符合外墙使用要求的国标板928万平方米，不适外墙使用的非标板311万平方米。由于这些不符合外墙使用的非标板的存在以及其在外墙上的使用，给铝塑板幕墙产品造成极大的危害，也给整个铝塑板产业的发展带来阴影和极大的损失。

尽管铝塑板幕墙目前存在着不少问题和困难，但这只是事物发展中的必然过程。只要我们能尽早认识他并加以解决，加之铝塑板幕墙自身的优点和不断发展的高性能铝塑板新产品及铝塑板幕墙新系统的应用，我们相信铝塑板幕墙的未来应是广阔的，作为建筑幕墙产品的其中一种是不可替代的，会长久不衰地向前发展。

另外，铝塑板外贸出口近几年来交易量倍增，为了规避国内工程欠款，同行业恶性竞争，一些厂家已经下大工夫在开拓国外市场，目前出口比较多的地区是俄罗斯、土耳其、非洲、东南亚等地区，相信不久的将来，中国生产的铝塑板将应用在世界各地的工程项目中。

二、铝塑板的应用

铝塑板进入我国市场后，由于其经济性、可选色彩的多样性、便捷的施工方法、优良的加工性能、绝佳的防火性及高贵的品质，迅速受到人们的青睐，工程实例众多。图1—13为滨江购物中心，图1—14为天津广播电视中心，图1—15为国华大厦，图1—16为今日晚报大厦，

图 1—17 为中旅大厦。

图 1—13　滨江购物中心

图 1—14　天津广播电视中心

图 1—15　国华大厦

图 1—16　今日晚报大厦

图 1—17　中旅大厦

三、分类

铝塑板的品种比较多，而且还是一种新型材料，因此至今还没有一种统一的分类方法，通常按用途、产品功能和表面装饰效果进行分类。

（一）按用途来分类

铝塑板可分为以下三大类：

1. 建筑幕墙用铝塑板

其所用铝合金板平均厚度（不包括涂层厚度）不应小于 0.50 mm，最小厚度不应小于 0.48 mm，所用铝合金材质应是符合现行国家标准 GB/T 3880.2—2006《一般工业用铝及铝合金板、带材 第 2 部分：力学性能》和 GB/T 3190—1996《变形铝及铝合金化学成分》要求的 3XXX 或 5XXX 系列铝合金板材。总厚度应不小于 4 mm。根据防腐、装饰及建筑物耐久年限的要求，幕墙用铝塑复合板表面涂层材质宜采用耐候性能优异的聚偏二氟乙烯（PVDF）氟碳树脂，也可采用其他性能相当或更优异的材质。采用 PVDF 氟碳树脂涂层时，应符合下列规定：

（1）PVDF 氟碳树脂含量不应低于树脂总量的 70%；

（2）三涂或四涂氟碳树脂涂层，其平均厚度不应小于 32 μm，最小局部厚度不应小于 30 μm；

（3）二涂氟碳树脂涂层，其平均厚度不应小于 25 μm，最小局部厚度不应小于 23 μm。

2. 外墙装饰与广告用铝塑板

上下铝板采用厚度不小于 0.20 mm 的防锈铝，总厚度应不小于 4 mm。涂层一般采用氟碳涂层或聚酯涂层。

3. 室内装饰用铝塑板

上下铝板一般采用厚度为 0.20 mm，最小厚度不小于 0.10 mm 的铝板，总厚度一般为 3 mm。涂层采用聚酯或丙烯酸涂层。

（二）按产品功能分类

铝塑板可分为以下几类。

1. 防火板

选用阻燃芯材，同时其他性能指标也须符合铝塑板的技术指标要求。

2. 抗菌防霉铝塑板

将具有抗菌、杀菌作用的涂料涂覆在铝塑板上，使其具有控制微生物活动繁殖和最终杀灭细菌的作用。

3. 抗静电铝塑板

抗静电铝塑板采用抗静电涂料涂覆铝塑板，表面电阻在 109 Ω 以下，比普通铝塑板表面电阻小，因此不易产生静电，空气中尘埃也不易附着在其表面。

（三）按表面装饰效果来分类

可分为涂层、贴膜、氧化、拉丝、彩色印花、镜面铝塑板等。

1. 涂层装饰铝塑板

在铝板表面涂覆各种装饰性涂层。普遍采用的有氟碳、聚酯、丙烯酸涂层，主要包括金属色、素色、珠光色、荧光色等颜色，具有装饰性作用，是市面上最常见的品种。

2. 氧化着色铝塑板

采用阳极氧化技术处理铝合金面板，拥有玫瑰红、古铜色等别致的颜色，可起到特殊的装饰效果。

3. 贴膜装饰复合板

即是将彩纹膜按设定的工艺条件，依靠粘接胶的作用，使彩纹膜粘合在涂有底漆的铝板上或直接贴在经脱脂处理的铝板上。主要品种有钢纹板、木纹板等。

4. 彩色印花铝复合板

将不同的图案通过先进的计算机照排印刷技术，将彩色油墨在转印纸上印刷出各种仿天然花纹，然后通过热转印技术间接在铝塑板上复制出各种仿天然花纹。可以满足设计师的创意和业主的个性化选择。

5. 拉丝铝塑板

采用表面经拉丝处理的铝合金面板，常见的是金拉丝和银拉丝产品，给人带来不同的视觉感受，顿生高贵之感。

6. 镜面铝塑板

铝合金面板表面经磨光处理，宛如镜面。

四、相关技术指标

现有标准 GB/T 17748—2008《建筑幕墙用铝塑复合板》（替代 GB/T 17748—1999）和 GB/T ***** — ****《普通装饰用铝塑复合板（报批稿）》，其中 GB/T 17748—2008《建筑幕墙用铝塑复合板》与 GB/T 17748—1999 标准相比，有如下变动：

——标准的名称更改为《建筑幕墙用铝塑复合板》；

——取消了原标准中的内墙板部分的内容，内墙板部分以《普通装饰用铝塑复合板》为名称另行制订标准；

——取消了原标准中的分级要求、面密度和耐洗刷性的要求及试验方法；

——增加了阻燃型产品的分类、代号、要求和试验方法；

——增加了铝材厚度、耐硝酸性能要求和试验方法；

——修改了涂层厚度、耐沾污性、光泽度偏差、耐碱性、耐人工气候老化、耐盐雾性、剥离强度、贯穿阻力、剪切强度、耐温差性、热变形温度的技术指标；

——修改了耐碱性、耐溶剂性、剥离强度、耐温差性试验方法；

——修改了耐冲击性、弯曲强度和弯曲弹性模量、热变形温度试验方法的描述。

（一）技术要求

1. 外观质量和尺寸偏差要求

外观应整洁，非装饰面无影响产品使用的损伤，装饰面外观质量和尺寸偏差应分别符合

表 1—26 和表 1—27 的要求。

表 1—26　产品外观质量

缺陷名称①	技术要求
压痕	不允许
印痕	不允许
凹凸	不允许
正反面塑料外露	不允许
漏涂	不允许
波纹	不允许
鼓泡	不允许
疵点	最大尺寸≤3 mm,不超过 3 个/m²
划伤	不允许
擦伤	不允许
色差②	目测不明显,仲裁时色差 $\Delta E \leqslant 2$

①对于表中未涉及的表面缺陷,本着不影响需方使用要求为原则由供需双方商定。

②装饰性的花纹和色彩除外。

表 1—27　尺寸允许偏差

项　目	技术要求
长度/mm	±3
宽度/mm	±2
厚度/mm	±0.2
对角线差/mm	≤5
边沿不直度/(mm/m)	≤1
翘曲度/(mm/m)	≤5

注:特殊情况下尺寸允许偏差也可由供需双方商定。

2. 技术指标要求

GB/T 17748—2008《建筑幕墙用铝塑复合板》技术指标要求见表 1—28。

表 1—28　建筑幕墙用铝塑复合板技术指标要求

项　目			技术要求
铝材厚度	平均值		≥0.50 mm
	最小值		≥0.48 mm
最小涂层厚度①	二涂	平均值	≥25 μm
		最小值	≥23 μm
	三涂	平均值	≥32 μm
		最小值	≥30 μm

续表

项目			技术要求
表面硬度			≥HB
涂层光泽度偏差			≤10
涂层柔韧性			≤2T
涂层附着力②	划格法		0 级
	划圈法		1 级
耐冲击性			≥50 kg·cm
涂层耐磨耗性			≥5 L/μm
涂层耐化学腐蚀性	耐盐酸性		无变化
	耐油性		无变化
	耐碱性		无鼓泡、凸起、粉化等异常，色差 $\Delta E\leqslant 2$
	耐硝酸性		无鼓泡、凸起、粉化等异常，色差 $\Delta E\leqslant 5$
涂层耐溶剂性			不露底
涂层耐沾污性			≤5%
涂层耐人工候老化 4000 h	色差 ΔE		≤4.0
	失光等级		不次于 2 级
	其他老化性能		0 级
涂层耐盐雾性，4000 h			不次于 1 级
弯曲强度			≥100 MPa
弯曲弹性模量			$\geqslant 2.0\times10^{4}$ MPa
贯穿阻力			≥7.0 kN
剪切强度			≥22.0 MPa
滚筒剥离强度	平均值		≥130(N·mm)/mm
	最小值		≥120(N·mm)/mm
耐温差性	滚筒剥离强度下降率		≤10%
	附着力	划格法	0 级
		划圈法	1 级
	外观		无变化
热膨胀系数			$\leqslant 4.00\times10^{-5}$ ℃$^{-1}$
热变形温度			≥95℃
耐热水性			无异常
燃烧性能③			不低于 C 级

①幕墙板涂层通常为底涂＋面涂的二涂工艺，但一些特殊涂层品种，还要增加罩面保护层，以提高涂层的耐化学腐蚀能力和阻隔紫外线的能力，即采用底涂＋面涂＋罩面的三涂工艺。

②划圈法为仲裁方法。

③燃烧性能仅针对阻燃型铝塑板。

3. 普通装饰板的性能

普通装饰板的性能应符合表1—29的要求，其中氟碳树脂涂层的性能应符合表1—23的要求。

表1—29 普通装饰板性能

项目			技术要求
表面铅笔硬度			≥HB
涂层光泽度偏差			≤10
涂层柔韧性			≤3T
涂层附着力①	划格法		0级
	划圈法		1级
耐冲击性			≥20 kg·cm
涂层耐酸性			无变化
涂层耐油性			无变化
涂层耐碱性			无变化
涂层耐溶剂性			不露底
涂层耐沾污性			≤5%
耐人工气候老化 600 h	色差 ΔE		≤2.0
	失光等级		不次于2级
	其他老化性能		0级
耐盐雾性，720 h			不次于1级
弯曲强度②/MPa			≥标称值
剥离强度	平均值		≥4.0 N/mm
	最小值		≥3.0 N/mm
耐温差性	外观		无变化
	剥离强度下降率(%)		≤10
	涂层附着力①	划格法	0级
		划圈法	1级
热变形温度			≥85℃
耐热水性			无变化
燃烧性能③			不低于C级

①划圈法为仲裁方法，对覆膜装饰面不适用。

②应注明弯曲强度标称值。

③燃烧性能仅针对阻燃型铝塑板。

(二)检验规则

1. 试件尺寸及数量

试件尺寸及数量见表1—30。

表 1—30　试件尺寸及数量

<table>
<tr><th colspan="2" rowspan="2">试验项目</th><th colspan="2">试件尺寸/mm</th><th rowspan="2">试件数量/块</th></tr>
<tr><th>纵向</th><th>横向</th></tr>
<tr><td colspan="2">外观质量</td><td colspan="2">整张板</td><td>3</td></tr>
<tr><td colspan="2">尺寸允许偏差</td><td colspan="2">整张板</td><td>3</td></tr>
<tr><td colspan="2">铝材厚度</td><td colspan="2">100×100</td><td>3</td></tr>
<tr><td colspan="2">涂层厚度</td><td colspan="2">500×500</td><td>3</td></tr>
<tr><td colspan="2">表面铅笔硬度</td><td colspan="2">50×75</td><td>3</td></tr>
<tr><td colspan="2">涂层光泽度偏差</td><td colspan="2">500×500</td><td>3</td></tr>
<tr><td colspan="2" rowspan="2">涂层柔韧性</td><td>25</td><td>200</td><td>3</td></tr>
<tr><td>200</td><td>25</td><td>3</td></tr>
<tr><td rowspan="2">涂层附着力</td><td>划格法</td><td colspan="2">50×75</td><td>3</td></tr>
<tr><td>划圈法</td><td colspan="2">50×75</td><td>3</td></tr>
<tr><td colspan="2">耐冲击性</td><td colspan="2">50×75</td><td>3</td></tr>
<tr><td colspan="2">涂层耐盐酸</td><td colspan="2">100×100</td><td>3</td></tr>
<tr><td colspan="2">涂层耐油性</td><td colspan="2">100×100</td><td>3</td></tr>
<tr><td colspan="2">涂层耐碱性</td><td colspan="2">100×100</td><td>3</td></tr>
<tr><td colspan="2">涂层耐溶剂性</td><td colspan="2">100×430</td><td>2</td></tr>
<tr><td colspan="2">涂层耐沾污性</td><td colspan="2">100×200</td><td>3</td></tr>
<tr><td colspan="2">耐人工气候老化</td><td colspan="2">100×100</td><td>3</td></tr>
<tr><td colspan="2">耐盐雾性</td><td colspan="2">100×100</td><td>3</td></tr>
<tr><td colspan="2" rowspan="2">弯曲强度</td><td>50</td><td>200</td><td>12</td></tr>
<tr><td>200</td><td>50</td><td>12</td></tr>
<tr><td colspan="2" rowspan="2">180°剥离强度</td><td>25</td><td>350</td><td>12</td></tr>
<tr><td>350</td><td>25</td><td>12</td></tr>
<tr><td colspan="2">耐温差性</td><td colspan="2">350×350</td><td>3</td></tr>
<tr><td colspan="2" rowspan="2">热变形温度</td><td>25</td><td>120</td><td>12</td></tr>
<tr><td>120</td><td>25</td><td>12</td></tr>
<tr><td colspan="2">耐热水性</td><td colspan="2">200×200</td><td>3</td></tr>
<tr><td colspan="2" rowspan="2">燃烧性能</td><td colspan="2">1500×1000</td><td>5</td></tr>
<tr><td colspan="2">1500×500</td><td>5</td></tr>
</table>

2. 检验批量的确定

检验批量的确定应以同一等级、同一品种、同一规格的产品 3000 m^2 为一批，不足 3000 m^2 的也按一批计算。检验时从同一检验批中随机抽取 3 张板进行检验，这种情况一般用于型式检验和出厂检验的抽查。

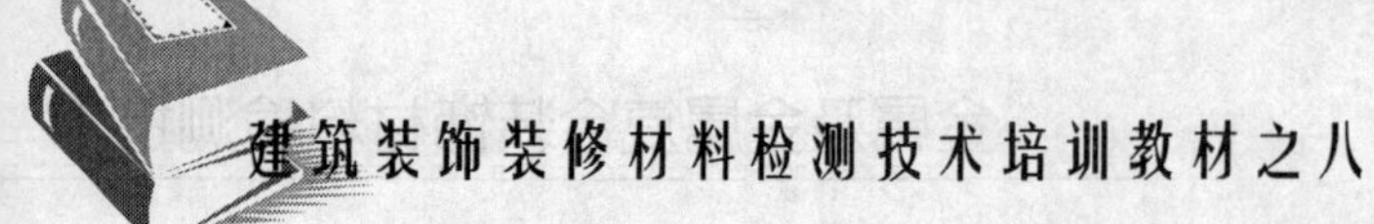

3. 出厂检验

就是生产厂家为保障产品质量，在原材料和生产工艺相对稳定的前提条件下，在产品出厂前所作的必要的一些检验。出厂检验的项目包括：规格尺寸允许偏差、外观质量、涂层厚度、光泽度偏差、表面铅笔硬度、涂层柔韧性、附着力、耐冲击性、耐溶剂性、剥离强度、耐热水性、耐酸性、耐碱性。

4. 型式检验

即对产品的所有质量要求项目的检验，检验的项目包括所有技术要求。

5. 对于检验中的合格判定问题

若检验中有不达标项，可再进行加倍抽样对不达标项进行复查，若复查结果通过，则算该批产品达标，若复查结果仍有不达标项存在，则判该批产品不达标，这里所说的达标，就是说达到标准要求(或达到供需双方商定的技术指标)。

在实际生产中厂家的控制指标应严于国家标准，才能保证出厂的产品是达标的。大多数厂家对外观的出厂检验是在线检验的，换句话说就是每一张板都进行外观检验，这是好事。但是其他出厂检验项目则不一定做。做得较多的是剥离强度，人们对这个问题比较重视，甚至是过度重视，片面强调追求很高的剥离强度，这样很可能在其他性能上带来损失，应掌握各种性能之间的平衡。以前铝塑复合板要求做 180°剥离强度，但在新标准中规定幕墙板采用滚筒剥离强度，以消除铝板厚度对剥离强度数值带来的影响，装饰板仍然采用 180°剥离强度试验。

一般铝塑复合板的产品标志问题，也属于铝塑复合板产品质量的一部分，但对于标志问题，很多厂家都不太重视，或有意不标示清楚。

一般铝塑复合板的产品标志应包括：企业名称、产品名称、生产批号、内装数量、产品规格、执行标准。

虽然铝塑复合板的产品标志不是硬性的技术要求，但作为产品质量管理要求的一部分是不能少的。如果标志不清，将被认为是产品质量管理不严，如果是按产品监督抽查要求来检验，则会因标志不清而首先判为产品不合格，有关执法部门可以依据产品标准进行处罚。

五、原材料组成

原料组成包括铝基材、涂料、塑料芯材、粘接树脂、保护膜。

第五节　铝蜂窝板

一、铝蜂窝板的发展

铝蜂窝板指由两层铝面板与中间的铝蜂窝芯子胶结而成的夹层结构(图 1—18)。

铝蜂窝板早在 20 世纪 50 年代已应用于航空、航天领域。在飞机中的雷达罩、所有活动舵面、副翼、地板、隔舱隔板、天花板、行李箱等部位常用到这种夹层结构。随着科技的进步、工艺成熟、加之建筑产品单一、批量大等特点，使铝蜂窝板的成本大幅度下降后，才开始应用在建筑领域。到 20 世纪 90 年代中期主要用做建筑内外装饰幕墙板，至今在市场上取得了意想不到的效果。蜂窝板独特的构造方式赋予了蜂窝板明显区别于铝塑板等国内外同类金属

图 1—18　铝蜂窝板

幕墙材料的性能。蜂窝板中间特制的六边形铝蜂窝,作为粘附在夹层结构中的芯板,在切向上承受压力。这些相互牵制的密集蜂窝犹如许多小工字梁,可分散承担来自面板方向的压力,使板受力均匀,保证了面板在较大面积时仍能保持很高的平整度,另外,空心的蜂窝还能大大减弱板体的热膨胀性。蜂窝板可以采用各种金属(一般推荐铝合金,其他如钛合金、不锈钢、彩钢等)和多种非金属材料(如玻璃、石材、陶瓷、防火板等)作为面材。铝蜂窝板质轻、高强,尤其表面的平整度是所有其他种类的挂板所无法比拟的。并可现场加工,表面无色差,使其在现代的建筑中愈来愈广泛的被建筑师采用,用于大厦帷幕墙、天花吊顶、内墙间隔、门面招牌等。

铝蜂窝板的面板主要选用优质的 3003H24 合金铝板或 5052AH14 高锰合金铝板为基材,面板厚度为 0.8 m～1.5 m,底板厚度为 0.6 mm～1.0 mm,总厚度为 25 mm。芯材采用六角形 3003 型铝蜂窝芯,铝箔厚度 0.04 mm～0.06 mm,边长 5 mm～6 mm,采用辊压成型技术完成正、背表皮的成型,全自动机器设备折边,正、背表皮在安装边紧紧咬合。整个加工过程全部在现代化工厂完成,采用热压成型技术,因铝皮和蜂窝间的高热传导值,内外铝皮的热胀冷缩同步;蜂窝铝皮上有小孔,使板内气体可以自由流动;可滑动安装扣系统在热胀冷缩时不会引起结构变形,因此可以保证极高的平整度。采用黏结胶:双组分聚氨酯高温固化胶,用全自动蜂窝板复合生产设备通过加压高温复合而成,克服了以往蜂窝板粘接层的脆性问题。内层为特制的六边形铝蜂窝,由硬度达到 H19 的铝合金构成,作为粘附在夹层结构中的芯板,在切向上承受压力。这些相互牵制的密集蜂窝犹如许多小工字梁,可分散承担来自面板方向的压力,使板受力均匀,保证了面板在较大面积时仍能保持很高的平整度。安装时采用两边安装,无机械破坏。滑动安装扣系统允许热胀冷缩,板底端的止滑扣将可以控制板的膨胀方向。25 mm 隐胶缝系统美观且具有自洁功能。制作完成后的盒式蜂窝板,内外板和蜂窝结构形成一个整体另外,空心蜂窝还能大大减弱板体的热膨胀性。由于蜂窝材料具有抗高风压、减震,隔音、保温、阻燃和比强度高等优良性能。国外 60 年代已在民用各领域使用,而且发展很快,我国最近几年蜂窝技术才在民用工业的各领域应用。铝蜂窝板幕墙以其质轻、强度高、刚度大等诸多优点,已被广泛应用于高层建筑外墙装饰。总厚度为 15 mm,面板底板均为 1.0 mm 厚的铝蜂窝板只有 6 kg/m^2。具有相同刚度的蜂窝板重量仅为铝单板的1/5,钢板的 1/10,相互连接的铝蜂窝芯就如无数个工字钢,芯层分布固定在整个板面内,使板块更加稳定,其抗风压性能大大超于铝塑板和铝单板,并具有不易变形,平整度好的特点,即使蜂窝板的分格尺寸很大。也能达到极高的平整度,是目前建筑业优异的轻质材料。

二、相关技术要求及检验规则

现在国内没有此产品技术参数指标的标准,仅有相应性能的试验方法标准。现有标准包括 GJB 130—1986《胶结铝蜂窝夹层结构和铝蜂窝芯子性能试验方法》和国标系列。此外还有正在制定中的JC/T ***** — ****《建筑幕墙用铝蜂窝板(征求意见稿)》标准和 JC/T ***** — ****《建筑普通装饰用铝蜂窝板(征求意见稿)》,该标准对蜂窝板物理化学性能做了详细的规定,包括以下技术要求。

(一)技术要求

1. 相关试验方法标准

相关试验方法标准见表 1—31。

表 1—31 蜂窝板相关试验方法标准

密度	GJB 130.2—1986《铝蜂窝芯子密度测定方法》
节点强度	GJB 130.3—1986《胶结铝蜂窝芯子节点强度试验方法》
平面拉伸粘结强度	GJB 130.4—1986《胶结铝蜂窝夹层结构平面拉伸试验方法》 GB/T 1452—2005《夹层结构平拉强度试验方法》
平面压缩强度	GJB 130.5—1986《胶结铝蜂窝夹层结构和芯子平面压缩性能试验方法》
平面压缩弹性模量	GB/T 1453—2005《夹层结构或芯子平压性能试验方法》
平面剪切强度	GJB 130.6—1986《胶结铝蜂窝夹层结构和芯子平面剪切试验方法》
平面剪切弹性模量	GB/T 1455—2005《夹层结构或芯子剪切性能试验方法》
滚筒剥离强度	GJB 130.7—1986《胶结铝蜂窝夹层结构滚筒剥离试验方法》 GB/T 1457—2005《夹层结构滚筒剥离强度试验方法》
90°剥离强度	GJB 130.8—1986《胶结铝蜂窝夹层结构 90°剥离试验方法》
弯曲强度	GJB 130.9—1986《胶结铝蜂窝夹层结构弯曲性能试验方法》
弯曲刚度	GB/T 1456—2005《夹层结构弯曲性能试验方法》

2. 相关技术要求

蜂窝板按使用场所分为建筑幕墙板和普通装饰板,外观应整洁,非装饰面无影响产品使用的损伤,切边平直整齐无毛刺,折边无明显裂纹,产品无脱胶。其他要求见表 1—32～表 1—37。

表 1—32 外观质量要求

缺陷名称①	技术要求
印痕	不允许
漏涂	不允许
波纹	不允许

续表

缺陷名称①		技术要求
鼓泡		不允许
疵点	最大尺寸	≤3 mm
	数量	≤3 个/m^2
擦伤和/或划伤	划伤深度	不大于表面处理厚度
	划伤总长度	≤100 mm
	擦伤总面积	≤300 mm^2
	划伤、擦伤总处数	≤4
色差②		不明显 仲裁时：素色漆 $\Delta E \leqslant 2$，金属漆 $\Delta E \leqslant 1$

①对于表中未涉及到的表面缺陷，本着不影响需方使用要求为原则由供需双方商定；

②装饰性的花纹和色彩除外。

表 1—33 尺寸允许偏差

项　目		技术要求
边长 L	$L \leqslant 2$ m 时	±2 mm
	$L > 2$ m 时	±5 mm
厚度		±0.25 mm
对角线差		≤3 mm
边直度		≤2 mm/m
翘曲度		≤2 mm/m

注：1. 幕墙板的尺寸允许偏差也可由供需双方商定。

2. 异型板的尺寸允许偏差由供需双方商定。

表 1—34 幕墙板所用铝板厚度及涂层厚度

项　目				技术要求
铝板厚度	平均值			面板≥1.0 mm 背板≥0.7 mm
	最小值			面板≥0.9 mm 背板≥0.6 mm
装饰面涂层厚度	二涂	滚涂	平均值	≥25 μm
			最小值	≥23 μm
		喷涂	平均值	≥30 μm
			最小值	≥25 μm
	三涂	滚涂	平均值	≥32 μm
			最小值	≥30 μm
		喷涂	平均值	≥40 μm
			最小值	≥35 μm

表 1—35　幕墙板性能

项　目①		技术要求
表面硬度		≥HB
涂层光泽度偏差②		≤10
涂层柔韧性		≤2T
涂层附着力，级		0
涂层耐磨耗性		≥5 L/μm
涂层耐盐酸性		无变化
涂层耐油性		无变化
涂层耐碱性		无鼓泡、凸起、粉化等异常，色差 $\Delta E\leqslant 2$
涂层耐硝酸性		无鼓泡、凸起、粉化等异常，色差 $\Delta E\leqslant 5$
涂层耐溶剂性		不露底
涂层耐沾污性		≤5%
耐盐雾性(4000 h)		无脱胶，涂层腐蚀等级不次于 1 级
耐人工候老化(4000 h)	色差 ΔE	≤4.0
	失光等级	不次于 2 级
	其他涂层老化性能	0 级
	外观	无脱胶
抗柔性冲击		无破坏及永久变形
耐热水性		无异常
剥离强度	平均值	≥100(N·mm)/mm
	最小值	≥80(N·mm)/mm
耐温差性	剥离强度平均值下降率	≤10%
	涂层附着力	0 级
	外观	无变化
平面拉伸粘结强度	平均值	≥1.0 MPa
	最小值	≥0.6 MPa
平面压缩强度		≥1.0 MPa
平面压缩弹性模量		≥30 MPa
平面剪切强度		≥0.6 MPa
平面剪切弹性模量		≥4.0 MPa
弯曲刚度		$\geqslant 1.0\times 10^{8}$ N·mm²
剪切刚度		$\geqslant 2.0\times 10^{4}$ N

①对打孔的板，其力学性能由供需双方商定；

②表面光泽度值由供需双方商定。

表 1—36 装饰板所用的铝板厚度及涂层厚度要求

项目				技术要求
铝板厚度/mm	平均值			≥标称值
	最小值			≥标称值－0.1
装饰面涂层厚度	一涂	滚涂	平均值	≥16 μm
			最小值	≥14 μm
		喷涂	平均值	≥22 μm
			最小值	≥18 μm
	二涂	滚涂	平均值	≥25 μm
			最小值	≥23 μm
		喷涂	平均值	≥35 μm
			最小值	≥25 μm
	三涂	滚涂	平均值	≥32 μm
			最小值	≥30 μm
		喷涂	平均值	≥40 μm
			最小值	≥30 μm

表 1—37 装饰板性能

项 目[1]	技术要求	
	氟碳涂层	其他涂层
表面硬度	≥HB	
涂层光泽度偏差[2]	≤10	
涂层柔韧性	≤2T	
涂层附着力，级	0	
涂层耐盐酸性	无变化	
涂层耐油性	无变化	
涂层耐溶剂性	不露底	
涂层耐沾污性	≤5%	
涂层耐碱性	无鼓泡、凸起、粉化等异常，色差 $\Delta E\leqslant 2$	无变化
涂层耐硝酸性	无鼓泡、凸起、粉化等异常，色差 $\Delta E\leqslant 5$	
耐盐雾性，级	4000 h，无脱胶，涂层腐蚀等级不次于 1 级	720 h，无脱胶，涂层腐蚀等级不次于 1 级

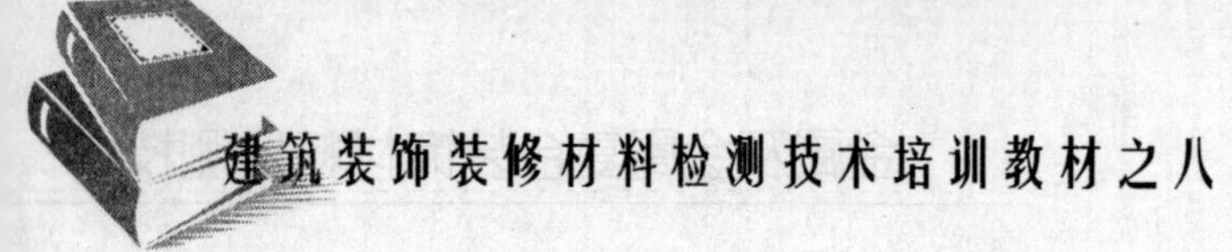

续表

项目[①]		技术要求	
		氟碳涂层	其他涂层
耐人工候老化	色差 ΔE	4000 h,≤4.0	600 h,≤2.0
	失光等级	4000 h,不次于2级	600 h,不次于2级
	其他涂层老化性能	4000 h,0级	600 h,0级
	外观	无脱胶	
抗柔性冲击		无破坏	
耐热水性		无异常	
滚筒剥离强度	平均值	≥50(N·mm)/mm	
	最小值	≥30(N·mm)/mm	
耐温差性	滚筒剥离强度平均值下降率	≤10%	
	涂层附着力	0级	
	外观	无变化	
平面拉伸粘结强度	平均值	≥0.6 MPa	
	最小值	≥0.4 MPa	
平面压缩强度		≥0.8 MPa	
平面压缩弹性模量		≥25 MPa	
平面剪切强度		≥0.4 MPa	
平面剪切弹性模量		≥3.0 MPa	
弯曲刚度		$\geq 1.0\times10^{7}$ N·mm²	
剪切刚度		$\geq 1.0\times10^{4}$ N	

①对打孔的板,其力学性能由供需双方商定;

②表面光泽度值由供需双方商定。

除非有特殊说明,以上所称的涂层均指产品装饰表面层。

(二)检验规则

1.制样要求

制备试件时应考虑到产品性能在纵、横方向上要求具有一致性。试件的制取位置应在距产品边部50 mm以里的区域内,试件的尺寸及数量见表1—38。

表1—38 试件尺寸及数量

项目	尺寸/mm		数量/块
	纵向	横向	
外观质量	整张板		3
尺寸允许偏差	整张板		3

续表

项目	尺寸/mm		数量/块
	纵向	横向	
铝板厚度	100×100		3
涂层厚度	500×500		3
表面硬度	50×75		3
涂层光泽度偏差	500×500		3
涂层柔韧性	25	200	3
	200	25	3
涂层附着力	50×75		3
涂层耐磨耗性	100×200		3
涂层耐盐酸性	100×100		3
涂层耐油性	100×100		3
涂层耐碱性	100×100		3
涂层耐硝酸性	100×100		3
涂层耐溶剂性	100×430		2
涂层耐沾污性	100×200		3
耐盐雾性	100×100		3
抗柔性冲击	1000×1000		3
耐热水性	200×200		3
耐人工候老化	100×100		3
剥离强度	100	350	12
	350	100	12
耐温差性	350×350		6
平面拉伸粘结强度	60×60		6
平面压缩强度	60×60		6
平面压缩弹性模量	60×60		6
平面剪切强度	12×60		6
平面剪切弹性模量	12×60		6
弯曲刚度	100×800		6
剪切刚度	100×800		6

试板胶接后至少应在规定条件下放置 24 h 方可加工。试样加工时不允许使用冷却液体，应尽量减少摩擦发热和振动冲击，要防止试样刻痕和压坑等机械损伤，全部试样应编号。

取样时应严格保证蜂窝的方向与试验要求相符。其偏差不得大于 5°，在无特殊要求时，试板取样应除去边缘部分。

常温试验的标准环境条件为(23±2)℃,相对湿度(50±5)%,如达不到上述规定的温湿度条件,应在试验记录中如实的记录试验时的温度和湿度。

试样的预处理,试样试验前应在标准环境条件下放置6 h以上,特别存放条件另定。

2. 出厂检验

每批产品均应进行出厂检验。检验项目包括:外观质量、规格尺寸允许偏差、涂层厚度、表面硬度、涂层光泽度偏差、涂层柔韧性、涂层附着力、涂层耐酸性、涂层耐碱性、涂层耐溶剂性、耐柔性冲击性、剥离强度、平面压缩强度、耐热水性。

3. 型式检验

型式检验项目包括标准规定的全部技术要求。

有下列情形之一者,必须进行型式检验:

——新产品或老产品转厂的试制定型鉴定;

——正常生产时,每年进行一次型式检验;

——产品的原料改变、工艺有较大变化,可能影响产品性能时;

——产品停产半年后恢复生产时;

——出厂检验结果与上次型式检验有较大差异时;

——国家质量监督机构提出进行型式检验要求时。

——其中耐盐雾性和人工老化可两年检验一次。

4. 组批与抽样规则

出厂检验:以同一品种、同一厚度、同一颜色的产品为一批。

型式检验:以出厂检验合格的同一品种、同一厚度、同一颜色的产品3000 m^2为一批,不足3000 m^2的按一批计算。

出厂检验:外观质量的检验可逐张进行,规格尺寸允许偏差的检验从同一检验批中随机抽取3张板进行,其余出厂检验项目按所检验项目的尺寸和数量要求随机裁取。

型式检验:从同一检验批中随机抽取3张板进行外观质量和尺寸偏差的检验,其余按各项目要求的尺寸和数量随机裁取。

判定规则:检验结果全部符合标准的指标要求时,判该批产品合格。若有不合格项,可再从该批产品中抽取双倍样品对不合格的项目进行一次复查,复查结果全部达到标准要求时判定该批产品合格,否则判定该批产品不合格。

三、原材料组成

原材料组成包括涂料、铝或铝合金基板、粘结树脂、蜂窝芯材、保护膜。

第六节 铝合金型材

一、概述

铝合金建筑型材从20世纪80年代开始进入中国,从当初单一的氧化材发展到今天的电泳、粉末喷涂、氟碳、隔热等多品种的铝合金型材。尽管我国已经是世界上铝合金建筑型材生产第一大国,但还不是强国。铝合金建筑型材质量问题一直是各界普遍关注的问题。

铝合金型材不合格主要是人为造成的，主要问题表现在三个方面：第一，为达到降低生产成本的目的，生产厂商在生产过程中偷工减料，或采用的模具质量不合格，直接导致铝合金型材受力杆件壁厚度不达标；第二，由于生产厂家对原材料把关不严，原材料中化学元素含量不符合规定的含量要求，或在用原材料进行加工时混入杂质，导致生产出的铝合金型材化学元素含量严重超标；第三，在进行铝合金型材镀膜工序时，所采用的溶液浓度没有按照规定要求进行配制，在溶液浓度的测定上不及时、不准确，造成氧化膜较薄、达不到标准厚度。铬、锰、镁、铜等化学元素含量超标，对铝合金型材的抗腐蚀性、加工、焊接等都有较大影响，直接影响铝合金门窗、推拉门等产品的使用性能；氧化膜厚度较薄，会直接影响铝合金型材制品的抗腐蚀性能，天长日久产品表面颜色就会发生改变，稍遇带有酸碱性的物质就会被腐蚀，严重影响装饰效果，进而影响居家心情；受力杆件壁厚度不合格，会导致产品的抗外力强度下降，容易发生变形，制作的门窗、推拉门等产品很难“畅快”地运行，甚至会出现安全事故。

二、主要涉及的规范标准

GB/T 8013.1—2007《铝及铝合金阳极氧化膜与有机聚合物膜 第1部分：阳极氧化膜》

GB/T 8013.2—2007《铝及铝合金阳极氧化膜与有机聚合物膜 第2部分：阳极氧化复合膜》

GB/T 8013.3—2007《铝及铝合金阳极氧化膜与有机聚合物膜 第3部分：有机聚合物喷涂膜》

三、主要涉及的产品标准

GB 5237.1—2004《铝合金建筑型材 第1部分 基材》

GB 5237.2—2004《铝合金建筑型材 第2部分 阳极氧化、着色型材》

GB 5237.3—2004《铝合金建筑型材 第3部分 电泳涂漆型材》

GB 5237.4—2004《铝合金建筑型材 第4部分 粉末喷涂型材》

GB 5237.5—2004《铝合金建筑型材 第5部分 氟碳漆喷涂型材》

GB 5237.6—2004《铝合金建筑型材 第6部分 隔热型材》

四、发展和应用

铝合金建筑型材主要用于建筑物的外围护栏上，如门窗、幕墙等。又可用于建筑物的一些结构，如隔断。由于这种型材应用于建筑物外围护和结构，故需要在这种材料上根据不同的设计和防护进行多种多样的表面处理，如阳极氧化、电泳涂漆、粉末喷涂、氟碳喷漆等。

五、技术要求及检验规则

（一）铝合金型材基材

1.定义

指用铝合金材料通过一定的压力加工方法和热处理制度制得的具有一定形状和力学性能，用于指建筑行业的型材。

2. 相关技术要求

GB 5237.1—2004《铝合金建筑型材 第1部分 基材》，其检验项目见表1—39。

表1—39 铝合金型材基材检验项目

检测项目	
化学成分	
尺寸允许偏差	横截面尺寸允许偏差
	角度允许偏差
	平面间隙
	曲面间隙
	扭拧度
	圆角半径允许偏差
	长度允许偏差
	端头切斜度允许偏差
力学性能 维氏硬度、韦氏硬度和拉伸试验只做一项，仲裁试验为拉伸试验	抗拉强度
	规定非比例伸长应力
	伸长率
	维氏硬度 HV
	韦氏硬度 HW
外观质量	

3. 检验方法

(1)化学成分

应符合 GB/T 3190 标准的要求。

(2)横截面尺寸允许偏差

分为普通级、高精级和超高精级，分别符合 GB/T 3190 标准中的规定：

型材的横截面尺寸允许偏差等级由供需双方商定，但采用 6063、6063A 铝合金的型材，对有装配关系的尺寸，其允许偏差应选用高精级或超高精级；

尺寸允许偏差为高精级和超高精级时，其允许偏差值应在产品图样中注明，图样中不注明允许偏差值，但可以直接测量的部位的尺寸，其允许偏差按普通级执行；

横截面中壁厚名义尺寸及允许偏差相同的各个面的壁厚差应不大于相应的壁厚公差之半。门窗型材最小公称壁厚应不小于 1.20 mm，外门、外窗用铝合金型材最小实测壁厚应分别符合 GB/T 8478、GB/T 8479 的规定。幕墙用铝合金型材最小实测壁厚应符合有关工程建设国家标准或行业标准的规定。

(3)角度允许偏差

应符合表1—40的规定，并在图样或合同中注明，未注明时 6061 合金按普精级执行，6063、6063A 合金按高精级执行。

表 1—40　角度允许偏差

级别	允许偏差
普精级	±2°
高精级	±1°
超高精级	±0.5°

注：当允许偏差要求(＋)或(－)时，其偏差由双方协商确定。

(4)平面间隙

把直尺横放在型材平面上，如图 1—3 所示，型材平面与直尺之间的间隙应符合表 1—41 的规定。未注明级别时 6061 合金按普精级执行，6063、6063A 合金按高精级执行。

表 1—41　型材平面与直尺之间的间隙　单位：mm

型材宽度 B	平面间隙		
	普精级	高精级	超高精级
≤25	≤0.20	≤0.15	≤0.10
＞25	≤0.8%×B	≤0.6%×B	≤0.4%×B
任意 25 mm 宽度上	≤0.20	≤0.15	≤0.10

注：1. B 为所测面的宽度；

2. 对于包括开口部分的型材平面不适用。如果要求将开口两边合起来作为一个完整的平面，应在图样中注明。

(5)曲面间隙

将标准样板紧贴在型材的曲面上，如图 1—20 所示。型材曲面与标准样板之间的间隙为每 25 mm 的弦长上允许的最大值不超过 0.13 mm，不足 25 mm 的部分按 25 mm 计算。当横截面圆弧部分的圆心角大于 90°时，则应按 90°圆心角的弦长加上其余数圆心角的弦长来确定，要求检查曲面间隙的型材，要在图纸或合同中注明。检查曲面间隙的标准样板由需方提供。

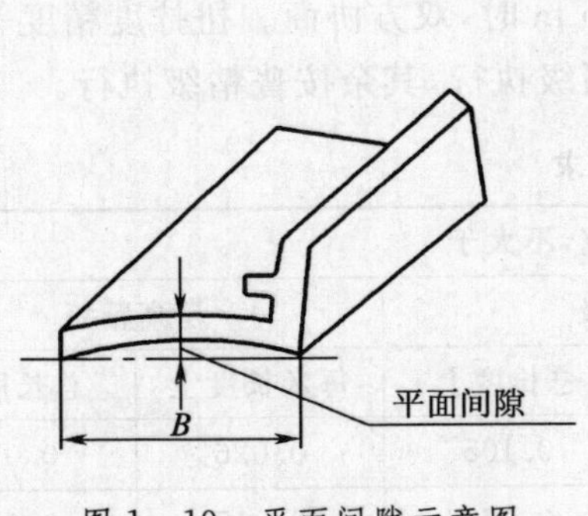

图 1—19　平面间隙示意图

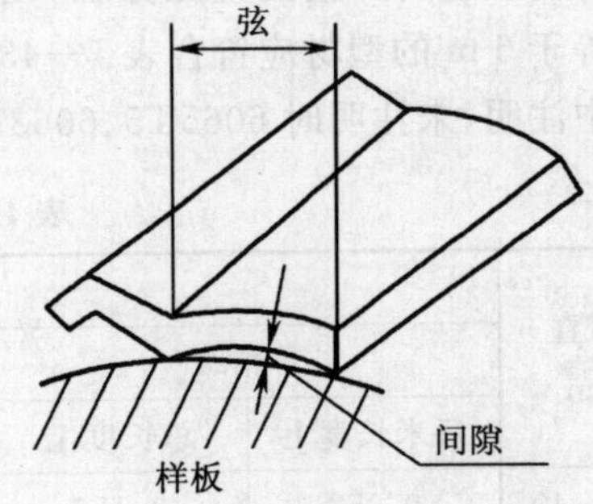

图 1—20　曲面间隙示意图

(6)弯曲度

型材弯曲度是将型材放在平台上，借助自重使弯曲达到稳定时，沿型材长度方向测得的型材底面与平台最大间隙或用 300 mm 长直尺沿型材长度方向靠在型材表面上，测得的间隙最大值如图 1—5 所示，图中 L 为定尺长度。

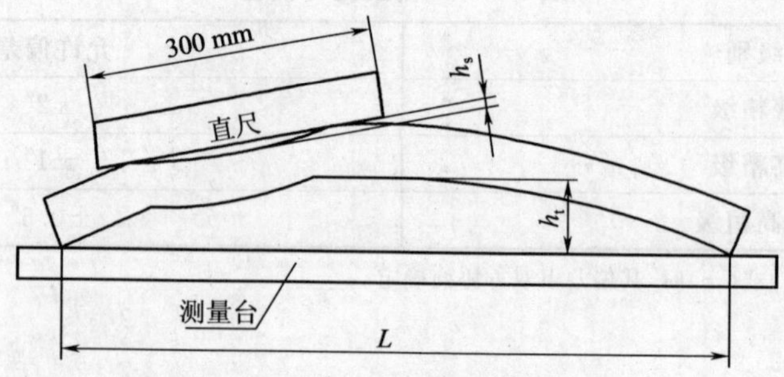

图 1—21　弯曲度示意图

型材的弯曲度应符合表 1—42 的规定。弯曲度的精度等级要在合同中注明。未注明时 6060T5、6063AT5 型材按高精级执行，其余按普精级执行。

表 1—42　弯曲度要求　　单位：mm

外接圆直径	最小壁厚	弯曲度，不大于					
		普精级		高精级		超高精级	
		任意 300 mm 长度上 h_s	全长 L m h_t	任意 300 mm 长度上 h_s	全长 L m h_t	任意 300 mm 长度上 h_s	全长 L m h_t
≤38	≤2.4	1.5	4×L	1.3	3×L	1.0	2×L
	>2.4	0.5	2×L	0.3	1×L	0.3	0.7×L
>38		0.5	1.5×L	0.3	0.8×L	0.3	0.5×L

(7)扭拧度

将型材放在平台上，借助自重使之达到稳定时，沿型材的长度方向，测量型材底面与平台之间的最大距离 N，如图 1—22 所示。从 N 值中扣除该处弯曲值即为扭拧度。

扭拧度按型材外接圆直径分档，以型材每毫米宽度上允许扭拧的毫米数表示。公称长度小于等于 6 m 的型材应符合表 1—43 的规定。大于 6 m 时，双方协商。扭拧度精度等级要在合同中注明，未注明时 6065T5、6063AT5 型材按高精级执行，其余按普精级执行。

表 1—43　扭拧度的要求

外接圆直径/mm	扭拧度/mm 宽，不大于					
	普精级		高精级		超高精级	
	每米长度上	总长度上	每米长度上	总长度上	每米长度上	总长度上
>12.5～40	0.052	0.156	0.035	0.105	0.026	0.078
>40～80	0.035	0.105	0.026	0.078	0.017	0.052
>80～250	0.026	0.078	0.017	0.052	0.009	0.026

(8)圆角半径允许偏差如图 1—23 所示，应符合表 1—44 要求。

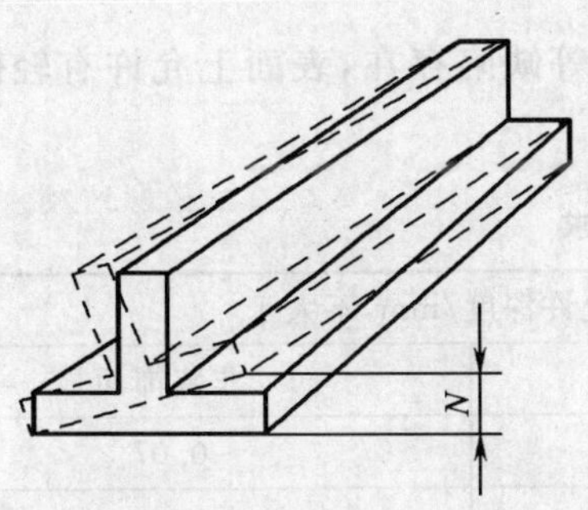

图 1—22　扭拧度示意图

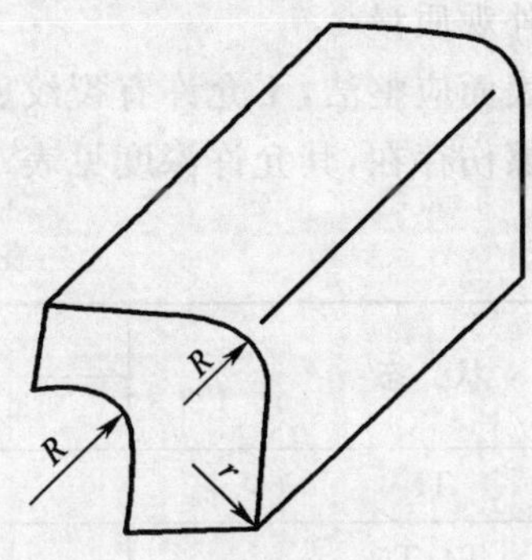

图 1—23　圆角半径示意图

表 1—44　圆角半径允许偏差要求　　单位:mm

圆角半径	允许偏差
过渡圆角半径	+0.4
$R \leqslant 4.7$	±0.4
$R > 4.7$	$\pm 0.1R$

注:当允许偏差要求(+)或(−)时,其偏差由双方协商确定。

(9)长度允许偏差

公称长度小于等于 6 m 时,允许偏差为+15 mm,长度大于 6 m 时,允许偏差双方协商确定。

以倍尺交货的型材,其总长度允许偏差为+20 mm,需要加锯口余量时,应在合同中注明。不定尺型材的交货长度为 1 m～6 m。

(10)端头切斜度不应超过 2°。

(11)力学性能应符合表 1—45 的要求。

表 1—45　力学性能要求

合金	合金状态	壁厚/mm	拉伸试验			硬度试验		
			抗拉强度/MPa	规定非比例伸长应力/MPa	伸长率(%)	试样厚度	维氏硬度	韦氏硬度
			不小于					
6063	T5	所有	160	110	8	0.8	58	8
	T6	所有	205	180	8			
6063A	T5	≤10	200	160	5	0.8	65	10
		>10	190	150	5			
	T6	≤10	230	190	5			
		>10	220	180	4			
6061	T4	所有	180	110	16			
	T6	所有	265	245	8			

注:1. 型材取样部位的实测壁厚小于 1.2 mm 时,不测定伸长率;

2. 维氏硬度、韦氏硬度和拉伸试验只做 1 项,仲裁试验为拉伸试验;

3. 表中拉伸试验要求是强制的。

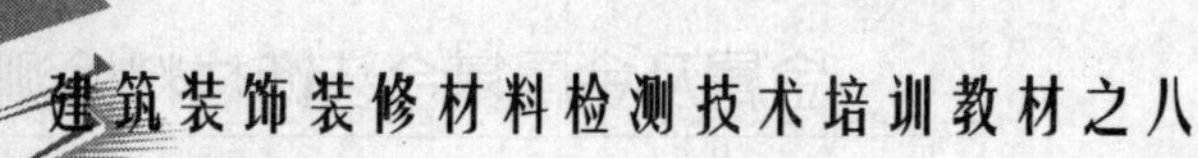

(12)外观质量

型材表面应整洁,不允许有裂纹、起皮、腐蚀和气泡等缺陷存在,表面上允许有轻微的压坑、碰伤、擦伤存在,其允许深度见表1—46。

表1—46 外观质量要求

状态	缺陷允许深度/mm,不大于	
	装饰面	非装饰面
T5	0.03	0.07
T4、T6	0.06	0.10

模具挤压痕的深度要求见表1—47,装饰面要在图纸中注明,未注明时按非装饰面执行。

表1—47 模具挤压痕的深度要求

合金	模具挤压痕深度/mm,不大于
6061	0.06
6063 6063A	0.03

4. 检验规则

(1)型材应成批提交验收,每批由同一牌号、状态、规格的型材组成,批重不限。

(2)每批型材均应进行化学成分、尺寸、力学性能、外观质量的检查。取样位置和取样数量应符合表1—48的规定。

表1—48 取样位置和取样数量要求

检验项目	取样位置	取样数量
化学成分	符合GB/T 17432的规定	每熔次或每批(每1000 kg产品)不少于1个
力学性能	符合GB/T 16865的规定	每批(炉)2根,每根1个
尺寸偏差	任意部位	每批1%,不少于10根
外观质量	任意部位	逐根

(3)化学成分不合格时,判整批不合格。尺寸、外观质量不合格时,为单件不合格,允许逐根检验,合格者交货。

(4)力学性能有一个指标不合格时应从该批(炉)中另取4个试样复验(包括原不合格型材),复验结果仍有一个试样不合格时,判全批不合格,也可由供方逐根检验,或进行重复热处理,重新取样。

(二)阳极氧化、着色铝合金型材

1. 定义

建筑行业用,表面经阳极氧化、电解着色或有机着色的铝合金热挤压型材。其使用环境见表1—49。

表 1—49　阳极氧化膜的使用环境

级别	使用环境	应用举例
AA10	用于室外大气清洁、远离工业污染、远离海洋的地方。室内一般情况下均可使用	厨房用具、日用品、家用电器、装饰品、车辆外装饰、屋内外门窗等
AA15 AA20	用于有工业大气污染，存在酸碱气氛，环境潮湿或常受雨淋，海洋性气候的地方。但上述环境状态都不十分严重	厨房用具、船舶、屋外建筑材料、幕墙等
AA20 AA25	用于环境非常恶劣的地方。如长期受大气污染，受潮或雨淋、摩擦，特别是表面可能发生凝霜的地方	船舶、门窗、幕墙、机械零件

2. 相关技术要求

相关技术要求见表 1—50。

表 1—50　阳极氧化、着色型材技术要求

GB 5237.2—2004《铝合金建筑型材 第 2 部分 阳极氧化、着色型材》				
检测项目				检测标准
阳极氧化膜质量	膜厚		AA10	平均≥10 μm，最小≥8 μm
			AA15	平均≥15 μm，最小≥12 μm
			AA20	平均≥20 μm，最小≥16 μm
			AA25	平均≥25 μm，最小≥20 μm
	封孔质量			≤30 mg/dm²
	颜色和色差			目测不明显，或单色时 ΔE≤1.5
	耐腐蚀试验	耐盐雾腐蚀性（CASS）	AA10	16 h，≥9 级
			AA15	32 h，≥9 级
			AA20	56 h，≥9 级
			AA25	72 h，≥9 级
		滴碱	AA10	≥50s
			AA15	≥75s
			AA20	≥100s
			AA25	≥125s
		落砂试验耐磨耗系数 *f*		≥300 g/μm
	耐候性，300 h，313B 荧光紫外			电解着色膜色差至少达到 1 级 有机着色膜色差至少达到 2 级
外观质量				产品表面不允许有电灼伤、氧化膜脱落等影响使用的缺陷

3. 检验规则

(1)产品应成批提交验收，每批由同一牌号、状态、规格的型材组成，批重不限。

(2)每批产品均应进行化学成分、尺寸偏差、力学性能、外观质量和氧化膜厚度、封孔质量及氧化膜颜色、色差的检查。耐蚀性、耐磨性、耐候性采用定期检验方式(每年至少一次),一般不检测,但供方保证相应的质量要求,用户需要试验时,须在合同中注明。取样应符合表1—51规定。

表1—51 取样要求

检验项目	取样规定
化学成分、尺寸偏差、力学性能、外观质量	按GB 5237.1的规定
氧化膜厚度	按表1—52取样
封孔质量	每批取2根型材,每根取1个试样
颜色、色差	按GB/T 14952.3的规定
耐蚀性、耐磨性	每批取2根型材,每根取1个试样
耐候性	每批取2根型材,每根取1个试样

(3)阳极氧化膜厚度不合格数量超出表1—52规定的不合格品数上限时,应另取双倍数量的型材复验。不合格的数量不超过表1—52允许不合格品数上限的双倍时为合格,否则判全批不合格,但可由供方逐根检验,合格者交货。

表1—52 阳极氧化膜厚度不合格数量上限要求

批量范围/件	取样规定/件	不合格品数上限/件
1～10	全部	0
11～200	10	1
201～300	15	1
301～500	20	2
501～800	30	3
800以上	40	4

(4)氧化膜颜色、色差不合格时,判该批不合格,但可由供方逐根检验,合格者交货。耐蚀性、耐磨性、耐候性不合格时,判该批不合格。封孔制量、耐蚀性、耐磨性、耐候性不合格时,则判该批不合格。

(三)电泳涂漆铝合金型材

1.定义

建筑行业用,表面经阳极氧化和电泳涂漆(水溶性清漆)复合处理的铝合金热挤压型材(简称电泳型材),复合膜分类见表1—53。

表1—53 复合膜厚度级别

级别	阳极氧化膜		漆膜	复合膜
	平均膜厚/μm	局部膜厚/μm	局部膜厚/μm	局部膜厚/μm
A	≥10	≥8	≥12	≥21

续表

级别	阳极氧化膜		漆膜	复合膜
	平均膜厚/μm	局部膜厚/μm	局部膜厚/μm	局部膜厚/μm
B	≥10	≥8	≥7	≥16

注：1. 合同中未注明复合膜厚度级别的，一律按 B 级供货；

2. 苛刻、恶劣环境下的室外用建筑构件应采用 A 级型材，一般环境下的室外用建筑构件或车辆用构件可采用 B 级型材；

3. 表中复合膜指标是强制性的。

2. 技术要求

GB 5237.3—2004《铝合金建筑型材 第 3 部分 电泳涂漆型材》，应符合表 1—54 的规定。

表 1—54 电泳涂漆型材技术要求

GB 5237.3—2004《铝合金建筑型材 第 3 部分 电泳涂漆型材》					
检测项目					检测标准
复合质量	厚度				见表 1—38
复合质量	分类	阳极氧化膜	耐腐蚀(CASS)，8 h		≥0
复合质量	分类	漆膜	附着力		0 级
复合质量	分类	漆膜	硬度		3H
复合质量	分类	复合膜	CASS	A/48 h	≥9.5
复合质量	分类	复合膜	CASS	B/24 h	≥9.5
复合质量	分类	复合膜	耐碱		≥9.5
复合质量	分类	复合膜	耐磨性	A	≥3000 g
复合质量	分类	复合膜	耐磨性	B	≥2750 g
复合质量	颜色和色差				双方商定
复合质量	复合膜人工加速耐候性				粉化 0 级，时光至少 1 级(失光率≤15%)，变色至少 1 级
复合质量	耐沸水性(5 h)				无皱纹、裂纹、气泡、脱落及变色
复合质量	外观质量				涂漆前型材的外观质量应符合 GB 5237.2 的有关规定。漆膜应均匀、整洁、不允许有皱纹、裂纹、气泡、流痕、夹杂物、发粘和漆膜脱落等影响使用的缺陷。但在型材端头 80 mm 范围内允许局部无漆膜

3. 检验规则

(1)产品应成批提交验收，每批由同一牌号、状态、规格和同一复合膜等级的型材组成，批重不限。

(2)每批产品出厂前均应进行化学成分、室温力学性能、尺寸偏差、外观质量以及颜色、色差、复合膜局部厚度、漆膜附着力、漆膜硬度的检验。其他性能采用定期检验方式(每年至少一次)，一般不检测，但供方保证相应的质量要求，用户需要试验时，应在合同中注明。

(3)取样应符合表1—55和表1—56的规定。

表1—55 电泳涂漆型材取样规定

检验项目	取样规定
外观质量、颜色、色差	逐根检查
阳极氧化膜耐蚀性、漆膜的附着力、硬度及复合膜的耐蚀性、耐磨性、耐候性和耐沸水性	每批取2根型材，每根取1个试样

表1—56 阳极氧化膜、漆膜及复合膜厚度取样规定 单位:件

批量范围	取样规定	不合格品数上限
1～10	全部	0
11～200	10	1
201～300	15	1
301～500	20	2
501～800	30	3
800以上	40	4

(4)化学成分不合格时，判该批不合格。尺寸、外观质量、颜色和色差不合格时，为单件不合格，允许逐根检验，合格者交货。氧化膜、漆膜及复合膜厚度有任一试样不合格时判该批不合格，但允许供方逐根检验，合格者交货。力学性能试验有任一试样不合格时，应从该批产品中重取双倍数量(包括原检验不合格型材)的试样进行重复试验，经重复试验后仍有试样不合格时，判该批不合格。

(四)粉末喷涂铝合金型材

1.定义

建筑行业用，以热固性饱和聚酯粉末做涂层的铝合金热挤压型材(简称喷粉型材)。

2.技术要求

GB 5237.4—2004《铝合金建筑型材 第4部分 粉末喷涂型材》，应符合表1—57的规定。

表1—57 粉末喷涂型材技术要求

GB 5237.4—2004《铝合金建筑型材 第4部分 粉末喷涂型材》		
检测项目		检测标准
涂层性能	光泽	光泽度≥80时，偏差≤±10，其他偏差≤±7
	颜色和色差	同一批产品之间色差 $\Delta E \leqslant 1.5$
	涂层厚度	最小局部厚度≥40 μm 最大局部厚度≤120 μm
	压痕硬度	≥80
	附着力	划格法0级

续表

<table>
<tr><td colspan="5">GB 5237.4—2004《铝合金建筑型材 第4部分 粉末喷涂型材》</td></tr>
<tr><td colspan="4">检测项目</td><td>检测标准</td></tr>
<tr><td rowspan="11">涂层性能</td><td colspan="3">耐冲击性</td><td>无开裂和脱落现象</td></tr>
<tr><td colspan="3">杯突试验(平板)</td><td>压陷深度为 6 mm,无开裂和脱落现象</td></tr>
<tr><td colspan="3">抗弯曲性</td><td>无开裂和脱落现象</td></tr>
<tr><td rowspan="8">耐化学稳定性</td><td colspan="2">耐盐酸性</td><td>表面不应有气泡及其他明显现象</td></tr>
<tr><td colspan="2">耐溶剂性</td><td>涂层应无软化及其他明显变化</td></tr>
<tr><td colspan="2">耐灰浆性</td><td>无脱落和其他明显变化</td></tr>
<tr><td rowspan="2">耐盐雾腐蚀性</td><td>ASS/1000 h,仲裁</td><td>不应有腐蚀现象</td></tr>
<tr><td>或 CASS/120 h</td><td>$R\geqslant 9.5$J 级</td></tr>
<tr><td colspan="2">耐湿热性,1000 h</td><td>$\leqslant 1$ 级</td></tr>
<tr><td colspan="2">人工加速耐候性,250 h</td><td>不应产生粉化现象(0 级),失光率和变色色差至少达到 1 级</td></tr>
<tr><td colspan="2">耐沸水性,2 h</td><td>无气泡、皱纹、水斑和脱落等缺陷,允许色泽稍有变化</td></tr>
</table>

3. 检验规则

(1)产品应成批提交验收,每批由同一牌号、状态、规格、颜色和涂层种类组成,批重不限。

(2)每批产品出厂前均应进行化学成分、室温力学性能、尺寸偏差、外观质量以及涂层厚度、光泽、颜色和色差、压痕硬度、附着力、耐冲击性、杯突试验的检验。其他性能采用定期检验方式(每年至少一次),一般不检测,但供方保证相应的质量要求,用户需要试验时,应在合同中注明。

(3)取样应符合表 1—58 规定。

表 1—58 粉末喷涂型材取样要求

检验项目	取样规定
外观质量、涂层的颜色和色差	逐根检查
涂层的光泽、压痕硬度、附着力、耐冲击性、杯突试验、抗弯曲性、耐化学稳定性(耐盐酸性、耐溶剂性、耐灰浆性)、耐盐雾腐蚀性、耐湿热性、人工加速耐候性、耐沸水性	每批取 2 根型材,每根取 1 个试样

(4)化学成分不合格时,判该批不合格。尺寸、外观质量、颜色和色差不合格时,为单件不合格,允许逐根检验,合格者交货。涂层厚度不合格数量超出表 1—56 中规定的不合格品数上限时,则判该批不合格,但允许,供方逐根检验,合格者交货。涂层其他性能检验结果有任一试样不合格时,则判该批不合格。当力学性能试验有任一试样不合格时,应从该批产品中重取双倍数量(包括原检验不合格型材)的试样进行重复试验,经重复试验后仍有试样不合格时,判该批不合格。

(五)氟碳喷涂铝合金型材

1. 定义

以聚偏二氟乙烯漆做涂层的建筑行业用的铝合金热挤压型材(简称喷漆型材)。

2. 技术要求

GB 5237.5—2004《铝合金建筑型材 第 5 部分 氟碳漆喷涂型材》,应符合表 1—59 的规定。

表 1—59 氟碳漆喷涂型材技术要求

GB 5237.5—2004《铝合金建筑型材 第 5 部分 氟碳漆喷涂型材》				
检测项目				检测标准
涂层性能	光泽			允许偏差±5
涂层性能	颜色和色差			目测不明显,或单色时 $\Delta E \leqslant 1.5$
涂层性能	涂层厚度			平均膜厚≥40 μm, 最小局部膜厚≥34 μm
涂层性能	硬度			≥1H
涂层性能	附着力			0 级
涂层性能	耐冲击性			无开裂或脱落现象
涂层性能	耐磨性			≥1.6 L/μm
涂层性能	耐化学稳定性	耐盐酸性		无气泡和其他明显变化
涂层性能	耐化学稳定性	耐硝酸性		$\Delta E^{*}_{ab} \leqslant 6$
涂层性能	耐化学稳定性	耐溶剂性		无软化及其他明显变化
涂层性能	耐化学稳定性	耐洗涤剂		无气泡、脱落或其他明显变化
涂层性能	耐化学稳定性	耐灰浆性		无脱落或其他明显变化
涂层性能	耐化学稳定性	耐盐雾腐蚀性	中性盐雾 NSS/1500 h,仲裁	无腐蚀现象
涂层性能	耐化学稳定性	耐盐雾腐蚀性	或 CASS/120 h	$R \geqslant 9.5$
涂层性能	耐化学稳定性	耐湿热性,3000 h		≤1 级
涂层性能	耐化学稳定性	人工加速耐候性,500 h		≥1 级

3. 检验规则

(1)产品应成批提交验收,每批由同一牌号、状态、规格、颜色和涂层种类组成,批重不限。

(2)每批产品出厂前均应进行化学成分、室温力学性能、尺寸偏差、外观质量以及涂层厚度、光泽、颜色和色差、硬度、附着力和耐冲击性的检验。其他性能采用定期检验方式(每年至少一次),一般不检测,但供方保证相应的质量要求,用户需要试验时,应在合同中注明。

(3)取样应符合表 1—60 的规定。

表 1—60 氟碳漆喷涂型材取样规定

检验项目	取样规定
外观质量、涂层的颜色和色差	逐根检查
涂层厚度、光泽、硬度、附着力、耐冲击性耐磨性、耐化学稳定性(耐盐酸性、耐硝酸性、耐溶剂性、耐灰浆性)、耐盐雾性、耐湿热性、人工加速耐候性	每批取 2 根型材,每根取 1 个试样

(4)化学成分不合格时，判该批不合格。尺寸、外观质量、颜色和色差不合格时，为单件不合格，允许逐根检验，合格者交货。涂层厚度不合格数量超出表1—56中规定的不合格品数上限时，则判该批不合格，但允许，供方逐根检验，合格者交货。涂层其他性能检验结果有任一试样不合格时。则判该批不合格。当力学性能试验有任一试样不合格时，应从该批产品中重取双倍数量(包括原检验不合格型材)的试样进行重复试验，经重复试验后仍有试样不合格时，判该批不合格。

(六)隔热铝合金型材

1.定义

以隔热材料连接铝合金型材面制成的具有隔热功能的复合型材。产品按力学性能特性分为A、B两类，如表1—61所示。

表1—61 隔热铝合金型材分类

类 别	力学性能特性	复合方式
A	剪切失效后不影响横向抗拉性能	穿条式、浇注式
B	剪切失效将引起横向抗拉失效	浇注式

2.技术要求

GB 5237.6—2004《铝合金建筑型材 第6部分 隔热型材》。

(1)隔热型材用的铝合金型材

应符合GB 5237.2～5—2004和(或)YS/T 459—2003的相应规定。

(2)隔热型材用的隔热材料

应符合该标准中附录A的规定。

(3)产品尺寸偏差

应符合GB 5237.1—2004的规定，产品中部隔热材料按金属实体对待。

(4)产品性能

产品纵向剪切试验、横向拉伸试验结果及高温持久负荷试验和热循环试验结果应符合表1—62的规定。需方对产品抗扭型能有要求时，可供需双方商定具体性能指标，并在合同中注明。

表1—62 横向拉伸试验结果及高温持久负荷试验和热循环试验要求

试验项目	复合方式	试验结果① 纵向抗剪特征值/(N/mm)			横向抗拉特征值/(N/mm)			隔热材料变形量平均值/mm
		室温	低温	高温	室温	低温	高温	
纵向剪切试验	穿条式	≥24	≥24	≥24	≥24	—		—
横向拉伸试验	浇注式	≥24	≥24	≥24	≥24	≥24	≥12	—
高温持久负荷试验	穿条式	—	—	—	—	≥24	≥24	≤0.6
热循环试验	浇注式	≥24	—	—	—	—	—	≤0.6

①经供需双方商定，可不进行产品的性能试验，准许产品性能通过相似产品进行推断(参见该标准中附录C)，而相似产品的性能试验结果应符合表中规定。

(5)产品外观质量

穿条式隔热型材复合部位允许涂层有轻微裂纹,但不允许铝基材有裂纹。

浇注式隔热型材去除金属临时连接桥时,切口应规则、平整。

(6)其他

需方对产品有其他特殊质量要求时,应供需双方协商,并在合同中注明协商结果。

3. 检验规则

检验规则见表 1—63。

表 1—63 检验规则

产品纵向剪切试验	每项试验应在每批取 2 根,每根于中部和两端各切取 5 个试样,并做标识。将试样均分 3 份(每份至少包括 3 个中部试样),分别用于低温、室温、高温试验
产品横向剪切试验	
产品抗扭试验	
产品高温持久负荷试验	试样长(100±1)mm,拉伸试验的长度允许缩短至 18mm
	每批取 4 根,每根中部切取 1 个试样,于两端分别切取 2 个试样,对试样进行标识,将试样均分 2 份(每份包括 2 个中部试样),分别于低温、室温、高温拉伸试验,试样长(100±1)mm
产品热循环试验	每批取 2 根,每根于中部切取 1 个试样,于两端分别切取 2 个试样,试样长(305±1)mm

4. 检验结果的判定

检验结果的判定见表 1—64。

表 1—64 检验结果的判定

不合格的检验项目	检验结果的判定
铝合金型材的检测	按 GB 5237.2～5—2004 或 YS/T 459—2003 相应产品的检验结果判定原则判定
隔热材料的检测	供需双方协商
产品尺寸和外观质量的检测	判该根不合格,该批其余逐根检验,合格者交货
产品纵向剪切试验	从该批产品中另取 4 根型材,每两根型材为一组,每组按表 1—62 取样进行重复试验。如仍有特征值不合格,判该批产品不合格
产品横向拉伸试验	
产品抗扭试验	
产品高温持久负荷试验	变形量不合格时,判该批产品不合格,特征值不合格时,从该批产品中另取双倍数量的型材,均分作两组,每组按表 1—62 取样进行重复试验。如仍有特征值不合格,判该批产品不合格
产品热循环试验	

第七节 铝及铝合金阳极氧化膜与有机聚合物膜

一、铝及铝合金阳极氧化膜

1. 技术要求

技术要求见表 1—65 和表 1—66。

表 1—65　阳极氧化膜技术要求

GB/T 8013.1—2007《铝及铝合金阳极氧化膜与有机聚合物膜 第1部分:阳极氧化膜》			
项　目		技术要求	
阳极氧化膜厚度		AA5	平均≥5 μm,最小≥4 μm
		AA10	平均≥10 μm,最小≥8 μm
		AA15	平均≥15 μm,最小≥12 μm
		AA20	平均≥20 μm,最小≥16 μm
		AA25	平均≥25 μm,最小≥20 μm
封孔质量		铝阳极氧化膜质量损失值≤30 mg/dm^2	
		建筑业用阳极氧化膜质量损失值≤30 mg/dm^2	
		导纳试验评定封孔质量时,未着色阳极氧化膜 20 μm 时导纳修正值应≤20 μs	
		染斑试验评定封孔质量时,氧化膜染色等级应为 0 或 1	
耐蚀性	耐盐雾腐蚀性	Ⅰ、Ⅱ、Ⅲ、Ⅳ、Ⅴ级别均应不次于 9 级	
	耐碱性	Ⅱ级≥50 s,Ⅲ级≥75 s,Ⅳ≥100 s,Ⅴ级≥125 s	
耐磨性		Ⅰ、Ⅱ、Ⅲ、Ⅳ、Ⅴ级的落砂试验磨耗系数 f 均不小于 300 g/μm	
抗变形破裂性		性能要求由供需双方商定	
抗热裂性		氧化膜应无裂纹出现,也可由供需双方另行商定	
耐候性	自然耐候性	试验条件和性能要求由供需双方具体商定	
	加速耐候性	耐人造光	室内使用耐光度值≥6,室外使用耐光度值≥10
		耐紫外灯	由供需双方商定
光反射性		试验周期和性能要求由供需双方商定	
绝缘性		性能要求由供需双方商定	
连续性		性能要求由供需双方商定	
表面密度		封孔氧化膜约为 2.6 g/cm^2,未封孔氧化膜约为 2.4 g/cm^2	

表 1—66　阳极氧化膜的使用环境

级别	使用环境
AA5	室内应用或特殊应用的情况,如热反射器或光反射器
AA10	室内应用、室外建筑业
AA15	室内应用、室外建筑业
AA20	室外建筑业、某些染色的阳极氧化物
AA25	某些染色的阳极氧化物

注:对表面性质有特殊要求的阳极氧化膜,可以选用更高的平均膜厚。经供需双方商定,可以规定平均膜厚最小极限值介于表中两个相邻级别质检,氮氧化膜的最小局部膜厚值应不低于平均膜厚最小极限规定值的 80%;最小局部膜厚对氧化膜耐蚀性有较大影响,对于某些耐蚀性极其重要的应用场合,供需双方可以商定氧化膜的最小局部膜厚,而不限定最小平均膜厚值。

2. 检验规则

(1)相同牌号、相同加工方式和状态、相同表面处理批次的产品构成一个检验批。

(2)按表 1—51 的规定选取样品。从样品有效面(宜选择宽度在 40 mm 以上的有效面)上切取试验用试样。

(3)当该批(检验批)产品中没有适宜截取试样尺寸的产品时,应选择相同牌号、相同加工方式和状态的平板样品(推荐尺寸:150 mm×90 mm)与该批产品一同表面处理后,代表该批产品送检。

(4)在表面处理结束 24 h 后进行试验。产品检验结果中不合格样品(或试样)数的限定见表 1—67。

表 1—67　阳极氧化膜取样规定和产品检验结果中不合格样品(或试样)数的限定

<table>
<tr><th colspan="3">检验项目</th><th colspan="2">取样规定</th><th>取样的最大不合格样品(或试样)数件(个)</th></tr>
<tr><td rowspan="12">逐批检验项目</td><td rowspan="11">必检项目</td><td>外观</td><td colspan="2" rowspan="2">逐根取样</td><td rowspan="2">0</td></tr>
<tr><td>颜色、色差</td></tr>
<tr><td rowspan="8">膜厚</td><td>检验批批量/件</td><td>产品数/件</td><td>—</td></tr>
<tr><td>1～10</td><td>全部</td><td>0</td></tr>
<tr><td>11～200</td><td>10</td><td>1</td></tr>
<tr><td>201～300</td><td>15</td><td>1</td></tr>
<tr><td>301～500</td><td>20</td><td>2</td></tr>
<tr><td>501～800</td><td>30</td><td>3</td></tr>
<tr><td>800 以上</td><td>40</td><td>4</td></tr>
<tr><td colspan="2">距阳极接触点 5 mm 内以及边角附近不应选作测定膜后的部位</td><td>—</td></tr>
<tr><td>封孔质量</td><td colspan="2">任取 2 件产品,从每件产品上取 1 个有效面积大于 0.5 dm^3 的试样</td><td>0</td></tr>
<tr><td>协议项目</td><td>光反射性</td><td colspan="2">任取 2 件产品,从每件产品上取 1 个试样/检验项目</td><td>0</td></tr>
<tr><td>定期检验项目</td><td>必检项目</td><td>耐盐雾腐蚀性</td><td colspan="2">任取 2 件产品,从每件产品上取 1 个长度不小于 110 mm 的试样。试样宽度宜在 75 mm 以上</td><td>0</td></tr>
</table>

续表

<table>
<tr><th colspan="3">检验项目</th><th>取样规定</th><th>取样的最大不合格样品(或试样)数件(个)</th></tr>
<tr><td rowspan="9">定期检验项目</td><td rowspan="9">检验项目</td><td>耐碱性</td><td>任取 2 件产品。从每件产品上取 1 个试样</td><td rowspan="9">0</td></tr>
<tr><td>耐磨性</td><td>任取 2 件产品。从每件产品上取 1 个有效面至少为 75 mm×75 mm 的试样。轮式磨损试验应选取平板试样</td></tr>
<tr><td>抗变形破裂性</td><td rowspan="2">任取 2 件产品。从每件产品上取 1 个试样/检验项目</td></tr>
<tr><td>抗热裂性</td></tr>
<tr><td>耐候性</td><td>任取 2 件产品。从每件产品上取 1 个长度为 150 mm 的试样。试样宽度宜在 75 mm 以上</td></tr>
<tr><td>绝缘性</td><td rowspan="3">任取 2 件产品。从每件产品上取 1 个试样/检验项目</td></tr>
<tr><td>连续性</td></tr>
<tr><td>表面密度</td></tr>
</table>

二、阳极氧化复合膜

1. 技术要求

技术要求见表 1—68 和表 1—69。

表 1—68　阳极氧化复合膜技术要求

<table>
<tr><th colspan="4">GB/T 8013.2—2007《铝及铝合金阳极氧化膜与有机聚合物膜　第 2 部分:阳极氧化复合膜》</th></tr>
<tr><th>项　目</th><th colspan="3">技术要求</th></tr>
<tr><td>外观</td><td colspan="3">颜色和光泽应均匀一致。不允许有皱纹、裂纹、气泡、流痕、麻面、夹杂、发粘和漆膜脱落等缺陷。具体要求也可由供需双方商定</td></tr>
<tr><td>颜色与色差</td><td colspan="3">供需双方商定</td></tr>
<tr><td>光泽度</td><td colspan="3">供需双方商定</td></tr>
<tr><td>膜厚</td><td colspan="3">符合后表的规定</td></tr>
<tr><td>硬度</td><td colspan="3">供需双方商定</td></tr>
<tr><td rowspan="5">耐磨性</td><td>级别</td><td>落砂/g</td><td>喷磨/g</td></tr>
<tr><td>Ⅳ</td><td>3300</td><td>14</td></tr>
<tr><td>Ⅲ</td><td>3000</td><td>12</td></tr>
<tr><td>Ⅱ</td><td>2400</td><td>10</td></tr>
<tr><td>Ⅰ</td><td>2000</td><td>8</td></tr>
<tr><td>附着性</td><td colspan="3">划格法 0 级</td></tr>
<tr><td>耐沸水性</td><td colspan="3">附着性 0 级,外观应无皱纹、裂纹、气泡、脱落及变色等现象</td></tr>
<tr><td>耐湿热性</td><td colspan="3">1000 h 后表面应无起泡、脱落及其他明显变化,但允许轻微变色</td></tr>
</table>

续表

GB/T 8013.2—2007《铝及铝合金阳极氧化膜与有机聚合物膜　第2部分：阳极氧化复合膜》

项　目		技术要求			
		级别	试验时间/h	非划线区域上表面腐蚀试验	划线区域下丝状腐蚀试验
耐盐雾腐蚀性	CASS试验	Ⅵ	120	≥9.5级	不超过2.0 mm
		Ⅴ	96		
		Ⅳ	72		
		Ⅲ	48		
		Ⅱ	24		
		Ⅰ	16		
	AASS试验	Ⅵ	1000	≥9.5级	划线两侧的膜下单边渗透不超过2.0 mm
		Ⅴ	720		
		Ⅳ	480		
		Ⅲ	240		
		Ⅱ	168		
		Ⅰ	144		
耐二氧化硫潮湿大气腐蚀性耐碱性		目视检查24个周期后的涂层表面，应无颜色变化或起泡等现象，划线两侧膜下单边渗透不超过1 mm			
		级别	试验时间/h	试验结果	
		Ⅵ	72	≥9.5级	
		Ⅴ	56		
		Ⅳ	48		
		Ⅲ	32		
		Ⅱ	24		
		Ⅰ	16		
耐砂浆性		漆膜表面应无脱落或其他明显变化			
耐盐酸性		漆膜表面应无起泡、变色或其他明显变化			
耐硝酸性		漆膜表面应无颜色变化、起泡、脱落或其他明显变化			
耐洗涤剂性		漆膜表面应无起泡、脱落或其他明显变化			
耐溶剂性		漆膜应无软化及其他明显变化。阳极氧化电泳复合膜试验前后硬度差应不大于1H			
耐候性	自然耐候性	供需双方商定			
	加速耐候性		级别	试验时间/h	结果
		氙灯加速	Ⅳ	4000	光泽保持率≥80%，粉化程度0级，变色程度由供需双方商定
			Ⅲ	2000	
			Ⅱ	1000	
			Ⅰ	350	
		荧光紫外	供需双方商定		

表 1—69　阳极氧化复合膜的分类

类别	膜厚[①]/μm			漆膜类型	涂装方法	主要用途
	氧化膜局部膜厚	漆膜局部膜厚	复合膜局部厚度			
A	≥9.0	≥12.0	≥21.0	有光或亚光透明漆	电泳、浸渍	室外苛刻环境下使用的建筑部件
B	≥9.0	≥7.0	≥16.0			室外建筑或车辆部件
C	≥6.0	≥7.0	≥13.0			室内建筑或家电部件
S	≥6.0	≥15.0	≥21.0	有光或亚光有色漆		室外建筑或车辆部件

①经供需双方商定并在合同中注明，可供应其他膜厚的复合膜产品。

2. 检验规则

(1)相同牌号、相同加工方式和状态、相同表面处理批次的产品构成一个检验批。

(2)按表 1—54 的规定选取样品。从样品有效面(宜选择宽度在 40 mm 以上的有效面)上切取试验用试样。

(3)当该批(检验批)产品中没有适宜截取试样尺寸的产品时，应选择相同牌号、相同加工方式和状态的平板样品(推荐尺寸：150 mm×90 mm)与该批产品一同表面处理后，代表该批产品送检。

(4)在表面处理结束 24 h 后进行试验。产品检验结果中不合格样品(或试样)数的限定见表 1—70。

表 1—70　阳极氧化复合膜取样规定和产品检验结果中不合格样品(或试样)数的限定

检验项目			取样规定		取样的最大不合格样品(或试样)数件(个)
逐批检验项目	必检项目	外观 颜色、色差	逐根取样		0
		光泽膜厚	检验批批量/件	产品数/件	—
			1～10	全部	0
			11～200	10	1
			201～300	15	1
			301～500	20	2
			501～800	30	3
			800 以上	40	4
			距阳极接触点 5 mm 内以及边角附近不应选作测定膜后的部位		—
		硬度 附着性	任取 2 件产品，从每件产品上取 1 个试样/检验项目		0

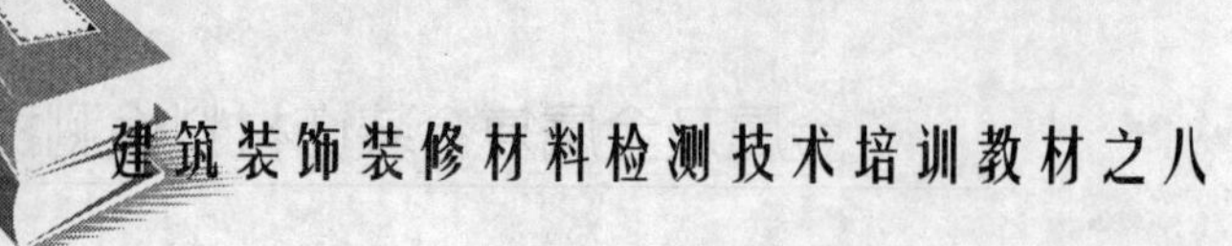

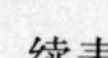
续表

检验项目			取样规定	取样的最大不合格样品（或试样）数件（个）
定期检验项目[①]	必检项目	耐沸水性	任取2件产品，从每件产品上取1个长度为50 mm的试样/检验项目	0
		耐湿热性	任取2件产品，从每件产品上取1个长度不小于110 mm的试样，试样宽度宜在75 mm以上	
		耐盐雾腐蚀性	任取2件产品，从每件产品上取1个长度不小于110 mm的试样/检验项目，试样宽度宜在75 mm以上	
		耐碱性	任取2件产品，从每件产品上取1个试样	
		加速耐候性	任取2件产品，从每件产品上取1个长度为150 mm的试样，试样宽度宜在75 mm以上	
	协议项目[②]	耐磨性	任取2件产品，从每件产品上取1个有效面至少为75 mm×75 mm的试样	0
		耐二氧化硫潮湿大气腐蚀性	任取2件产品，从每件产品上取1个长度不小于110 mm的试样，试样宽度宜在75 mm以上	
		耐砂浆性		
		耐盐酸性	任取2件产品，从每件产品上取1个试样/检验项目	
		耐硝酸性		
		耐洗涤剂性	任取2件产品，从每件产品上取1个长度不小于110 mm的试样	
		耐溶剂性	任取2件产品，从每件产品上取1个试样	
		自然耐候性	任取2件产品，从每件产品上取1个长度为150 mm的试样，试样宽度宜在75 mm以上	

①新产品试制鉴定时，材料、规格、工艺等方面发生影响膜层性能的变化时，应随即开展定期检验项目的检验，相邻的两次定期检验时间间隔不应超过2年；

②协议项目施工需双方选择，并须与供方具体协商的检验项目。供方应根据与需方签订的合同开展相应协议项目的检验。

三、铝及铝合金有机聚合物喷涂膜

1. 技术要求

技术要求见表1—71。

表1—71　铝及铝合金有机聚合物喷涂膜技术要求

GB/T 8013.3—2007《铝及铝合金阳极氧化膜与有机聚合物膜　第3部分：有机聚合物喷涂膜》	
项　目	技术要求
外观	颜色和光泽应均匀一致，不允许有过度粗糙、流痕、气泡、夹杂、凹陷、暗斑、针孔、划伤等缺陷及任何到达基体金属的损伤

续表

<table>
<tr><td colspan="4">GB/T 8013.3—2007《铝及铝合金阳极氧化膜与有机聚合物膜　第 3 部分:有机聚合物喷涂膜》</td></tr>
<tr><td colspan="2">项　目</td><td colspan="2">技术要求</td></tr>
<tr><td colspan="2">颜色与色差</td><td colspan="2">颜色应由供需双方通过标样色板商定,经供需双方商定也可采用上标、下标检查色差</td></tr>
<tr><td rowspan="3">光泽</td><td>0～30</td><td colspan="2">±5 个单位</td></tr>
<tr><td>31～70</td><td colspan="2">±7 个单位</td></tr>
<tr><td>71～100</td><td colspan="2">±10 个单位</td></tr>
<tr><td rowspan="3">厚度</td><td>粉末喷涂</td><td colspan="2">最小局部厚度≥40 μm</td></tr>
<tr><td>氟碳涂层</td><td colspan="2">二涂平均膜厚≥30 μm;局部膜厚≥25 μm
三涂平均膜厚≥40 μm;局部膜厚≥34 μm
四涂平均膜厚≥65 μm;局部膜厚≥55 μm</td></tr>
<tr><td>其他涂层</td><td colspan="2">供需双方商定</td></tr>
<tr><td colspan="2">硬度</td><td colspan="2">供需双方商定</td></tr>
<tr><td colspan="2">耐磨性</td><td colspan="2">宜用落砂试验评定,也可选用喷磨试验评定,具体方法和性能要求由供需双方商定</td></tr>
<tr><td colspan="2">耐冲击性</td><td colspan="2">正面冲击后应无开裂或脱落现象</td></tr>
<tr><td colspan="2">抗杯突性</td><td colspan="2">经压陷深度为 5 mm 试验后应无开裂或脱落现象</td></tr>
<tr><td colspan="2">抗弯曲性</td><td colspan="2">涂层表面应无开裂或脱落现象</td></tr>
<tr><td rowspan="2">涂层附着性</td><td>干法</td><td colspan="2">0 级</td></tr>
<tr><td>湿法</td><td colspan="2">0 级</td></tr>
<tr><td rowspan="2">耐沸水性</td><td>沸水试验后的涂层附着性</td><td colspan="2">20 min,0 级</td></tr>
<tr><td>沸水试验后的涂层外观</td><td colspan="2">2 h,涂层无脱落、起泡、起皱等现象,允许颜色稍有变化</td></tr>
<tr><td colspan="2">耐湿热性</td><td colspan="2">应无起泡、脱落或其他明显变化,但允许轻微变色</td></tr>
<tr><td rowspan="3">CASS</td><td>级别</td><td>非划线区或膜上表面腐蚀试验</td><td>划线区或膜下丝状渗透腐蚀试验</td></tr>
<tr><td>Ⅱ,120 h</td><td rowspan="2">≥9.5 级</td><td rowspan="2">划线两侧的膜下单边渗透不超过 2 mm</td></tr>
<tr><td>Ⅰ,72 h</td></tr>
<tr><td colspan="2">AASS,1000 h</td><td colspan="2">应无起泡、脱落或其他明显变化,划线两侧膜下单边渗透应不超过 4 mm</td></tr>
<tr><td colspan="2">马丘试验的膜下耐丝状腐蚀性</td><td colspan="2">划线两侧膜下单边渗透不应超过 0.5 mm</td></tr>
<tr><td colspan="2">盐酸蒸汽试验的膜下耐丝状腐蚀性</td><td colspan="2">供需双方商定</td></tr>
<tr><td colspan="2">耐二氧化硫潮湿大气腐蚀性</td><td colspan="2">应无颜色变化或起泡现象,划线两侧膜下单边渗透不超过 1 mm</td></tr>
</table>

续表

GB/T 8013.3—2007《铝及铝合金阳极氧化膜与有机聚合物膜　第3部分：有机聚合物喷涂膜》		
项　目		技术要求
耐碱性	Ⅵ,120 h	≥9.5级
	Ⅴ,72 h	
	Ⅳ,56 h	
	Ⅲ,48 h	
	Ⅱ,32 h	
	Ⅰ,24 h	
耐砂浆性		应无脱落或其他明显变化
耐盐酸性		应无起泡、变色、脱落或其他明显变化
耐硝酸性		$\Delta E \leqslant 5$，应无颜色变化、起泡、脱落或其他明显变化
耐洗涤剂型		涂层应无起泡、脱落或其他明显变化
耐溶剂性		静置法：涂层不允许发暗，并且用指甲不能划破
自然耐候性		供需双方商定
加速耐候性	Ⅳ,4000 h	光泽保持率≥90%
	Ⅲ,2000 h	光泽保持率≥85%
	Ⅱ,1000 h	光泽保持率≥50%
	Ⅰ,500 h	光泽保持率≥50%

2. 检验规则

检验规则见表1—72。

表1—72　铝及铝合金有机聚合物喷涂膜取样规定和允许的最大不合格样品数

检验项目			取样规定		允许的最大不合格样品数/件
逐批检验项目	必检项目	外观、颜色与色差	逐件取样		0
		光泽厚度	检验批量/件	产品数/件	—
			1～10	全部	0
			11～200	10	1
			201～300	15	1
			301～500	20	2
			501～800	30	3
			800以上	40	4

续表

检验项目			取样规定	允许的最大不合格样品数/件
逐批检验项目	必检项目	硬度	任取2件产品，从每件产品上取1个长度为300 mm的试样	0
		耐冲击性	在代表该批产品的任意2片平板样品上进行试验	
		附着性	任取2件产品，从每件产品上取1个试样/检验项目	
		耐沸水性	任取2件产品，从每件产品上取1个长度为50 mm的试样/检验项目	
	协议项目	抗杯突性	在代表该批产品的任意2片平板样品上进行试验	0
		抗弯曲性		
定①期检验项目	必检项目	耐湿热性	任取2件产品，从每件产品上取1个长度不小于110 mm的试样，试样宽度宜在75 mm以上	0
		耐盐雾腐蚀性	任取2件产品，从每件产品上取1个长度不小于110 mm的试样/检验项目，试样宽度宜在75 mm以上	
		耐碱性	任取2件产品，从每件产品上取1个试样	
		耐溶剂性		
		加速耐候性	任取2件产品，从每件产品上取1个长度为150 mm的试样/检验项目，试样宽度宜在75 mm以上	
	协议②项目	耐磨性	任取2件产品，从每件产品上取1个有效面至少为75 mm×75 mm的试样	
		马丘试验的膜下耐丝状腐蚀性	任取2件产品，从每件产品上取1个长度不小于110 mm的试样/检验项目，试样宽度宜在75 mm以上	
		盐酸蒸汽试验的膜下耐丝状腐蚀性		
		耐二氧化硫潮湿大气腐蚀性		
		耐砂浆性	任取2件产品，从每件产品上取1个试样/检验项目	
		耐盐酸性		
		耐硝酸性		
		耐洗涤剂型	任取2件产品，从每件产品上取1个长度不小于110 mm的试样	
		自然耐候性	任取2件产品，从每件产品上取1个长度为150 mm的试样，试样宽度宜在75 mm以上	

①新产品试制鉴定时，材料、规格、工艺等方面发生影响膜层性能的变化时，应随即开展定期检验项目的检验，相邻的两次定期检验时间间隔不应超过2年；

②协议项目施工需双方选择，并须与供方具体协商的检验项目。供方应根据与需方签订的合同开展相应协议项目的检验。

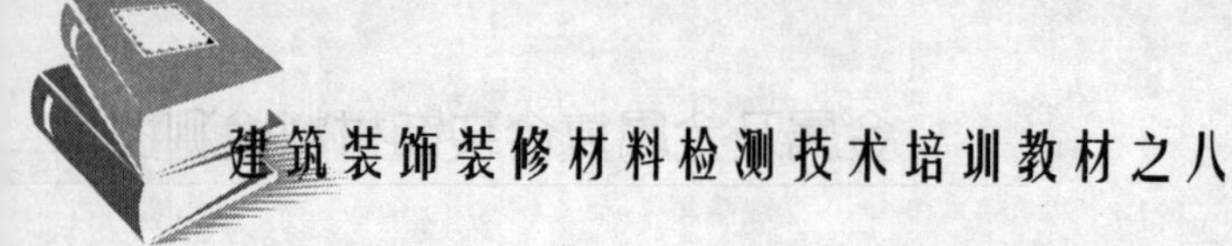

第八节　金属装饰保温板

一、概述

金属装饰保温板是一种新型的保温隔热装饰材料，它以 XPS 板、聚氨酯、酚醛硬质泡沫塑料等为保温层，以氟碳铝板、铝塑板、彩钢板等为装饰面层，经特殊工艺复合成型。将建筑的装饰性与节能性相结合的新型建筑材料，见图 1—24。

图 1—24　金属装饰保温板

金属装饰保温板主要应用于体育馆、图书馆、学校和医院的办公楼、别墅等各种建筑的外墙装饰和节能改造；主要功能为建筑装饰、保温节能、隔热隔音、防水防霉。

这种板材具有以下优点：

(1)传热系数低，保温隔热，能够大幅降低建筑能耗，节约能源；

(2)装饰效果好，可以与铝板、铝塑板幕墙媲美，能达到铝塑板乃至仿木材、仿大理石等高档装饰材料的效果；

(3)经久耐用不易老化，对风雨侵蚀及空气污染不敏感，具有优异的耐酸、碱、盐等介质的抗腐蚀性能，可以在多种环境下长期使用；

(4)产品自重轻，仅为其他类型保温做法的十分之一左右，能够最大限度的降低结构自重；

(5)具有搬运安装方便、适用范围广、施工简便、牢固等特点。可以广泛应用于新建及修缮的建筑物、公共建筑、民用建筑，不需对建筑物墙面进行繁琐的预处理。

二、应用

金属装饰保温板可应用于新建建筑的外墙保温，构成外挂式外墙外保温系统，可满足建筑节能 65％的设计规范要求；可应用于旧建筑的节能改造，构成外挂式外墙外保温系统，可满足旧建筑实现节能 65％的改造要求；可应用于旧建筑的外观翻新改造，构成外挂式装饰幕墙系统，可满足旧建筑外观翻新改造及饰面装饰的要求。

三、分类

按照饰面材料分为涂层铝板、彩钢板和不锈钢板；按照保温材料分为：挤塑聚苯乙烯、聚氨酯、酚醛树脂；按形状分为：I 形、L 形、U 形。

四、原材料组成

原材料组成包括饰面材料、保温材料、胶粘剂。

五、相关技术要求及检验规则

金属保温装饰板是近年发展起来的一种新型建筑材料，目前没有相关的产品标准，标准尚在制定中。结合产品的特性和工程应用，根据我中心正在制定中的建工标准 JG/T ***—****《金属装饰保温板》标准，应能满足以下的技术要求。

（一）技术要求

1. 外观质量

外观质量要求应符合表 1—73 的规定。

表 1—73 外观质量

项目	质量要求
板面	板面清洁平整、色泽均匀、无明显凹凸、翘曲、变形
缺陷	除切割边外，其余板面无明显划痕、磕碰、伤痕等
切口	切口平直、板边缘无明显翘角、脱胶与波浪形
芯板	芯板切面应整齐，无大块剥落

2. 尺寸允许偏差

尺寸允许偏差应符合表 1—74 的要求。

表 1—74 条板形尺寸偏差要求

项目	长度	宽度	厚度	对角线差	边缘不直度	翘曲度
允许偏差	±2 mm	±2 mm	±2 mm	≤3 mm	≤1 mm/m	≤2 mm/m

3. 涂层性能

（1）涂层厚度应符合表 1—75 的要求。

表 1—75 涂层厚度要求 单位：μm

项目		技术要求
涂层铝板	氟碳	二涂≥25；三涂≥32
	聚酯、丙烯酸	≥16
涂层钢板		≥20

（2）光泽度偏差≤10（光泽度＜70 时＝或≤5（光泽度≥70 时）。

（3）漆膜硬度应符合表 1—76 的要求。

表 1—76 漆膜硬度要求

项目		技术要求
涂层钢板	聚酯、硅改性聚酯	＞F
	高耐久性聚酯、聚偏氟乙烯	＞HB
涂层铝板		≥HB

(4)涂层柔韧性应符合表 1—77 的要求。

表 1—77 涂层柔韧性要求

项目		技术要求
涂层铝板	内墙用	≤2T
	外墙用	≤3T
涂层钢板①		≤5T

①T 弯通常按低级供货，需中、高级时应在合同中注明。

(5)附着力不次于 1 级，涂层钢板如需划格试验应在订货时协商。

(6)耐化学稳定性应符合表 1—78 的要求。

表 1—78 涂层耐化学稳定性要求

项目	技术要求	
	涂层铝板	涂层钢板
耐酸性	无变化	—
耐碱性	无变化	—
耐油性	无变化	—

(7)涂层耐久性应符合表 1—79 的要求。

表 1—79 涂层耐久性要求

项目	技术要求				
	涂层铝板①	涂层钢板			
		聚酯	硅改性聚酯	高耐久性聚酯	聚偏氟乙烯
耐盐雾性	3000 h，不次于 2 级	480 h	600 h	720 h	960 h
		起泡密度和大小等级不大于 3 级，但不允许同时为 3 级			
耐人工候老化	色差≤3.0，失光等级不次于 2 级，其他老化性能 0 级	订货时协商			
耐紫外性	—	600 h	720 h	960 h	1800 h
		应无起泡，开裂，粉化应不大于 1 级			

①此项仅适用于氟碳涂层。

4. 导热系数

导热系数≤0.04 W/(m·K)。

5. 吸水率

吸水率≤1.0%。

6. 平面拉伸粘结强度

金属装饰材料与保温材料的粘结强度≥0.2 MPa，保温板与墙体水泥砂浆层的粘结强度≥0.1 MPa。

7. 耐温差性

试样表面涂层应无起泡、剥落、开裂等现象，粘结层应无开胶现象。

（二）检验规则

产品检验分出厂检验和型式检验两种。

1. 出厂检验

出厂检验项目包括：规格尺寸允许偏差、外观质量、涂层厚度、光泽度偏差、涂层硬度、涂层附着力、吸水率、平面拉伸粘结强度。

2. 型式检验

型式检验包括第六章规定的全部技术指标要求。

当遇到下列情况之一时，应进行型式检验：

(1)新产品或老产品转厂生产的试验定型鉴定；

(2)如结构、材料、工艺有较大改变，可能影响产品性能时；

(3)产品停产半年后，恢复生产时；

(4)正常生产一年时；

(5)出厂检验结果与上次型式检验有较大差异时。

3. 组批与抽样规则

(1)组批

出厂检验应以连续生产的同一规格品种、同一颜色的产品为一批。

型式检验样本以出厂检验合格的同一品种、同一规格、同一颜色的产品 3000 m^2 为一批，不足 3000 m^2 的按一批计算。

(2)抽样

出厂检验，外观质量的检验可以在生产线上连续进行，规格尺寸允许偏差的检验从同一检验批中随机抽取 3 张板进行，其余出厂检验项目按所检验项目的尺寸和数量要求随机抽取。

型式检验，从同一检验批中随机抽取 3 张板进行外观质量和尺寸偏差的检验，其余按各项目要求的尺寸和数量随机裁取。

4. 判定规则

检验结果全部符合标准的指标要求时，判该批产品合格。若有不合格项，可再从该批产品中抽取双倍样品对不合格的项目进行一次复查，复查结果全部达到标准要求时判定该批产品合格，否则判定该批产品不合格。

第九节 钛锌复合板

一、概述

钛锌复合板是以塑料为芯层，以钛锌合金板做面，3003H26(H24)铝板做背板的经热复合而成的一种新型高档铝塑板建筑材料，装饰面需在产品表面进行预钝化处理。它集钛锌板的特点(金属质感、表层自我修复功能、使用寿命长、可塑性好等)与复合板材平整、抗弯性能高的优点于一体，是古典艺术和现代技术相结合的典范，见图1—25。

图1—25 钛锌复合板

钛锌复合板在使用初期，远观是自然的崭新的蓝灰色，近看则呈现出天然金属的朴素质感。随着时间的推移，暴露在大气中的钛锌板表面会逐渐形成一层致密坚硬的碳酸锌防腐层，防止板面进一步腐蚀，即使有划痕和瑕疵也在这个演化过程中完全消失。对那些需要营造出强烈的天然感的建筑来说，无疑是理想的装饰材料，特别适用于自然和历史氛围浓厚的环境中，可为现代建筑和古典建筑增添独特的魅力。具有良好的强度和刚性可抵受强风和其他恶劣气候环境的侵袭。塑性好，易于加工安装，有利于三维造型，能适应变化多样的布局要求，可充分张扬建筑师的个性，满足其丰富的创作想象力和灵感要求。

二、分类

钛锌复合板按照表面处理方式分为有机涂层、金属自然面和预风化处理，按芯材形式分为实心和空心，按功能分为普通型和阻燃型。

三、原材料组成

原材料组成包括金属基材、涂料、塑料芯材、粘结树脂、保护膜。

四、技术要求与检验规则

钛锌复合板作为同铝塑复合板类似的一种建筑装饰材料，其生产工艺、使用范围大致相似，因此技术要求和检验规则可以参考《铝塑复合板》的相关要求。根据国家建筑材料测试中心正在编制中的建工标准 JG/T ***** — ****《钛锌复合板》，应满足如下要求：

（一）锌材

应采用材质化学成分与机械性能符合表 1—80 和表 1—81 的要求且表面预钝化的锌及合金。

锌材应经过清洗和化学预处理，以清除锌材表面的油污、脏物和因与空气接触而自然形成的松散的氧化层，并形成一层化学转化膜，以利于锌材与涂层和芯层的牢固粘结。

表 1—80　锌材化学成分要求

化学成分的质量百分数(%)			
铜	钛	铝	锌
0.08～1.0	0.06～0.2	≤0.015	剩余

注：锌的等级为 Z1。

表 1—81　锌材机械性能要求

规定非比例伸长应力 $\sigma_{p0.2}$/(N/m²)	抗拉强度 σ_b/(N/m²)	断裂伸长，δ(%)	蠕变试验断裂伸长率(%)	弯曲试验
100	150	35	0.1	弯折处无裂纹

（二）芯材

普通型中空板芯材所用塑料的材质宜采用性能优异的工程塑料合金改性聚苯醚(MP-PO)，也可采用其他性能相当要求或更加优异的塑料，采用催化融合技术复合。

第十节　建筑用泡沫铝板

一、定义

泡沫铝板是指含有一定数量、一定尺寸孔径、一定孔隙率的多孔轻质铝板，见图 1—26。泡沫铝材料将多种功能结合在一起，这是传统材料所不能达到的。例如：低密度、高刚度、高冲击吸能性，低导电率、良好的阻尼性能和吸音性能、优良的高温稳定性和耐火性能，受热时不发生毒气等等。

泡沫铝是一种物理功能与结构一体化的新型工程材料。它所具备的多种优异物理性能使其在消声、减震、分离工程、催化载体、屏蔽防护、吸能缓冲等多个领域获得了广泛应用。其中，用稀土铝合金制成的泡沫铝材，也被认为是一种大有前途的用于未来汽车、轮船以及其他交通运输工具的优良材料。

据了解，泡沫铝制备方法大致有：粉末冶金法，该法又可分为松散烧结和反应烧结两种；

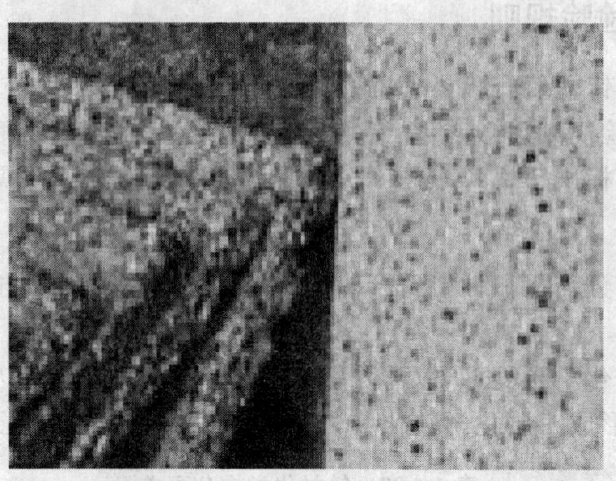

图 1—26　泡沫铝板

渗流法；烧结溶解法；熔体发泡法；共晶定向凝固法等。在这些众多制备方法中，熔体发泡法因其生产工艺相对简单、成本低，因而最具有工业化大生产的前景。目前日本市场上供应的泡沫铝主要就是用熔体发泡法生产的泡沫铝块件。

熔体发泡法的技术难点在于：控制熔体的粘度；选择合适的金属发泡剂。一般情况下要求熔体的粘度大些，同时要求所用发泡剂在金属熔点附近能迅速起泡。

二、应用

泡沫铝可以通过改变其密度和孔结构来设计所需的综合性能。这正是这种独特材料的魅力所在。因而被广泛地应用在许多领域。

(1)泡沫铝应用范围很广，利用泡沫铝的低密度、高刚度、隔音性能、隔热性能、防火性能、吸能性能和受热时不放毒气等性能广泛适用于轨道交通行业。如车厢和集装箱中隔热隔音、吸能和防火、防毒部件上。

(2)利用泡沫铝的隔音性能、吸音性能和吸能性能，用于城市建设中的环保领域，如：隔音屏；汽车制造业用在吸能元件和吸音元件上，如：保险杠和消音器。

(3)利用泡沫铝的低密度、高刚度、低导热性能，广泛应用于节能性建筑，如：隔热墙体和防火隔热门，节能性移动房。

(4)可用在军工行业、吸音和防磁部件上，如：坦克、潜艇外壳夹芯板。

(5)其他机械制造业、航空工业等产品的隔热隔音、防震、吸能元件都可以用泡沫铝材料来制造。泡沫铝这种功能材料已经在发达国家进行产业化生产，如美国、日本、加拿大、德国、韩国等。我们国家已有几十个单位在研究泡沫铝的产业化生产，但到目前还没有一家投入规模化生产，能生产出有使用价值的产品。

(6)目前，国家已经推广泡沫铝做隔音屏，规格为 1000 mm×1000 mm×10 mm，密度为 0.6 kg/m^3 的泡沫铝板，价为 300 元/m^2，目前市场上需求量为 60 000 m^2/年。

(7)夹芯板：有着非常有希望的潜在市场，目前，轨道列车车厢，正准备采用泡沫铝夹芯板，现正处于设计阶段，预计年需要量为 3000 吨～5000 吨。

三、分类

该产品目前没有相关标准，根据国家建筑材料测试中心正在编制中的建工标准 JG/T ***** — ****《建筑用泡沫铝板》，建筑用泡沫铝板按照形状分为普通型板和异型板，按用途分为室内用、声屏障用和其他用途泡沫铝板。

四、技术要求与检验规则

（一）技术要求

1. 外观质量

同一批板材应清洁、平整，颜色基本一致；孔大小均匀。

2. 规格尺寸允许偏差

(1)普型板材规格尺寸允许偏差应符合表 1—82 的要求。

表 1—82　规格尺寸允许偏差　　单位：mm

项　目	长度	宽度	厚度	
			≤15	>15
允许偏差	0 −1.5	0 −1.5	±1.0	±2.0

(2)异型板材规格尺寸允许偏差由供需双方商定。

3. 角度允许极限偏差

(1)角度允许极限偏差应符合表 1—83 的要求。

表 1—83　角度允许极限偏差　　单位：mm

项　目	≤300	>300
允许极限公差值	1.0	2.0

(2)异型板材角度允许极限公差由供需双方商定。

4. 翘曲度

普型板材不大于 2.0 mm/m。

5. 物理性能

包括体积密度、压缩强度、空气计权隔声量、吸声系数等。

（二）检验规则

产品检验分出厂检验和型式检验两种。

1. 出厂检验

出厂检验项目包括：规格尺寸允许偏差、外观质量、体积密度、压缩强度。

2. 型式检验

型式检验包括第六章规定的全部技术指标要求。

当遇到下列情况之一时，应进行型式检验。

(1)新产品或老产品转厂生产的试验定型鉴定;

(2)如结构、材料、工艺有较大改变,可能影响产品性能时;

(3)产品停产半年后,恢复生产时;

(4)正常生产一年时;

(5)出厂检验结果与上次型式检验有较大差异时。

3.组批与抽样规则

(1)组批

出厂检验应以连续生产的同一规格品种产品为一批。

型式检验样本以出厂检验合格的同一品种、同一规格的产品 3000 m^2 为一批,不足 3000 m^2 的按一批计算。

(2)抽样

出厂检验,外观质量的检验可以在生产线上连续进行,规格尺寸允许偏差的检验从同一检验批中随机抽取 3 张板进行,其余出厂检验项目按所检验项目的尺寸和数量要求随机抽取。

型式检验,从同一检验批中随机抽取 3 张板进行外观质量和尺寸偏差的检验,其余按各项目要求的尺寸和数量随机裁取。

4.判定规则

检验结果全部符合标准的指标要求时,判该批产品合格。若有不合格项,可再从该批产品中抽取双倍样品对不合格的项目进行一次复查,复查结果全部达到标准要求时判定该批产品合格,否则判定该批产品不合格。

第十一节　相关术语

1.平压 flatwise compression

垂直于夹层结构面板方向的压缩。

2.平压模量 flatwise compressive modulus

沿垂直夹层结构面板方向在弹性范围内测得的压缩应力与应变之比。

3.蜂壁压缩强度 Honeycomb—wall compressive strength

对于蜂窝型夹层结构,垂直于夹层结构面板方向实际单位蜂壁面积所承受的最大压缩力。

4.蜂壁压缩模量 Honeycomb—wall compressive modulus

对于蜂窝型夹层结构,沿垂直于夹层结构面板方向在弹性范围内测得的蜂壁应力与应变之比。

5.芯子压坏 core crush

芯子壁变形后发白、开裂、倒塌或破坏。

6.平拉 flatwise tension

用专用夹具沿垂直夹层结构面板方向的拉伸。

7.蜂窝芯子 honeycomb core

由金属箔材、玻璃布、塑料和各种纸,用胶接、点焊或注塑等方法制成的蜂窝状材料。

8. 胶层 adhesive layer

夹层结构中面板与芯子间的胶粘剂层。

9. 脱胶 debonding

夹层结构中面板与芯子分离现象(包括试样与加载块的分离)。

10. 平面剪切强度 plane shear strength

剪力沿着夹层结构面板作用下测得的剪切强度,主要由芯子承受,也称芯子剪切强度。

11. 平面剪切弹性模量 plane shear modulus

剪力沿着夹层结构面板作用下在弹性范围内测得的剪切应力与剪切应变之比,也称芯子剪切模量。

12. 滚筒剥离强度 climbing drum peel strength

夹层结构用滚筒剥离试验测得的面板与芯子分离时单位宽度上的抗剥离力矩。

13. 彩涂板 prepainted steel sheet

在经过表面预处理的基板上连续涂覆有机涂料(正面至少为二层),然后进行烘烤固化而成的产品。

14. 正面 top side

通常指彩涂板两个表面中对颜色、涂层性能、表面质量等有较高要求的一面。

15. 反面 bottom side

彩涂板相对于正面的另一个表面。

16. 建筑外用 building exterior applications

受外部大气环境影响的用途。

17. 建筑内用 building interior applications

受内部气氛影响的用途。

18. 硬度 hardness

涂层抵抗擦划伤、摩擦、碰撞、压入等机械作用的能力。

19. 柔韧性 flexibility

涂层与基板共同变形而不发生破坏的能力。

20. 附着力 adhesion

涂层间或涂层与基板间结合的牢固程度。

21. 使用寿命 life to the first major maintenance

从生产结束时开始到原始涂层的性能下降到必须对其进行大修才能维持其对基板的保护作用时的间隔时间。

22. 耐久性 durability

涂层达到规定使用寿命的能力。

23. 老化 weathering

涂层在使用环境的影响下性能逐渐发生劣化的现象。

24. 相对反射率 relative lumious reflectance factor

在相同的几何条件下,由试验反射的光通量值与标准面反射的光通量值之间的比值。

25. 镜面光泽 specular gloss

镜面反射方向上试样的相对反射率。

26. 三刺激值 tristimulus valus

在三色系统中与待测光达到色匹配所需的三种原刺激的量。

27. 颜色空间 color space

色度空间　即为减少由于空间的不均匀而带来的复制误差，而不断寻找一种最均匀的色彩空间，这种色彩空间，在不同位置、不同方向上相等的几何距离在视觉上有相对应的色差，把易测的空间距离作为色彩感觉差别量的度量。

28. T 弯值 T—bend

依次以被测试样厚度的 $n(n=0,1,2\cdots)$ 倍值为曲率半径进行 180°反向弯曲试验，以涂层不产生开裂或脱落的最小 n 值为 T 弯值。

29. 铅笔硬度 pencil hardness

用一组规定铅芯尺寸、形状和硬度的铅笔划过涂层表面，判断涂层抗划伤或划破的能力。

30. 杯突高度 cupping height

试验终点时所冲压形变杯体的高度。

31. 试验用盲板 blank plate

指当试验架上未挂满试样时，为防止漏光而用于遮盖试样架空档的与试样尺寸相同的平板。

32. 铝塑复合板 aluminium—plastic composite panel

以塑料为芯层，外贴铝板的三层复合板材，并在表面施加装饰性或保护性涂层。

33. 波纹 wave

产品装饰面波浪形的纹路或凹凸。

34. 疵点 spot

产品装饰面涂层的局部缺陷。

35. 鼓泡 bubble

产品装饰面的局部凸起。

36. 基材 uncreated profiles

指表面未经处理的铝合金建筑型材。

37. 阳极氧化膜 anodic coating

通过阳极氧化处理在铝及铝合金表面形成的氧化物保护膜。

38. 阳极氧化铝及铝合金 anodized aluminium and aluminium alloy

具有阳极氧化膜的铝及铝合金，阳极氧化膜是在电解氧化过程中生成的，这层氧化膜具有防护、装饰或其他功能特性。

39. 未着色阳极氧化膜 clear anodic coating

基本无色透明的阳极氧化膜(阳极氧化后未进行着色处理)。

40. 着色阳极氧化膜 coloured anodic coating

在阳极氧化后进行了着色处理的阳极氧化膜。

41. 染色阳极氧化膜 dyed anodic coating

在孔结构中吸附染料或颜色而着色的阳极氧化膜。

42. 光亮阳极氧化 bright anodizing

以高镜面反射率为主要特征的阳极氧化。

43. 防护性阳极氧化 protective anodizing

以耐腐蚀和抗磨损为主要特征，而外观属次要或不重要特征的阳极氧化。

44. 装饰性阳极氧化膜 decorative anodic coating

以外观均匀、美观为主要特征的阳极氧化膜。

45. 建筑业用阳极氧化膜 arctectural anodic coating

用于静止的室外建筑不见，外观和寿命都重要的阳极氧化膜。

46. 封孔 sealing

阳极氧化之后，为降低氧化膜中的孔隙度和吸附能力并提高耐腐蚀性而进行的化学处理过程。

47. 阳极氧化复合膜 combined anodic coating

铝及铝合金阳极氧化后，再涂装有机聚合物漆膜，形成的耐蚀性、耐候性、耐磨性兼备的表面膜。

48. 阳极氧化电泳复合膜 combined electrodeposited anodic coating

铝及铝合金阳极氧化后，再电泳涂装有机聚合物漆膜，形成的耐蚀性、耐候性、耐磨性兼备的表面膜。

49. 隔热材料 thermal barrier

用以连接铝合金型材的低热导率非金属材料。

50. 穿条式 insertion methodology

通过开齿、穿条、滚压工序，将条形隔热材料穿入铝合金型材穿条槽内，并使之被铝合金型材牢固咬合的复合方式。

51. 浇注式 poured and deberidged methodology

把液态隔热材料注入铝合金型材浇注槽内并固化，切除铝合金型材浇注槽内的临时连接桥使之断开金属连接，通过隔热材料将铝合金型材断开的两部分结合在一起的复合方式。

52. 隔热型材 thermal barrier profiles

以隔热材料连接铝合金型材面制成的具有隔热功能的复合型材。

53. 特征值 characteristic values

根据 75％置信度对数正态分布，按 95％的保证概率计算的性能值。

54. 铝单板 aluminium panel

以铝或铝合金板(带)为基材，经加工成型且装饰表面具有保护性和装饰性涂层或阳极氧化膜的建筑装饰用单层板。

55. 涂层 coating

金属基材表面有机聚合物涂层。

56. 液体涂层 liquid coating

以液体涂料涂覆在金属表面经固化而成的涂层。

57. 粉末涂层 powder coating

以固体粉末喷涂在金属表面经固化而成的涂层。

58. 氟碳涂层 fluorocarbon coating

以氟碳树脂为主的涂料在金属表面经固化而成的涂层。

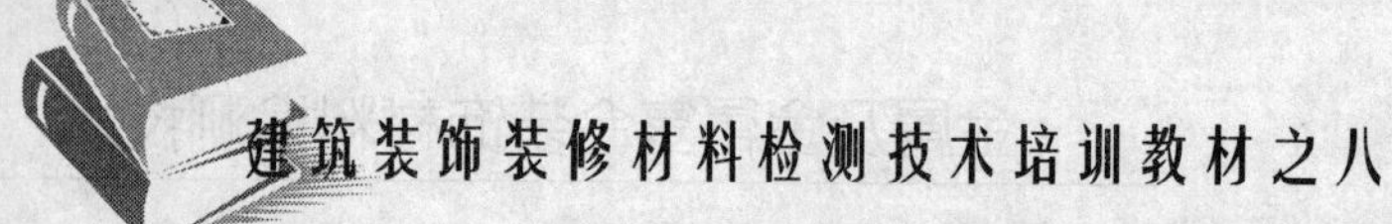

59. 聚酯涂层 polyester coating

以聚酯树脂为主的涂料在金属表面经固化而成的涂层。

60. 丙烯酸涂层 acrylic coating

以丙烯酸树脂为主的涂料在金属表面经固化而成的涂层。

61. 陶瓷涂层 ceramic coating

由颜料化的无机树脂经烘烤形成的涂层，其无机树脂是由金属氧化物的溶胶与水解性金属醇盐经化学反应形成。

62. 阳极氧化膜 anodized film

通过阳极氧化处理在铝及铝合金表面形成的氧化物保护膜。

63. 装饰面 exposed surface

指完成安装后，仍可看得见的表面，该表面对物件的适用性能和(或)外观起重要作用，须满足所有规定要求。技术图纸对该表面应作相应标记。

64. 局部膜厚 local film thickness

在装饰面上某个面积不大于 $1cm^2$ 的考察面内作若干次(不少于三次)膜厚测量所得的测量值的算术平均值。

65. 平均膜厚 average film thickness

在装饰面上测出的若干个(不少于五处)局部膜厚值的算术平均值。

66. 最小局部膜厚 min film thickness

在装饰面上测出的若干个局部膜厚值中的最小值。

67. 自然气候曝露 exposure to natural weathering

产品置于自然环境中经受各种气候因素综合作用，观测其性能随时间而发生变化的试验。

68. 开放式曝露 open style exposure

产品置于通风的大气中，上不加盖罩，下不放衬垫，充分经受大气因素作用的一种曝露形式。

69. 金属吊顶板 metal ceiling

将单层金属材料加工成型后用作吊顶的表面有保护性和装饰性涂层、氧化膜或塑料薄膜的装饰板。

70. 金属复合材料吊顶板 metal composite ceiling

将金属装饰面与其他金属或非金属材料复合并加工后用作吊顶的表面有保护性和装饰性膜的装饰板。

第二章　金属及金属复合装饰材料原材料检测技术

第一节　原材料分类

面对竞争激烈的市场形势，如何从源头开始加强对原材料供应的质量控制，打造强势供应链体系，是当前金属及金属复合装饰材料行业品质升级的关键。金属及金属复合装饰材料的原材料包括金属基材（铝、钢）、涂料、塑料芯材、胶、保护膜等。按产品组成结构顺序详细列举如下。

铝单板：铝基材＋涂料＋保护膜；

建筑内、外用彩色涂层钢板及钢带：钢基材＋涂料＋保护膜；

金属吊顶：金属及金属复合装饰材料基材＋涂料＋保护膜；

铝塑复合板：涂料＋铝基材＋粘结树脂＋塑料芯材＋粘结树脂＋铝基材＋涂料＋保护膜；

铝蜂窝板：涂料＋铝基材＋粘结树脂＋铝蜂窝芯＋粘结树脂＋铝基材＋涂料＋保护膜；

铝合金型材：铝及铝合金基材＋涂料（或者阳极氧化膜）＋保护膜。

原材料的质量控制主要包括以下内容：金属基材的验收管理和检验、涂料验收管理和检验、塑料芯材的验收管理和检验、粘结树脂的验收管理和检验以及保护膜的验收管理和检验。

第二节　金属基材检测技术

金属及金属复合装饰材料的基材主要包括铝及铝合金、铁、钢等。

一、铝和铝合金

（一）变形铝及铝合金的基本知识

铝是一种质量轻、耐腐蚀的金属，导电性好，应用范围很广。铝是通过一系列化学过程从铝土矿中提炼所得。氧化铝，是生产原铝的主要原料，而原铝是广泛使用的金属，也是进行铝产品加工的主要原料。我国是世界上第二大原铝消耗国，在经济的许多行业中，原铝都有非常广泛的应用，其中主要涉及建筑、包装、电力、消费品和交通运输等行业。

目前金属铝在人类的生产、生活中的金属应用量排名中居第二位，仅在钢铁之后。在熔炼铝时添加其他金属如：锰、镁、铜、锌、铁、锡等就形成了各种系列的铝合金，各种金属的加入可以大幅度地改善铝合金的机械、物理、化学性能，根据各种金属在铝合金中的比例不同，形成了 9 个系列的铝合金。

不同行业根据应用的要求和特性采用不同系列的铝合金，建筑业中主要将铝合金应用于挤压型材和辊轧板材。

挤压型材主要使用 6000 系列合金，AA6062、AA6063 等是常用的牌号。

幕墙、屋面系统主要使用 3000 系列的铝锰（铝锰镁）合金，5000 系列的铝镁合金也逐渐开始应用于幕墙板。基于加工方法的不同，3000 系列铝锰合金的延伸率、硬度、抗拉强度、屈服强度等指标均非常适于屋面卷边、轧压设备的加工，因此广泛应用在屋面、墙面系统等建筑外维护工程中，并且配合各种涂漆系统和涂装工艺，使建筑外观变得丰富多彩，还增加了铝合金本身的防腐蚀性。

铝型材可分为阳极氧化、阳极氧化复合膜及有机高聚物喷涂。

铝合金板材可分为非表面处理产品和表面处理类产品，分类如下。

非表面处理产品：Stucco 锤纹铝板（无规则纹样），Emboss 压花板（有规则纹样）；Anodized 预钝化氧化铝表面处理板；此类产品在板材表面不做涂漆处理，对表面的外观要求不高，价格也较低。

表面处理类产品：按表面处理工艺分为喷涂板、预辊涂板和阳极氧化板；按涂漆种类可分为聚酯、聚氨酯、聚酰胺、改性硅酮、环氧树脂、氟碳等等。

此类产品都需要对铝合金板材作表面的清洗、前处理，然后将无色的或有色的底漆和面漆涂装在铝板表面，并经过高温烘烤硬化，成为具有多种色彩的板材。

建筑用铝合金材料可选择的多种涂层中，主要性能差异是对太阳光紫外线的抵抗能力，以上各种涂漆系统都是有机塑料和溶剂、色母料等根据配方混合形成的涂漆，在太阳光和各种气候条件下都会逐渐地老化，表现为逐渐褪色、粉化、开裂、剥裂等情况。

其中在正面最常用的涂层为氟碳漆，是目前具有较强抵抗紫外线能力的涂漆系统；背面可选择聚酯或环氧树脂涂层作为保护漆或不处理。必要时装饰面需贴一层可撕掉的保护膜。

由于纯铝强度低，它的用途受到限制，在工业上多采用铝合金。所谓铝合金，是指以铝为基础，加入一种或几种其他元素（如铜、镁、硅、锰等）构成的合金。根据生产工艺，合金铝可分为变形铝合金和铸造铝合金。变形铝合金是以各种压力加工，经过轧制、挤压等工序制成管、棒、线、型、板、带、条等半成品材料的铝合金。变形铝合金根据性能和用途，又分为硬铝、防锈铝、超硬铝、锻铝和特殊铝 5 类。而铸造铝合金以合金锭供应市场。

化学元素对铝和铝合金性能的影响很大，具体见表 2—1。

表 2—1　化学元素对变形铝及铝合金性能的影响

类　型	化学元素对性能的影响
纯铝	杂质元素——所有杂质元素均降低铝的导电性
	铁、硅——铁与硅如并存于铝中，使铝的塑性、耐腐蚀性降低
	铜——铜使铝的耐腐蚀性降低
	锌——锌也降低铝的耐腐蚀性

续表

类　型	化学元素对性能的影响
变形铝合金	铜、镁——铜能明显提高铝合金的强度和硬度。镁除了能提高强度和硬度外，主要提高铝的耐腐蚀性。铜和镁共同作用，通过淬火时效作用能强化铝合金
	锌——锌能提高铝合金的时效强化效率，并改善切削加工性和热塑性，但使其疲劳强度和抗晶间腐蚀能力都降低
	锰——锰主要提高铝合金的强度
	钛、硼——钛和硼可细化铝合金的晶粒和提高强度
	硅——硅能提高铝合金的热塑性，并增强其热处理强化效果
	铁、镍——铁和镍在锻铝中能提高淬火时效后的强度
铸造铝合金	硅——硅能提高铸造铝合金的流动性、强度和耐蚀性，减少收缩率和裂纹
	铜、镁——铜和镁能通过淬火时效来提高铝合金的强度、硬度。铜还能提高其流动性，镁却反之，不过它能提高其耐蚀性
	锌——锌能提高铸造铝合金的铸造性和强度
	镍——镍能提高铸造铝合金的热强性

（二）变形铝及铝合金牌号表示方法

牌号是对产品的命名，主要以英文字母或汉字拼音字母表示，要最大限度地、直观地显示产品的类别、品种、质量、状态和特性等。在我国，变形铝及铝合金牌号表示方法已制定了标准，标准号为 GB/T 16474—1996《变形铝及铝合金牌号表示方法》。该标准是根据变形铝及铝合金国际牌号注册协议组织推荐的国际四位数字体系牌号命名方法制定的。

1. 四位字符体系牌号命名方法

四位字符体系牌号的第一、三、四位为阿拉伯数字，第二位为英文大写字母（C、I、L、N、O、P、Q、Z 字母除外）。牌号的第一位数字表示铝及铝合金的组别，如表 2—2 所示。

表 2—2　四位字符体系牌号系列

组　别	牌号系列
纯铝（铝含量不小于 99.00%）	1XXX
以铜为主要合金元素的铝合金	2XXX
以锰为主要合金元素的铝合金	3XXX
以硅为主要合金元素的铝合金	4XXX
以镁为主要合金元素的铝合金	5XXX
以镁为主要合金元素并以 Mg_2Si 相为强化相的铝合金	6XXX
以锌为主要合金元素的铝合金	7XXX

续表

组　别	牌号系列
以其他合金元素为主要合金元素的铝合金	8XXX
备用合金组	9XXX

除改型合金外，铝合金组别按主要合金元素（6XXX系按 Mg_2Si）来确定。主要合金元素指极限含量算术平均值为最大的合金元素。当有一个以上的合金元素极限含量算术平均值同为最大时，应按Cu、Mn、Si、Mg、Mg_2Si、Zn、其他元素的顺序来确定合金组别。牌号的第二位字母表示原始纯铝或铝合金的改型情况，最后两位数字用以标识同一组中不同的铝合金或表示铝的纯度。

2. 国际四位数字体系牌号简介

变形铝及铝合金国际四位数字体系牌号是指，按照1970年12月制定的变形铝及铝合金国际牌号命名体系推荐方法命名的牌号。此推荐方法是由承认变形铝及铝合金国际牌号体系协议宣言的世界各国团体或组织提出。牌号及成分注册登记秘书处设在美国铝业协会（AA）。

（1）国际四位数字体系牌号组别的划分

国际四位数字体系牌号的第一位数字表示组别，同表2—2。

（2）国际四位数字体系1XXX牌号系列

1XXX组表示纯铝（其铝含量不小于99.00%），其最后两位数字表示最低铝百分含量中小数点后面的两位。

牌号的第二位数字表示合金元素或杂质极限含量的控制情况。如果第二位为0，则表示其杂质极限含量无特殊控制；如果是1～9，则表示对一项或一项以上的单个杂质或合金元素极限含量有特殊控制。

（3）国际四位数字体系2XXX～8XXX牌号系列

2XXX～8XXX牌号中的最后两位数字没有特殊意义，仅用来识别同一组中的不同合金，其第二位表示改型情况。如果第二位为0，则表示为原始合金；如果是1～9，则表示为改型合金。

（4）国际四位数字体系国家间相似铝及铝合金牌号

国家间相似名及铝合金表示某一国家新注册的，与已注册的某牌号成分相似的纯铝或铝合金。国家间相似铝及铝合金采用与其成分相似的四位数字牌号后缀一个英文大写字母（按国际字母表的顺序，由A开始依次选用，但I、O、Q除外）来命名。

（三）变形铝及铝合金的状态代号

状态代号是状态的简明表示方法。在我国，铝及铝合金的状态代号已经制定了标准，标准号为GB/T 16475—1996《变形铝及铝合金状态代号》。该标准是采用美国国家标准ANSI H35.1—1993《铝合金及其状态代号体系》中规定的状态代号命名方法制定的，这是国际上比较通用的状态代号命名方法。

1. 基本原则

（1）基础状态代号用一个英文大写字母表示。

（2）细分状态代号采用基础状态代号后跟一位或多位阿拉伯数字表示。

2. 基础状态代号

基础状态分为 5 种，如表 2—3 所示。

表 2—3 基础状态代号

代号	名 称	说 明 与 应 用
F	自由加工状态	适用于在成型过程中，对于加工硬化和热处理条件无特殊要求的产品，该状态产品的力学性能不作规定
O	退火状态	适用于经完全退火获得最低强度的加工产品
H	加工硬化状态	适用于通过加工硬化提高强度的产品，产品在加工硬化后可经过(也可不经过)使强度有所降低的附加热处理。 H 代号后面必须跟有两位或三位阿拉伯数字
W	固溶热处理状态	一种不稳定状态，仅适用于经固溶热处理后，室温下自然时效的合金，该状态代号仅表示产品处于自然时效阶段
T	热处理状态 (不同于 F、O、H 状态)	适用于热处理后，经过(或不经过)加工硬化达到稳定状态的产品。 T 代号后面必须跟有一位或多位阿拉伯数字

(四)铝和铝合金板带材的轧制

铝和铝合金板带材通常用轧制工艺进行生产。所谓轧制，是指轨件由摩擦力拉进在旋转的轧辊间，借助于轧辊施加的压力使金属发生塑性变形的过程。通过轧制使金属具有一定的形状、尺寸和性能。

轧制，按轧制温度可分为热轧、温轧(中温轧制)和冷轧；按轧机排列方式可分为单机架轧制、半连续轧制和连继轧制。其中，热轧方式又可分为有锭轧制和无锭轧制(连铸连轧)；冷轧方式又可分为块片式轧制和带卷式轧制。

在铝及铝合金板带材的生产中，板带材可按厚度进行分类，厚度大于 80 mm 称为特厚板，厚度为 4 mm～80 mm 称为厚板，厚度为 0.2 mm～4 mm 称为薄板。

二、钢铁产品

钢是含碳量在 0.04%～2.3%之间的铁碳合金。我们通常将其与铁合称为钢铁，为了保证其韧性和塑性，含碳量一般不超过 1.7%。钢的主要元素除铁、碳外，还有硅、锰、硫、磷等。其他成分是为了使钢材性能有所区别。

在人类发明炼铁技术之后不久，又掌握了炼钢技术。由于钢较之最初的生铁有更好的物理、化学和机械性能，所以很快就得到大量的应用。但是由于当时技术条件的限制，人们对钢的应用一直受到钢产量的限制，直到 18 世纪工业革命之后，钢的应用才得到了突飞猛进的发展。

(一)钢铁产品牌号表示方法

钢的牌号简称钢号，是对每一种具体钢产品所取的名称，是人们了解钢的一种共同语言。根据国家标准 GB 221—2000《钢铁产品牌号表示方法》中规定，我国的钢号表示方法，采用汉语拼音字母、化学元素符号和阿拉伯数字相结合的方法表示。即：

(1)钢号中化学元素采用国际化学符号表示，例如 Si、Mn、Cr 等。

(2)产品名称、用途、特性和工艺方法等，一般采用汉语拼音的缩写字母表示，见表 2—4。

(3)钢中主要化学元素含量(%)采用阿拉伯数字表示。

表 2—4 GB 标准钢号中所采用的缩写字母及其含义

名 称	汉字	符号	字体	位置
炼钢用生铁	炼	L	大写	牌号头
铸造用生铁	铸	Z	大写	牌号头
球墨铸铁用生铁	球	Q	大写	牌号头
脱碳低磷粒铁	脱炼	TL	大写	牌号头
含矾生铁	矾	F	大写	牌号头
耐磨生铁	耐磨	NM	大写	牌号头
碳素结构钢	屈	Q	大写	牌号头
低合金高强度钢	屈	Q	大写	牌号头
耐候钢	耐候	NH	大写	牌号尾
保证淬透性钢		H	大写	牌号尾
易切削非调质钢	易非	YF	大写	牌号头
热锻用非调质钢	非	F	大写	牌号头
易切削钢	易	Y	大写	牌号头
电工用热轧硅钢	电热	DR	大写	牌号头
电工用冷轧无取向硅钢	无	W	大写	牌号中
电工用冷轧取向硅钢	取	Q	大写	牌号中
电工用冷轧取向高磁感硅钢	取高	QG	大写	牌号中
(电讯用)取向高磁感硅钢	电高	DG	大写	牌号头
电磁纯铁	电铁	DT	大写	牌号头
碳素工具钢	碳	T	大写	牌号头
塑料模具钢	塑膜	SM	大写	牌号头
(滚珠)轴承钢	滚	G	大写	牌号头
焊接用钢	焊	H	大写	牌号头
钢轨钢	轨	U	大写	牌号头
铆螺钢	铆螺	ML	大写	牌号头
锚链钢	锚	M	大写	牌号头
地质钻探钢管用钢	地质	DZ	大写	牌号头
船用钢	—	采用国际符号	大写	牌号尾
汽车大梁用钢	梁	L	大写	牌号尾

续表

名　称	汉字	符号	字体	位置
矿用钢	矿	K	大写	牌号尾
压力容器用钢	容	R	大写	牌号尾
桥梁用钢	桥	q	小写	牌号尾
锅炉用钢	锅	g	小写	牌号尾
焊接气瓶用钢	焊瓶	HP	大写	牌号尾
车辆车轴用钢	辆轴	LZ	大写	牌号头
机车车轴用钢	机轴	JZ	大写	牌号头
管线用钢		S	大写	牌号头
沸腾钢	沸	F	大写	牌号尾
半镇静钢	半	b	小写	牌号尾
镇静钢	镇	Z	大写	牌号尾
特殊镇静钢	特镇	TZ	大写	牌号尾
质量等级		A	大写	牌号尾
		B	大写	牌号尾
		C	大写	牌号尾
		D	大写	牌号尾
		E	大写	牌号尾

(二)我国钢号表示方法的分类说明

1. 基板特性代号

(1)冷成形用钢

电镀基板时由 3 部分组成,其中第一部分为字母“D”,代表冷成形用钢板;第二部分为字母“C”,代表轧制条件为冷轧;第三部分为两位数字序号,即 01、03 和 04。

热镀基板时由 4 部分组成,其中第一部分和第二部分与电镀基板相同,第三部分为两位数字序号,即 51、52、53 和 54。第四部分为字母“D”,代表热镀。

(2)结构钢

由 4 部分组成,其中第一部分为字母“S”,代表构钢;第二部分为三位数字,代表规定的最小屈服强度(单位为 MPa),即 250、280、320、350、550;第三部分为字母“G”,代表热处理;第四部分为字母“D”,代表热镀。

2. 基板类型代号

“Z”代表热镀锌基板、“ZF”代表热镀锌铁合金基板、“AZ”代表热镀铝锌合金基板、“ZA”代表热镀锌铝合金基板、“ZE”代表电镀锌基板。

3. 彩涂板的牌号及用途见表 2—5

表 2—5 彩涂板的牌号

彩涂板的牌号					用途
热镀锌基板	热镀锌铁合金基板	热镀铝锌合金基板	热镀锌铝合金基板	电镀锌基板	
TDC51D+Z	TDC51D+ZF	TDC51D+AZ	TDC51D+ZA	TDC01+ZE	一般用
TDC52D+Z	TDC52D+ZF	TDC52D+AZ	TDC52D+ZA	TDC03+ZE	冲压用
TDC53D+Z	TDC53D+ZF	TDC53D+AZ	TDC53D+ZA	TDC04+ZE	耐冲压用
TDC54D+Z	TDC54D+ZF	TDC54D+AZ	TDC54D+ZA		特深冲压用
TS250GD+Z	TS250GD+ZF	TS250GD+AZ	TS250GD+ZA		结构用
TS250GD+Z	TS250GD+ZF	TS250GD+AZ	TS250GD+ZA		
		TS300GD+AZ			
TS320GD+Z	TS320GD+ZF	TS320GD+AZ	TS320GD+ZA		
TS350GD+Z	TS350GD+ZF	TS350GD+AZ	TS350GD+ZA		
TS550GD+Z	TS550GD+ZF	TS550GD+AZ	TS550GD+ZA		

4. 国内外彩涂板常用基板近似牌号对照

(1)国内外彩涂板常用热镀锌基板和热镀锌铁合金基板近似牌号对照见表 2—6。

表 2—6 热镀锌基板和热镀锌铁合金基板国内外近似牌号对照表

EN 10142：2000 EN 10147：2000	JIS G 3302：1998	ASTM A653M－04a	GB/T 2518—2004
DX51D+Z、DX51D+ZF	SGCC	CS	02
DX52D+Z、DX52D+ZF	SGCD1	FS	03
DX53D+Z、DX53D+ZF	SGCD2	DDS	04
DX54D+Z、DX54D+ZF	SGCD3	—	05
S250GD+Z、S250GD+ZF	SGC340	SS255	250
S280GD+Z、S280GD+ZF	—	SS275	280
S320GD+Z、S320GD+ZF	—	—	320
S350GD+Z、S350GD+ZF	SGC440	SS340	350
S550GD+Z、S550GD+ZF	SGC570	SS550	550

(2)国内外彩涂板常用热镀铝锌合金基板近似牌号对照见表 2—7。

表 2—7 热镀铝锌合金基板国内外近似牌号对照表

EN 10215	JIS G 3321：1998	ASTM A792M－03	AS/NZS 1397：2001
DX51D+AZ	SGLCC	CS	G2

续表

EN 10215	JIS G 3321：1998	ASTM A792M—03	AS/NZS 1397：2001
DX52D＋AF	SGLCD	FS	G3
DX53D＋AZ	—	DS	
DX54D＋AZ		—	
S250GD＋AZ	—	SS255	G250
S280GD＋AZ	—	SS275	—
—	SGLC400	—	G300
S320GD＋AZ	—		
S350GD＋AZ	SGLC440	SS340	G350
S550GD＋AZ	SGLC570	SS550	G550

(3)国内外彩涂板常用热镀锌铝合金基板近似牌号对照见表 2—8。

表 2—8　热镀锌铝合金基板国内外近似牌号对照表

EN 10214：1995	JIS G 3317：1994	ASTM A875M—02a
DX51D＋ZA	SZACC	CS
DX52D＋ZA	SZACD1	FS
DX53D＋ZA	SZACD2	DDS
DX54D＋ZA	SZACD3	
S250GD＋ZA	SZAC340	SS255
S280GD＋ZA		SS275
S320GD＋ZA		
S350GD＋ZA	SZAC440	SS340
S550GD＋ZA	SZAC570	SS550

(4)国内外彩涂板常用电镀锌基板近似牌号对照见表 2—9。

表 2—9　电镀锌基板国内外近似牌号对照表

EN 10152：2003	JIS G 3313：1998	ASTM A591M—98
DC01＋ZE	SECC	CS
DC03＋ZE	SECD	DS
DC04＋ZE	SECE	DDS

三、金属基材的力学性能检测技术

依据国家标准 GB/T 228—2002《金属材料 室温拉伸试验方法》，将按标准制备的拉力试样，安装在拉力试验机的夹头内，对试样缓慢施加单轴向拉伸应力，直至试样被拉断为止的试验称作拉力试验。该标准等效采用了国际标准 ISO 6892:1998《金属材料 室温拉伸试验》。

(一)标准的适用范围

该标准适用于金属材料(包括黑色和有色金属材料,但不包括金属构件和零件)室温拉伸性能的测定,试样或产品的横截面尺寸≥0.1 mm。

对于小横截面尺寸的金属产品,例如金属箔、超细丝和毛细管等的拉伸试验需要双方协议。其原因在于:

(1)横截面小的产品,按照标准中建议的量具分辨力要求不能满足标准中附录 A 和附录 C 规定横截面测定准确度在±1%和±2%以内的要求。

(2)试样标距采用常规的划细线、打小冲点等方法进行标记不可行。

(3)常用的引伸计不适用于此类型产品试样的试验。试样的夹持方法需要特殊夹头等。

(二)室温的温度范围

标准中规定室温的温度范围为 10℃~35℃,超出这一范围不属于室温。对于材料在这一温度范围内性能对温度敏感而采用更严格的温度范围试验时,应采用 23℃±5℃的控制温度。上述 10℃~35℃的温度范围实质是指容许的试样温度范围,只要试样的温度是在规定的室温范围内便符合标准要求。

(三)涉及标准

该方法涉及 6 个国家标准,即:

(1)GB/T 2975—1998《钢及钢产品　力学性能试验取样位置和试样制备》(eqv ISO 377:1997);

(2)GB/T 8170—2008《数值修约规则与极限数值的表示和判定》;

(3)GB/T 12160—2002《单轴试验用引伸计的标定》(idt ISO 9513:1999);

(4)GB/T 16825—1997《拉力试验机的实验》(idt ISO 7500—1:1986);

(5)GB/T 17600.1—1998《钢的伸长率换算　第 1 部分:碳素钢和低合金钢》(eqv ISO 2566—1:1984);

(6)GB/T 17600.2—1998《钢的伸长率换算　第 2 部分:奥氏体钢》(eqv ISO 2566—2:1984)。

标准中通过注日期引用的这 6 个国家标准是构成 GB/T 228—2002 标准本身不可缺少的部分,应遵照被引用的 6 个标准中的相关规定和要求,其中被引用的 5 个标准分别等同和等效于相应的国际标准。目前,GB/T 8170—1987《数值修约规则》还没有相对应的国际标准。

(四)性能和术语定义

1. 性能定义

该标准将抗拉强度定义为相应最大力(F_m)的应力,而最大力(F_m)定义为试样在屈服阶段之后所能抵抗的最大力;对于无明显屈服(连续屈服)的金属材料,为试验期间的最大力。

标准中屈服强度这一术语既是泛指屈服点和上、下屈服点的性能,也特指单一屈服状态的屈服点性能(σ_s),即该标准定义的下屈服强度 R_{eL} 包含了 σ_s 和 σ_{sL} 两种性能。

2. 术语

因为国际标准采用了延伸(extension)和伸长(elongation)两个近义术语,国标中也相应地采用了这两个近义术语。可以理解为拉伸试验时在引伸计标距(L_e)上的伸长称为延伸，在试样标距(L_o)上的伸长称为伸长。它们并无本质区别，而且完全可以通过测定延伸方法来测定伸长。

(五)性能名称和符号

1. 名称

该标准中定义了 12 种可测拉伸性能，其中 10 种性能的名称与修订前原标准的名称有差异。

2. 符号

符号 A(不标注下脚注)表示用比例系数 $k=5.65$ 的比例标距测定的断后伸长率；用其他比例系数的比例标距或非比例标距测定的断后伸长率时，符号 A 应分别标注下脚注说明所使用的比例系数值和非比例标距的长度，例如 $A_{11.3}$ 和 $A_{100\ mm}$。

该标准中对各强度性能所对应的力的符号未全部具体规定，但规定了力的符号用 F 表示和规定了最大力符号 F_m。因此，建议在试验报告和试验纪录中采用下列的力符号：

F_{eH}(上屈服力)

F_{eL}(下屈服力)

F_p(规定非比延伸力，例如 $F_{p0.2}$)

F_t(规定总延伸力，例如 $F_{t0.5}$)

F_r(规定残余延伸力，例如 $F_{r0.2}$)

GB/T 228—2002 采用了国际标准的性能符号，鉴于有些相关的产品标准还不能同步修订的状况，为了避免出现混乱，建议：在过渡期内，试验报告可以在新的性能名称及其符号之后的括号内定出旧符号，例如：

上屈服强度 $R_{eH}(\sigma_{sU})$，下屈服强度 $R_{eL}(\sigma_{sL})$，抗拉强度 $R_m(\sigma_b)$，规定非比例延伸强度 $R_{p0.2}(\sigma_{p0.2})$，断后伸长率 $A(\delta_5)$，断面收缩率 $Z(\Psi)$等。

3. 单位

标准中规定采用的单位是国际单位制单位(SI 单位)。应力单位 N/mm^2 和 MPa，都是国际单位制的倍数单位，两者都是我国规定的法定计量单位，标准中，应力单位采用了 N/mm^2，而 $1\ N/mm^2=1\ MPa$，如果报告中使用了应力单位 MPa，不认为是错误。但从标准的归一化意义上来说，应力单位应采用 N/mm^2。

(六)试样

1. 取样的部位、方向和数量

样坯的切取部位、方向和数量应按照相关产品标准或 GB/T 2975—1998 或协议的规定。对于钢产品，应在外观及尺寸合格的钢产品上切取样坯，取样时，应对抽样产品、试料、样坯及试样做出标记，以保证始终能识别取样的位置和方向。切取样坯时应防止过热、加工硬化而影响拉伸力学性能，应留有足够的机加工余量。取样方法参见 GB/T 2975—1998。

2. 机加工试样和不经机加工试样

应按照相关产品的协议的规定，采用机加工试样或采用不经机加工的试样。如果未作具体规定，一般在材料尺寸足够时机加工成带头试样。

机加工试样的尺寸公差和形状公差应分别按照 GB/T 2957—1998 中附录 A 的表 A3 和附录

B 的表 B4 要求;机加工表面粗糙度按照 GB/T 2957—1998 中图 10、图 11 或图 13 规定的要求。

(1)试样的横截面形状和尺寸

相关产品标准或协议根据产品的形状和尺寸,可按 GB/T 2957—1998 中附录 A～D 所规定试样的形状和尺寸,特殊产品可以规定其他不同的试样。试样横截面的形状一般可为圆形、矩形、弧形和环形,特殊情况可以为其他形状。标准中的附录 A～D 按照产品的形状规定了主要的试样类型:

1)附录 A:规定厚度 0.1 mm～<3 mm 薄板和薄带产品用的矩形横截面试样;

2)附录 B:规定厚度≥3 mm 板材和扁材以及直径或厚度≥4 mm 线材、棒材和型材用的圆形和矩形横截面试样;

3)附录 C:规定直径或厚度<4 mm 线材、棒材和型材用的不经机加工试样;

4)附录 D:规定管材用弧形横截面和环形横截面试样。

试样的横截面形状和试样的尺寸都对性能测定有影响,尤其对断后伸长率和断面收缩率有明显影响。

(2)厚度减薄试样及机加工圆形横截面试样

厚度<25 mm 的产品,试验机能力不足时,经协议可以机加工成圆形横截面试样,或单边减薄至厚度 25 mm 矩形横截面试样。

3. 试样原始标距(L_0)

试样标距分为比例标距和非比例标距两种,因而有比例试样和非比例试样之分。凡试样标距与试样原始横截面积有式(2—1)关系的,称为比例标距,试样称为比例试样。

$$L_0=k(S_0)1/2 \tag{2—1}$$

式中 k——比例系数;

S_0——原始横截面积,m^2。

非比例标距(也称定标距)与试样原始横截面积不存在式(2—1)的关系。如果采用比例试样,应采用比例系数 $k=5.65$ 的值,因为此值为国际通用,除非采用此比例系数时不满足最小标距 15 mm 的要求。在必须采用其他比例系数的情况下,$k=11.3$ 的值为优先采用。

产品标准或协议可以规定采用非比例标距,不同的标距对试样的断后伸长率的测定影响明显。

4. 试样平行长度(L_c)

试样平行长度应大于试样标距,规定的范围如下:

(1)带头的圆形横截面试样:$L_c \geqslant L_0=d/2$,仲裁试验,$L_c=L_0+2d$;

(2)不带头的圆形横截面试样:$L_c \geqslant L_0+3d$(夹头间的自由长度);

(3)带头的矩形和弧形横截面试样:$L_c \geqslant L_0+1.5(S_0)1/2$,仲裁试验,$L_c=L_0+2(S_0)1/2$;

(4)不带头的矩形和弧形横截面试样:$L_c \geqslant L_0+3b$(夹头间的自由长度);

(5)薄板用带头的矩形横截面试样:$L_c \geqslant L_0+b/2$,仲裁试验,$L_c=L_0+2b$;

(6)薄板用不带头的矩形横截面试样:$L_c=L_0+3b$(夹头的自由长度)。

5. 试样过渡半径(r)

试样的过渡半径在 GB/T 2957 附录 A,B 和 D 中规定如下:

(1)薄板用矩形横截面试样:$r \geqslant 20$ mm;

(2)圆形横截面试样:$r \geqslant 0.75\ d$;

(3)矩形和弧形横截面试样：$r \geqslant 12$ mm。

试样过渡半径对试样的断裂位置有影响，对于延性差，脆性断裂敏感于应力集中的材料，建议过渡半径取较大的值。

6. 矩形横截面试样的宽厚比

试样的宽厚比影响性能的测定，尤其影响延性性能的测定。GB/T 2957 中附录B推荐的宽厚比范围为不超过 8∶1，但应注意，这一宽厚范围不适用于薄板和薄带(厚度 0.1 mm～<3 mm)的试样。

7. 带头和不带头试样

虽然机加工不带头试样可以降低成本，但容易在夹头端部附近处发生断裂，影响性能测定，甚至使试验无效。因此建议：

(1)凡从冶金产品上切取样坯机加工的试样，一般机加工成带头试样，除非产品标准明确规定采用不带头试样或材料不足够。

(2)具有恒定横截面的产品，如相关产品标准规定了采用其产品的部分不经机加工的试样，应遵照其规定。如果未具体规定，建议材料尺寸足够时机加工成带头试样。

(七)试样原始横截面积的测量

1. 测量的准确度要求

要求测量出最小原始横截面积(S_0)。以实测的横截面尺寸计算试样原始横截面积。除非相关产品标准或协议另有规定，不采用标称截面积。测量准确度要求如下：

(1)薄板和薄带用矩形试样：横截面积准确度≤±2%；

(2)不经机加工试样：横截面积准确度≤±1%；

(3)机加工圆形和矩形试样：每个横截面积尺寸准确度≤±0.5%；

(4)机加工弧形试样和环形试样(圆管段试样)：横截面积准确≤±1%。

2. 量具或尺寸测量仪器的选择

试样横截面积测定的准确性受多种因素的影响，而量具的分辨力是主要因素之一。建议按照表 2—10 的要求选择量具或尺寸测量仪器的测量分辨力，以保证面积测定的准确度。

表 2—10 量具或测量装置的分辨力 单位：mm

试样横截面尺寸	分辨力 不大于
0.1～0.5	0.001
>0.5～2.0	0.005
>2.0～10.0	0.01
>10.0	0.05

按照国家计量技术规范 JJG 1001—1998 的定义，分辨力定义为："指示装置对紧密相邻量值有效分辨的能力。

注：一般认为模拟式指示装置的分辨力为标尺分度值的一半，数字式指示装置的分辨力为末位数的一个字码"例如，卡尺的游标分度值为 0.02 mm ，则其分辨力为 0.01 mm。

3. 测量部位和方法

(1)对于圆形横截面积的试样，在其标距的两端及中间 3 处横截面上相互垂直的两个方向测量直径，取其平均直径计算面积，取3处测量所得的最小值为试样的原始横截面积。

(2)对于矩形和弧形横截面试样，在其标距的两端及中间3处横截面上测量厚度(或壁厚)和宽度，取3处测得的最小横截面积为试样的原始横截面积。

(3)对于环形横截面试样(圆管段试样)，在其一端相互垂直的方向测量外直径和4处的壁厚，以平均外径和平均壁厚计算的横截面积为试样的原始横截面积。

4. 称重方法测定原始横截面积

具有名义上恒定横截面的试样，可以用称重方法测定其横截面积。但这种方法测定的是平均横截面积，因此建议在报告中注明为称重方法测定。

试样长度测量准确度：≤±0.5%；

试样质量测定准确度：≤±0.5%；

试样的材料密度：至少取3位有效数字。

5. 原始横截面积的计算值

因为原始横截面积数值是中间数据，不是试验结果数据，所以，如果必须计算出原始横截面积的值时，其值至少保留4位有效数字。计算时，常数π应至少取4位有效数字。

对于圆管的弧形试样，$b/D \geqslant 0.25\%$时用式(2—2)计算：

$$S_0=\frac{b}{4}(D^2-b^2)^{1/2}+\frac{D^2}{4}A\arcsin\left(\frac{b}{D}\right)-\frac{b}{4}[(D-2a)^2-b^2]^{1/2}-\left(\frac{D-2a}{2}\right)^2\arcsin\left(\frac{\mathrm{b}}{\mathrm{D}-2\mathrm{a}}\right) \tag{2—2}$$

$b/D<0.25$时用式(2—3)计算：

$$S_0=ab\left[1+\frac{b^2}{6D\ (D-2a)}\right] \tag{2—3}$$

式(2—2)是严格准确的公式，式(2—3)为近似准确的公式，但与式(2—2)的误差不大，可以忽略。建议，$b/D<0.17$时也可采用式(2—3)计算，以保证计算误差在可忽略的范围内。

(八)原始标距的标记

试样比例标距的计算值应修约到最接近5 mm的倍数，中间数值向较大一方修约。标记原始标距的准确度应在±1%以内，由于标记试样标距装置的检验尚无相应标准，因此，建议试验室应自行检查其准确度，可以用小冲击点、细划线或细墨线做标记，标记应清晰，试验后能分辨，不影响性能的测定。

对于带头试样，原始标距应在平行长度的居中位置上标出。

(九)平行长度的测量

一般不测试试样的平行长度，但如采用力夹头位移方法测定规定非比例延伸强度时，必须在试验前测出平行长度，准确度在±1%以内。不应采用平行长度的标称值，除非实际值能保证准确到±1%。

(十)试验设备准确度级

1. 引伸计

引伸计是测延伸用的仪器。应把引伸计看成是一个测量系统(包括位移传感器、记录器和显示器)。引伸计应符合GB/T 12160—2002规定的准确度级，并按照该标准要求定期进行检验。

每一引伸计级别包含 3 项内容，即标距误差、系统误差和分辨力。引伸计的检验应包括这 3 项内容。

GB/T 12160 中规定，测定不同性能时，使用不同级别的引伸计，测定上屈服强度、下屈服强度、屈服点延伸率、规定总延伸强度、规定非比例延伸强度、规定残余延伸强度和规定残余延伸强度的验证试验使用不劣于 1 级准确度的引伸计；测定其他具有较大延伸率的性能，例如抗拉强度、最大力总伸长率、最大力非比例伸长率、断裂总伸长率和断后伸长率等，应使用不劣于 2 级准确度的引伸计。

在这里顺便说明，在使用引伸计系统测定性能时。该标准中没有规定放大倍数的下限，是因为引伸计级别里规定了分辨力的要求，这就间接地起到了对最小数放大倍数的限定。

2. 试验机

试验机应符合 GB/T 16823—1997 规定的准确度级，并按照该标准要求检验。测定各强度性能均应采用 1 级或优于 1 级准确度的试验机。

试验机的每一准确度级都包含 5 项内容，应按照 GB/T 16825—1997 的要求进行检验。其中示值进回程相对误差在有要求时才进行检验。其他 4 项应进行定期检验，经检验合格后的试验机方能使用。对于大吨位试验机应以拉力方式检验，若采用压力方式检验，应在检验报告中注明。

（十一）试验速率

试验速率对性能的测定有明显影响，对测定强度（R_p，R_t，R_r），要求在塑性范围的应变速率不超过 0.025 m/s。对于抗拉强度的试验速率，规定应变速率不超过 0.008 m/s（相关夹头分离速率 0.48 Lc/min）。

1. 测定 R_{eH} 的试验速率

在弹性范围和直至上屈服强度，弹性应力速率应符合标准中表 2—11 规定的要求，并尽可能保持恒定。

表 2—11　应力速率

塑料弹性模量 E/(N/mm)	应力速率(N/mm²)·s⁻¹	
	最小	最大
＜150 000	2	20
≥150 000	6	60

2. 测定 R_{eL} 的试验速率

试样平行长度的变速率应在 0.00025 m/s～0.0025 m/s 之间。平行长度内的应变速率应尽可能保持恒定。如不能直接调节这一应变速率，应通过调节屈服即将开始前的应力速率来调整，在屈服完成之前不再调节试验机控制。任何情况下，弹性范围内的应力速率不得超过表 2—12 规定的最大速率。

表 2—12　性能结果数值的修约间隔

性　能	范　围	修约间隔
R_{Eh}，R_{eL}，R_P，R_t，R_r，R_m	≤200 N/mm²	1 N/mm²
	>200 N/mm²～1000 N/mm²	5 N/mm²
	>1000 N/mm²	10 N/mm²
A_e		0.05％
A，A_t，A_{Rt}，A_R		0.5％
Z		0.5％

3. 测定规定强度 R_p，R_t 和 R_r 的试验速率

屈服前的弹性应力速率应符合表 2—12 规定的要求，并尽可能保持恒定，进入塑性范围和直至规定强度应变速率不应超过 0.0025/s。如果不能调节这一应变速率，应调节屈服前弹性应力速率不超过表 2—12 规定的最大速率，直至规定强度测定，不再调节试验机的控制。

4. 测定 R_m 的试验速率

在塑性范围，平行长度的应变速率应不超过 0.008 m/s(相对于夹头分离速率 0.48 Lc/min)。如果在同一试验中不测定屈服性能，允许在弹性范围达到塑性范围的最大应变速率(虽然，此种情况下弹性阶段的应力速率可能超过表 2—12 规定的最大值)。

5. 测定 A_e 的试验速率

按照测定 R_{eL} 的试验速率，进行测定。

6. 测定 A_{gt}，A_g，A_t，A 和 Z 的试验速率

按照测定 R_m 的速率要求，进行测定。

7. 弹性范围内应力速率与应变速率的等效换算

在假定金属材料的弹性阶段应力与应变符合虎克定律的前提下，可以利用虎克定律关系进行应力速率[式(2—4)]与应变速率[式(2—5)]的等效换算，以使用位移速率控制型的试验机做应力速率控制试验，用加力速率控制型的试验机做应力速率控制试验，用加力速率控制型的试验机做应变速率控制试验。

$$\sigma=(E/L_c)V_1 \tag{2—4}$$

$$\varepsilon=(1/ES_0)V_2 \tag{2—5}$$

式中　σ——应力速率；

ε——应变速率；

E——弹性模量；

L_c——试样平行长度，mm；

S_0——试样原始横面积，mm²；

V_1——位移速率(等于 εL_c)，mm/s；

V_2——加力速率(等于 F)，N/s。

应注意，由于存在试验机的柔度和间隙，致使按理论计算得到的应力速率和应变速率比试验机上的实测值低。

(十二)性能的测定

GB/T 228—2008 中共定义了 12 种可测的拉伸性能,即 6 种延性能 A,A_e,A_{gt},A_g,A_t 和 Z;6 种强度性能 R_{eH},R_{eL},R_p,R_t,R_r 和 R_m。

1. 断后伸长率 A 的测定

(1)人工方法,试验前在试样平行长度上标记出原始标距(误差≤±1%)和标距内等分格标记(一般标记 10 个等分格)。试验拉断后,将试样的断裂处对接在一起,使用轴线处于同一直线上,通过施加适当的压力以使对接严密。

1)用分辨力不劣于 0.1 mm 的量具测量断后标距,准确到±0.25 mm 以内。

建议:断后标距的测量应读到所用量具的分辨力,数据不进行修约,然后计算断后伸长率。

2)如果试样断在标距中间 1/3 L_0 范围内,则直接测量两标点间的长度;如果断在标距内,但超出中间 1/3 L_0 范围,可以采用移位方法(见 GB/T 228—2002 中附录 F)测定断后标距。

3)如果试样在标距中间 1/3 L_0 范围以外,而其断后伸长率符合规定量小值要求,则可以直接测量两标点间的距离,测量数据有效而不鉴定断裂位置处于何处。如果断在标距外,而且断后伸长率未达到规定最小值,则结果无效,需用同样的试样重新试验。

(2)图解方法(包括自动方法)用引伸计系统记录力—延伸曲线,或采集力—延伸数据,直至试样断裂。读取或判读断裂点的总延伸,扣除弹性延伸部分后得到的非比例延伸作为断后伸长。扣除的方法是,过断裂点作平行于曲线的弹性直线段的平行线交于延伸轴,交点即确定了非比例延伸。

引伸计的标距应等于试样的原始标距,可以不在试样上标出原始标距(但建议标出)。

建议:当断后伸长率 <5%时,使用不劣于 1 级引伸计;≥5% 时,使用不劣于 2 级引伸计。原则上断裂在引伸计标距范围内测量方为有效,但断后伸长率达到规定最小值要求时,无论断于何处测量均为有效。

仲裁试验协议选定其中一种方法。目前,自动方法还不能采用移位方法。

(3)对于不经机加工的等横截面试样,如平行长度比其标距长许多,可以标记多组相互套叠的原始标距,部分可以伸入夹持范围。拉断后,在断裂所在的这组标距上测定断后伸长率。

(4)材料的断后伸长率<5% 时,建议采用 GB/T 228—2002 中的方法或采用图解方法测定。

2. 断裂总伸长率 A_t 的测定

仅采用图解方法(包括自动方法)。引伸计标距应等于试样标距。

建议:若断裂总延伸率<5%时,使用不劣于 1 级引伸计;≥5%时,使用不劣于 2 级引伸计。试验时记录力—延伸曲线或采集—延伸数据,直至断裂。以断裂点的总延伸计算 A_t。

3. 最大力总伸长率 A_{gt} 和最大力非比例伸长率 A_g 的测定

(1)图解方法(包括自动方法)。引伸计标距应等于或近似于试样标距。建议,当最大力总延伸率<5%时,使用不劣于 1 级引伸计;≥5% 时,使用不劣于 2 级引伸计。试验时记录力—延伸曲线或采集力—延伸数据,直至超过最大力点。

取最大力点总延伸计算 A_{gt}。从最大力总延伸中扣除弹性延伸部分得到非比例延伸，扣除的方法见 GB/T 228—2002 中的图 1 所示。用得到的非比例延伸计算 A_g。当曲线在最大力呈现一平台时，应以平台的中点作为最大力点。

(2)人工方法。标准中的附录 G 提供了人工测定 A_{gt} 和 A_g 的方法，但仅适用于棒材、线材和条材等产品，而且要提供(或通过测定)材料的弹性模量 E 方能进行结果的计算，测定方法见 GB/T 228—2002 中的附录 G。

4. 屈服点延伸率 A_e 测定

仅采用图解方法(包括自动方法)。引伸计标距应等于或接近试样标距(报告中应注明引伸计标距)，使用不劣于 1 级准确度的引伸计。试验时，记录力延伸曲线或采集力—延伸数据，直至超过屈服阶段结束点(即加于硬化开始点)。经过屈服阶段结束点作平行于曲线的弹性直线段的平行线，交于延伸轴，读取交点的非比例延伸计算 A_e。

如屈服阶段结束点不易于判别，可以经过屈服阶段最后一个谷点作切线(即水平线)，然后延长加工硬化初始段的斜率线，此两线的交点作为屈服阶段结束点。

5. 上屈服强度 R_{eH} 和下屈服强度 R_{eL} 的测定

(1)图解方法(包括自动方法)。引伸计标距应≥1/2 L_0。引伸计和试验同应不劣于 1 级准确度。记录力—延伸曲线或力—位移曲线，或采集力＝延伸(位移)数据，直至超过屈服阶段。

按照定义在曲线上判定上屈服力和下屈服力的位置点，判定下屈服力时要排除初始瞬时效应的影响。上、下屈服力判定的基本原则如下：

1)屈服前第一个峰值力(第一个极大力)判为上屈服力，不管其后的峰值力比它大或小。

2)屈服阶段中如呈现两个或两个以上的谷值力，舍去第一个谷值力(第一个极小值力)，取其余谷值力中最小者判为下屈服力。如只呈现一个下降谷值力，此谷值力判为下屈服力。

3)屈服阶段中呈现屈服平台，平台力判为下屈服力。如呈现多个而且后者高于前者的屈服平台，判第一个平台力为下屈服力。

4)正确的判定结果应是下屈服力必定低于上屈服力。

上述 4 条基本原则是十分重要的，不仅对人工判定方法，而且对自动化测定方法中测定程序的编制有很大帮助。

以测得的上和下屈服力分别计算 R_{eH} 和 R_{eL}。

(2)指针方法。试验时试验人员要注视试验机测力表盘指针的指示，按照定义判读上屈服力和下屈服力。当指针首次停止转动，指不保持恒定的力判为下屈服力；指针首次回转前指示的最大力判为上屈服力；当指针出现多次回转，则不考虑第一次回转，而读取其余这些回转指示的最小力判为下屈服力；当仅呈现 1 次回转，则判读回转的最小力为下屈服力。以测得的上、下屈服力分别计算 R_{eH} 和 R_{eL}。

(3)测定过程中应注意以下几点：

1)材料呈现明显屈服状态(不连续屈服状态)时，相关产品标准应规定或说明测定上屈服强度，或下屈服强度，或两者。当相关产品标准未明确规定和说明时，测定上屈服强度和下屈服强度并报告；只呈现单一屈服状态(呈现单一屈服平台)的情况测定为下屈服强度并报告；若无异议，可仅测定下屈服强度报告。

2)当规定了要求测定屈服强度性能，但材料在实际试验时并不呈现出明显屈服状态，而呈现出连续的屈服状态，此种情况材料不具有可测的上屈服强度和（或）下屈服强度性能。建议测定非比例延伸强度($R_{p0.2}$)，并注明无明显屈服。

有可能出现上述情况的材料，建议相关产品标准规定要求测定屈服强度时，应进一步说明“当出现无明显屈服时测定规定非比例延伸强度($R_{p0.2}$)”。

3)当材料屈服力并无呈现下降或保持恒定，而是呈缓慢上升状态，只要能够分辨出力始终处在增加，尽管增加的量不大，这种状态判为无明显屈服状态。建议测定 $R_{p0.2}$ 并报告。

第三节　涂装及涂料检测技术

一、涂装

金属基材的涂装工艺主要由三大部分组成的，即前处理、涂料涂装、涂料固化。涂料涂装的目的就是把涂料按要求的厚度均匀的辊涂或喷涂覆在金属基材表面上形成均一的薄膜，涂装的涂料可分为底漆、面漆和清漆（又称罩光漆）。

二、涂料

（一）涂料分类

建筑装饰用金属及金属复合材料产品表面使用的有机高聚物涂料，按照处理工艺分为预辊涂和喷涂；涂料按种类可分为聚酯、聚氨酯、聚酰胺、改性硅酮、环氧树脂、氟碳等。预辊涂金属卷材一般采用溶剂型涂料，金属基材除液体喷涂之外还可以采用粉末喷涂涂料。

（二）涂料用颜料

颜料是涂料的重要组成部分，其作用不仅仅是具有色彩和装饰性，更重要的是改善涂料的物理化学性能，提高涂膜的机械强度、附着力、防腐性能、耐光性和耐候性等。颜料按其来源可分为天然颜料和合成颜料两大类，按其化学成分可分为无机颜料和有机颜料，按其在涂料中所起的作用可分为着色颜料、体质颜料、防锈颜料和特种颜料。

（三）涂料用填料

填料的作用是利用它较低的成本来增加干膜体积，并增强漆膜和改善涂层的光泽、流变性、流平性及抗渗水性等性能。预辊涂卷材面漆中一般用得不多，主要用在底漆和背漆中，要根据涂料配方和施工特点选用适当的填料。

（四）涂料用助剂

助剂就是涂料配方中的辅助试剂，尽管用量很少但对涂料和漆膜的性能往往起着关键的作用，所以制漆中如何正确合理地选择和使用助剂至关重要。涂料是由基料树脂、颜料、固化剂和助剂以及混合溶剂等组成的复杂体系。选用助剂时首先要考虑与其他成分是否相匹配，如碱性的助剂就不适宜用在有酸催化剂的体系中，然后才从使用效果和价格上进行选择。

目前涂料的品种很多，助剂的选择和使用是根据涂料和涂膜的不同要求而决定的。根据助剂对涂料和涂膜所起的作用分为以下 4 种类型：

(1)在涂料生产过程发生作用的助剂。如消泡剂、润湿剂、分散剂、乳化剂和引发剂。

(2)在涂料贮存过程发生作用的助剂。如防结皮剂、防沉淀剂。

(3)在涂料施工成膜过程发生作用的助剂。如催干剂、固化剂、流平剂、防流挂剂。

(4)对涂料性能发生作用的助剂。如增塑剂、消光剂、防霉杀菌剂、阻燃剂、防静电剂、光稳定剂、增光剂、增稠剂、成膜助剂、防污剂。

(五)面漆、底漆和背面漆

1. 面漆

面漆的功能是体现涂装目的的主体,即主要体现被涂装产品涂装后的装饰性(如丰富色彩、漂亮等)和耐候性(如抗辐射、耐沾污性等)以及耐腐蚀性(如酸、碱、盐等的腐蚀性)。同时要求确保面漆和底漆(底漆和面漆也一样),面漆和清漆(如需清漆)的涂料体系的层间结合力。用于预涂卷材面漆的树脂品种繁多。最早使用醇酸涂料,由于其性能不佳,不久即被氨基醇酸涂料取代。20 世纪 60 年代初转向有机溶胶、塑熔胶、聚酯及热固型丙烯酸涂料。20 世纪 60 年代中期采用了有机硅改性聚酯涂料和有机硅改性丙烯酸涂料,提高了漆膜的户外耐久性。耐久性极好的含氟树脂涂料,在 20 世纪 60 年代末被引入预涂卷材涂料中。到 20 世纪 70 年代,环境保护和节省能源的要求日益严格,促进了水性预涂涂料的发展。

目前国内用于面漆的涂料主要有聚酯涂料、丙烯酸涂料、氟碳涂料三大类。选择面漆品种时考虑以下因素:

(1)室外用还是室内用;

(2)用于室外何种环境、耐久性需多少年;

(3)加工成型的方法及程度(弯曲的半径、拉伸的深度);

(4)是否再需涂漆;

(5)有无其他的特殊性能要求。

2. 底漆

底漆的主要功能是给底材和面漆,特别是与金属底材附着较差的面漆提供良好的附着性。因此要求底漆漆膜不但和底材,而且和面漆漆膜都具有良好的附着性。底漆漆膜较薄,一般为 5 μm~10 μm。除了需具备良好的机械性能外,还应具有优异的防腐蚀性。预涂卷材中用得最多的底漆是环氧类,其他还有聚酯类、聚氨酯类等,也可采用电沉积底漆。

3. 背面防护漆

背面漆主要作用是在背面起防护作用,要求漆膜有良好的防腐蚀性、抗划伤性、抗粘连性和加工性,而没有装饰性和户外耐久性方面的要求。背面漆品种的选择主要应考虑以后的施工和使用要求。

(六)聚酯树脂涂料

聚酯涂料是由聚酯树脂配制得到的涂料。按定义来说,聚酯树脂是指主链中含酯键的高分子聚合物。从这一定义出发,醇酸树脂、饱和(无油)聚酯和不饱和聚酯这 3 种类型都应包括在聚酯树脂内。但现在习惯上的聚酯树脂是专指饱和聚酯,而不包括其他两类。这里所用聚酯一词就指饱和(无油)聚酯树脂。

人们很早就开始聚酯树脂的研究与开发。但作为涂料用的聚酯树脂和聚酯涂料到 20 世纪的 60 年代初才出现。由于聚酯树脂形成的漆膜具有优异的综合性能以及性能可调节范围宽广，还能制成不同的应用形式，如溶剂型、水性、粉末、烘干或自干的涂料产品，因此聚酯涂料一出现就很快在家电、汽车、金属家具、建材等行业得到大量使用。近年来又出现了价格合理的新型多元醇，并找到了能缩短烘烤时间的较有效的催化剂，这就促进了聚酯涂料的进一步发展。现今的聚酯涂料具有优异的加工性、耐候性、耐腐蚀性以及耐化学药品性，使它比其他涂料的用途更大。有人认为欧洲预涂卷材的飞速发展归功于聚酯涂料。1992 年聚酯涂料占欧洲预涂卷材用面漆的 63.6%，近年我国在铝塑板彩涂面漆上亦大量使用聚酯涂料。

(七)丙烯酸涂料

丙烯酸涂料是由丙烯酸树脂配制而成的涂料。丙烯酸树脂的主链是碳—碳键(键能 245.3 kJ/mol)，对光、热、酸、碱十分稳定，用它制成的漆膜色浅具有优异的户外耐久性和保光保色性，以及好的耐烘烤性。侧链可以是各种基团，通过侧链基团的选择，可以调节丙烯酸树脂的物理机械性能、溶解性、与其他树脂的混溶性及可交联性。

丙烯酸涂料主要有 3 种类型：溶剂型热固性丙烯酸涂料、水稀释丙烯酸涂料和辐射固化丙烯酸涂料。

(八)氟碳涂料概述

1. 定义与特性

氟碳涂料(Fluorocarbon Resin Coating)是以氟碳树脂(Fluorocarbon Resin)为基料的涂料，同时也包含了用其他树脂改性的涂料。氟碳树脂是以含氟烯烃如偏二氟乙烯(VDF)、氟乙烯(VF)、三氟氯乙烯(CTFE)等为基本单体进行均聚或共聚，或以此为基础与其他单体进行共聚以及侧链含有氟碳化学键的单体自聚或共聚而得到的分子结构中含有较多 C—F 化学键的一类树脂。

一般而言，氟碳树脂主链上含有一定数量氟原子。引入的氟原子是以 C—F 键的形式存在的，氟碳树脂的很多特征都体现在 C—F 上。从分子结构看，氟碳树脂内除了 C—F 键外，还有 C—H、C—O 和 C—C 等化学键，这些化学键的键能分别为 485.7 kJ/mol，414.5 kJ/mol，360.1 kJ/mol 和 347.5 kJ/mol，以 C—F 键为最高。C—F 键的引入赋予氟碳树脂以优异的耐热、不燃烧、耐各种化学物质、抗水、低温柔软性、和耐候性等性能。此外，氟碳树脂的另一个特点是表面能很低，硬度极高，具有优异的耐沾污性和“自润滑性”。

2. 氟碳树脂种类

涂料用氟树脂有热塑性和热固性两大类。热塑性氟树脂的分子中不带反应性基团，用于制备挥发固化型涂料，类似于硝基、过氯乙烯涂料。热固性氟树脂的分子中含羟基，可用氨基树脂、聚氨酯树脂交联固化，用于制备热固性氟树脂涂料，类似于氨基聚酯(醇酸)树脂涂料和双组分聚氨酯树脂涂料。

3. 热塑性氟树脂涂料

这一类氟树脂是以四氟乙烯、偏二氟乙烯为代表，通过氟烯烃的自聚，或氟烯烃与其他烯烃共聚制得，此类氟树脂不溶于有机溶剂，只能制粉末或有机溶胶，施工后在高温下烘烤，热熔融流平成涂膜。氟树脂中氟原子含量对树脂性能有影响。

PVDF 氟树脂不能单独用做涂料，是以粉末状态分散于热塑性丙烯酸树脂溶液中，氟树脂与丙烯酸树脂的比在 2∶1 范围内，外加有机溶剂(其量约为氟树脂的 2.5 倍)，制成有机溶胶(非水分散体)。如要制备色漆和颜料混合分散，制成色浆，再将 PVDF 分散其中制成有机溶胶型氟树脂色漆。

PVDF 氟树脂涂料具有前述的各种优异性能，由于高温烘烤，需要烘炉，只适合于工厂涂装，不适合施工现场的涂装。PVDF 氟树脂涂料主要用于金属建材(钢板、镀锌钢板、不锈钢板、铝板)、线圈、钢铁构件的预涂。由于高温烘烤，要求颜料耐高温，一般鲜艳颜料的使用受到限制。

4. 热固性氟树脂涂料

针对热塑性氟树脂不溶于有机溶剂、需高温烘干、光泽低、颜色单调等不足，美、欧洲、日本等国家和地区相继开发了热固性氟树脂涂料，克服了热塑性氟树脂的缺点，极大地扩大了氟树脂的应用范围。其中特别要指出的是 1982 年日本旭硝子株式会社推出了商品名称为"Lumiflon"的氟烯烃和乙烯基醚的共聚树脂(FEVE)，其研发成功地提高了含氟树脂在芳烃、酯类或酮类溶剂中的可溶性，克服了以往含氟涂料必须高温烧结的缺点，使其在室温到高温较宽的范围内固化得到光泽、硬度、柔韧性理想的透明涂膜成为可能。FEVE 树脂可以和封闭型异氰酸酯树脂(如甲乙酮肟封闭的六亚甲基异氰酸酪)或三聚氰胺树脂(如丁醇醚化三聚氰胺甲醛树脂)混合制成可高温烘烤固化的单组分产品(典型产品的固化温度为 170℃，20 min)，也可以和缩二脲多异氰酸酯或 HDI 三聚体制成双组分产品，而得到可常温交联固化的含氟聚氨酯涂料。以 FEVE 树脂制得的常温固化的含氟涂料，由于具有超常的耐候性、突出的耐腐蚀性、优异的耐化学药品性、良好的抗沾污性、耐冲洗性和方便的涂装性能，因此，广泛的应用于建筑外墙涂饰，屋顶涂饰、桥梁、金属构件、金属板材涂装等领域。

5. FEVE 与 PVDF 树脂涂料的比较

FEVE 氟树脂是一种羟基化树脂，可以中、低温烘干和常温干燥，可以配制无光和有光色漆，克服了 PVDF 氟树脂涂料部分缺点。现将 FEVE、PVDF 树脂涂料的比较列于表 2—13 和表 2—14。可以看出，FEVE 氟树脂涂料具备了氟树脂涂料的特点，部分克服了 PVDF 的不足。

表 2—13 PVDF 和 FEVE 的比较

	PVDF	FEVE
分子结构	$\left(\mathrm{C(H)(H)}-\mathrm{C(F)(F)}\right)_n$	$\left(\mathrm{C(F)(F)}-\mathrm{C(F)(X)}\right)\left(\mathrm{C(H)(H)}-\mathrm{C(H)(O{-}R)}\right)$ X—F、CF_3Cl、COOH、R_1—R_4—OH
F 原子含有量(%)	59.3	27～29
性状	粉状结晶性聚合物	液状非结晶性聚合物，溶剂可溶
涂膜形成	热熔融	交联固化
固化条件	240℃/12 min	120℃～180℃/20 min(单组分) 常温(双组分)
固化剂	—	氨基树脂或多异氰酸酯
色漆品种	限定色，单一	按需要选用，各色花色
漆膜光泽	40%以下	无光～85%
主要用途	工厂涂装，金属建材， 钢构件预涂、线圈涂装	现场施工的各种材料

表 2—14　PVDF 和 FEVE 氟树脂涂料对比

		PVDF 系	FEVE 系
树脂组成		·氟系乙烯系 ·与其他树脂并用	·氟烯烃、乙烯基醚类共聚物 ·封闭型多异氰酸酯
涂料性状		分散型	溶液性
粘性		触变型	和一般涂料相同
涂膜形成		热熔融流平	热交联反应
烘烤条件		240℃,10 min～20 min	160℃,20 min～30 min
颜色		限定色	指定色(根据耐用年数调色范围广)
光泽		无光～有光	无光～有光
涂装	单一色系	底涂→湿碰湿面涂→烘干	底涂→烘干→面涂→烘干
	金属涂料	底涂→湿碰湿面涂→烘干→罩清漆→烘干	底涂→烘干→面涂→烘干→罩清漆→烘干
期待耐用年数/年		20	20
优劣对比	颜色选择性	△	○
	光泽选择性	×	○
	涂装作业性	○	△～○
	烘炉适应性	△	○
	底材扭曲变形性	△	○
	涂膜性能	○	○

注:1. ×—△—○依次表示:差—好—优良;

2. 表中的数据来自日本大金涂料公司。

6. PVDF 氟碳涂料及其在铝塑板、铝单板等中的应用

为确保涂层在户外的耐候性,必须采用氟碳涂料进行涂装生产。最早进入我国市场的涂料公司是美国 PPG 涂料公司。到现在为止,国内 PVDF 氟碳涂料的供应商主要是美国的 PPG 涂料公司、瑞典贝格公司、美国的 VALSPAR(威士伯)公司和阿克苏·诺贝尔公司等。

PVDF 树脂是含氟聚合物中户外耐久性、耐酸雨、耐大气污染性、耐腐蚀性、抗沾污性及耐霉菌性等方面综合性能较好的一种,并且适用于在多种金属底材上涂装,得到了广泛的应用。

(1)PVDF 涂料的超耐候性

PVDF 涂料具有诸多优异性能,但最为突出的是耐候性。现通用的高装饰性、高耐候性的丙烯酸氨酯(脂肪族)涂料、丙烯酸有机硅涂料和有机硅涂料,其耐用年数一般 5 年～10 年,有机硅聚酯涂料,最高 10 年～15 年。氟树脂涂料耐用年数一般是 20 年以上,PVDF 在美国已有使用 25 年以上的实绩。早在 1965 年,Pennwalt 就开发了聚偏氟乙烯涂料的应用技术并投放市场,实现了商品化,定 Kynar 500 为树脂的品牌。图 2—1 所示为 PVDF 与有机硅聚酯等 5 种外用涂料在美国佛罗里达州曝晒 10 年的结果。

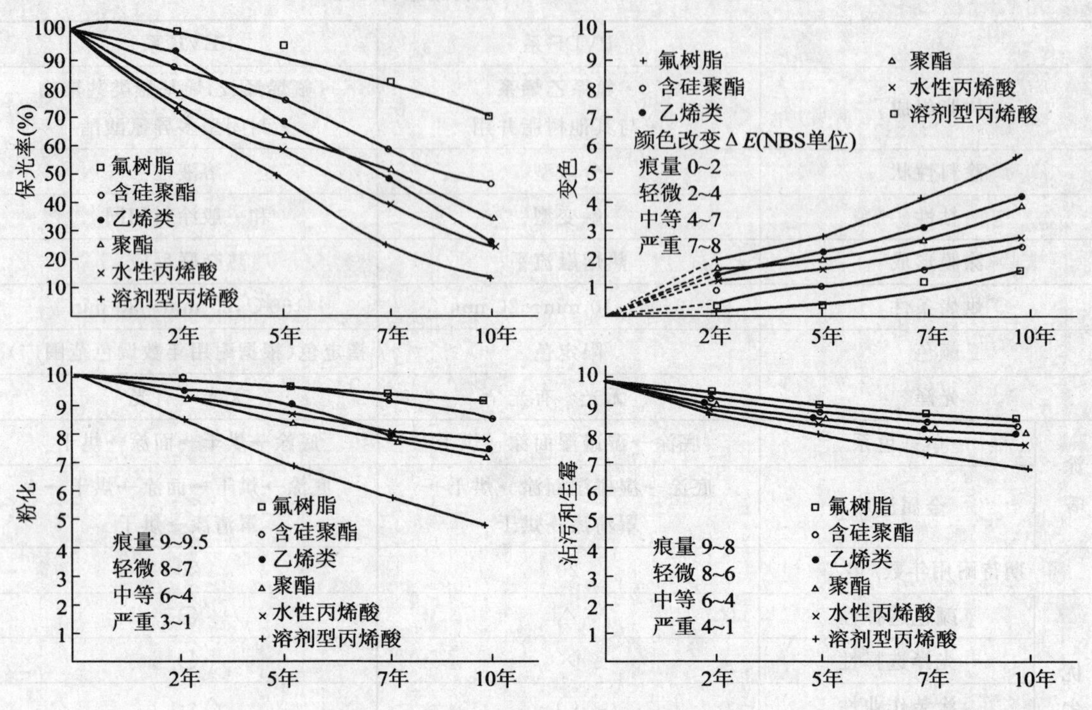

图 2—1 PVDF 等树脂涂料的耐候性试验

从图 2—1 可以看出,PVDF 氟树脂、有机硅聚酯、乙烯类、聚酯、水性丙烯酸、溶剂型丙烯酸等 6 种涂料的保光率依次是 70%、47%、27%、35%、27%和 14%;粉化等级依次为痕量(9.1)、轻微(8.5)、轻微(7.3)、轻微(7.2)、轻微(7.7)和中等(4.5);变色程度(NBS 单位)依次为痕量(1.6)、轻微(2.6)、中等(4.3)、中等(4.6)、轻微(3.1)和中等(5.9);沾污和生霉的情况依次分别是痕量(8.6)、痕量(8.0)、痕量(8.0)、痕量(8.0)、轻微(6.5)和轻微(6.4)。从以上 4 个方面评价比较,以氟树脂耐候性最优,尤其是保光率超过有机硅聚酯等涂料较多。美国佛罗里达州和我国湖南、广东的纬度相当,大气腐蚀条件较为苛刻,其曝晒试验结果具有代表性。

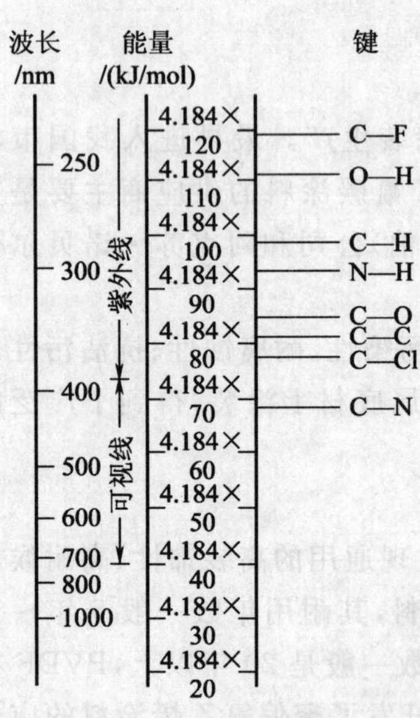

图 2—2 太阳光线能量和原子间键能的比较

PVDF 涂料的超耐候性是由分子结构所决定的。首先,F—C 键能为 485.7 kJ/mol,比其他元素的原子键能都大,比太阳光线中一般中、长波紫外线能量也大(图 2—2),氟树脂涂料不受中长波紫外线影响。只有紫外线波区中的短波能量与 C—F 键相当,能离解 C—F 键。但太阳光中这种短波紫外线易被大气圈外臭氧层吸收,到达地面时其量极少。所以氟树脂能抗大气中紫外线袭击,是耐候性优异的重要条件。

其次,F 元素是元素周期表中电负性最强的元素,对原子核外层电子吸附力强，难以阳离子化，耐酸、抗化学药品。键距短，不易极化，H_2O、Cl_2 气等难以渗透过。由于具有这些特点，氟树脂化学性十分稳定，对大气中各种腐蚀因素抗性强。

(2)PVDF 涂料的配方组成

PVDF 涂料主要由 PVDF 树脂、丙烯酸树脂、颜料、有机溶剂和助剂组成。PVDF 树脂是主要成膜组分，它决定了涂料的基本性能。PVDF 树脂在树脂组分中的质量分数不低于 70%，在涂料总固体中的质量分数不低于 40%，是保证涂料性能的基本条件。

(3)PVDF 涂料固化成膜机理

1)在常温下，PVDF 树脂只以微细的粉末形态悬浮在潜溶剂和丙烯酸树脂溶液中，保持稳定的流体分散体形态，在逐步加热的过程中，树脂开始溶涨到溶解。

2)于 170℃开始树脂溶解。

3)于 221℃～249℃溶剂挥发、树脂开始熔融成膜。

4)于 249℃～254℃保温，溶剂充分挥发无残留，树脂充分熔融而成涂膜。

涂膜的形成过程如图 2—3 所示。

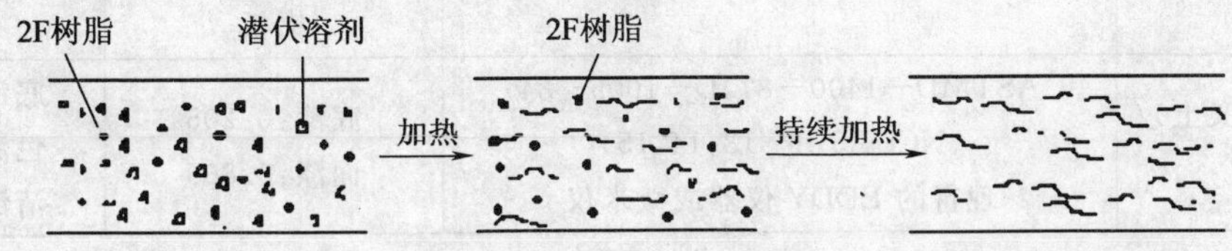

图 2—3　涂膜的形成过程

(4)PVDF 涂料的涂装

PVDF 涂料的涂装方式有辊涂、喷涂或静电粉末喷涂等。其中辊涂最为广泛，喷涂也非常流行，静电粉末只有少量应用。涂装方式及主要工艺参数见表 2—15。

表 2—15　涂装方式及主要工艺参数

条　件	辊　涂	喷　涂	粉末喷涂
板温/℃	232～249	221～249	221～249
烘干时间	30 s～60 s	10 min～20 min	10 min～20 min
底漆厚度/μm	5～8	5～10	5～10(溶剂) 20～25(粉末)
面漆厚度/μm	15～20	20～25	35～40

PVDF 涂料的涂装一般采用二涂系统，也可使用增加罩面清漆的三涂系统，三涂系统中由于罩面清漆 KYNAR500 树脂相对含最高，可以进一步提高整个涂层的耐候性、耐磨擦性和耐污染性，尤其适合高盐雾的海洋性气候或高污染地区。

由于金属闪光漆有着亮丽的光彩被广泛地采用。如果涂料选用大颗粒的金属颜料，必须增加罩面清漆。另外需要在底漆之上增加隔离涂层或设法提高底漆的耐候性，从而采用三涂或四涂系统。因为金属颗粒易被氧化，紫外线隔离也不彻底。

金属闪光漆的涂装难度也较高。预辊涂板有方向性，安装时应按规定方向裁板拼装。喷涂板不同的生产批号会有差异，成型和安装角度不同也会有差异，必须注意。如果要达到类似的金属闪光效果也可采用二涂的耐候性光云母粉颜料涂料，以便降低材料成本和加工成本。

(5)涂装后涂层的性能

PVDF 涂层具有优异的性能，特别是户外耐久性。这与 PVDF 涂料的结构有关。PVDF 涂层优异的性能主要表现在如下几个方面：

1)优异的耐户外老化性；

2)良好的耐环境老化性能；

3)很好的抗冲击、抗霉菌及抗风蚀性；

4)很好的耐腐蚀性能。

表 2—16、表 2—17 和表 2—18 所列为几家著名公司用在铝板辊涂上的 PVDF 氟碳涂料的性能。

表 2—16　美国 PPG 工业公司用在铝板辊涂上的 PVDF 氟碳涂料的性能

性　能	测试标准	DURANAR	DURANAR XLE
基材		铝板	铝板
干膜厚度(名义上)/μm	ASTMD—1400—87，D—1005—84 (NCCA5 II—13，14，15) 现行的 EDDY 仪器或微米仪	底漆：0.205 面漆：0.805	底漆：0.205 色漆：0.755 清漆：0.505
物理性能			
光泽度 Duranar LG—低光泽度系列	ASTMD—523—85，85°角 ＜10		＜10
标准系列	ASTMD—523—85，60°角	20—30	25—35
铅笔硬度	ASTMD—3363—74(1989)，(NCCA II—12) 鹰牌青石活动铅笔	HB—H	HB—H
柔韧性：T—弯	ASTMD—4145—(1990)，(NCCA II—12) 不出现裂纹，也没有漆膜脱落	1T	0T
棒轴柔韧性	ASTMD1737—85 1/8″棒轴 180°弯曲	无裂纹	无裂纹
附着力	ASTMD—3359—(1990)，(NCCA II—5) 1/16″划格、反向冲击	无附着力损失	无附着力损失
反向冲击	ASTMD—2794—(1990)，(NCCA II—6) 冲击单位(in—Ib)＝1000＊金属厚度/铝板＝2000＊金属厚度/铝板	无裂纹或附着力损失	无裂纹或附着力损失
耐腐蚀性			
耐磨损性：落沙	ASTMD—968—81(1991) 暴露出 5/32 基材所需的沙子体积(L)	最少为 50 L	最少为 50 L
Transit	合适的程序 板材应以正面对背面的方式测试	外观无毁损	外观无毁损
抗灰浆性	AAMA2605—05	无影响	无影响

续表

性　能	测试标准	DURANAR	DURANAR XLE
抗洗涤剂性	ASTMD－2248－81(1989)(1982) 浸在温度为100℉、3%的洗涤剂中72 h	无影响	无影响
抗涂写性	受损板面的清洗性 喷漆、多种记号笔	无影响	无影响
耐腐蚀性、耐化学物及污染物性			
酸性污染物	ASTMD－1308－87 10%盐酸作用15 min	无影响	无影响
	ASTMD－1308－87 20%硫酸作用18 min	无影响	无影响
	AAMA2605.3－92 70%硝酸的蒸汽作用30 min	色差<5个单位	色差<5个单位
酸雨测试	KESTERNICH 二氧化硫周期测试	最少为10周	最少为15周
抗碱性	ASTMD－1308－87 5.2,5.3程序 10%及25%的NaOH作用1 h	无影响	无影响
抗盐雾性	ASTMB－117－(1990)，(NCCAIII－2) 温度为95℉、浓度为5%的盐雾中	3 000 h通过	3 000 h通过
抗湿汽性	ASTMD－2247－87,D－714－87 温度为100℉、100%的相对湿度中	3 000 h通过	3 000 h通过
耐候性			
保色性	ASTMD－822－(1989),G23－88 ATLAS气候仪	5 000 h通过	5 000 h通过
	ASTMD－2244－(1989) 佛罗里达曝晒:朝南45°角10年	最大为5个单位	最大为5个单位
抗粉化性	ASTMD－659－86 佛罗里达曝晒:朝南45°角10年	最大为8级	最大为8级
漆膜腐蚀率	年平均腐蚀厚度(密耳) 佛罗里达曝晒:朝南45°角10年	<0.01mil/year	<0.01mil/year

注:1℉=5/9K。

表2—17　其中用在外墙铝塑复合板PVDF具体氟碳涂料的性能

	底　漆	面　漆	清　漆
涂料牌号	1PLA5411	5ZM9277	5MC91957
粘度	75 s+5 s,福特4＃杯	100 s±5 s,福特4＃杯	120 s,福特4＃杯
密度	1.27 g/cm³	1.17 g/cm³	1.13 g/cm³
固形份(%)	重量比48.5±2 体积比28.5±1.5	重量比49±2 体积比34±1.5	重量比47±2) 体积比34±1.5
覆盖率	55.80 m²/L(以20 μm干膜厚度计算)	16.7 m²/L (以20 μm干膜厚度计算)	26.78 m²/L (以12.7 μm干膜厚度计算)

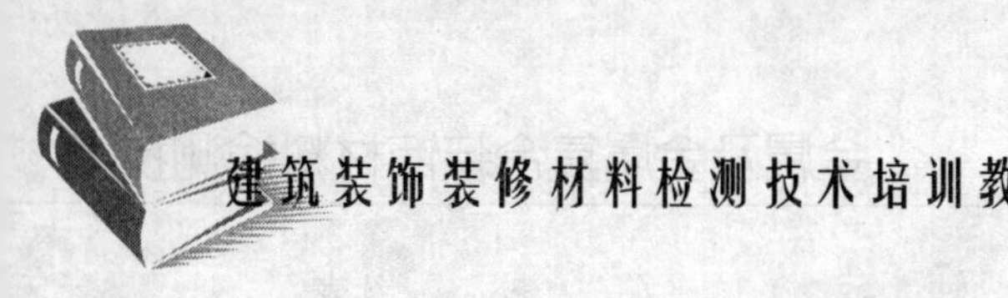

续表

	底　漆	面　漆	清　漆
前处理	底材要求适当处理	底材要求适当处理	底材要求适当处理
底漆		1PLA5411	1PLA5411 和面漆
涂布方式	胶辊辊涂	胶辊辊涂	胶辊辊涂
稀释剂	异佛尔酮	异佛尔酮	异佛尔酮
涂膜厚度	干膜 3.75 μm～6.25 μm 湿膜 13.25 μm～22.00 μm	干膜 19.1 μm～21.6 μm 湿膜 55.9 μm～63.5 μm	干膜 11.4 μm～14.0 μm 湿膜 31.8 μm～38.9 μm
烘烤温度	224℃～232℃	241℃～249℃	241℃～249℃
60 度光泽	1～12	20～30	25～35
铅笔硬度	F－2H 鹰牌铅笔	HB－F 鹰牌铅笔	HB－H 鹰牌铅笔
韧性	2T 弯曲无脱落	2T 弯曲无脱落	0～2T 弯曲无脱落
耐溶剂性	MEK 至少 15 次往返磨擦	MEK 至少 100 次往返磨擦	MEK 至少 100 次往返磨擦

表 2—18　瑞典贝格(BECKER)公司用在外墙铝塑复合板 PVDF 具体氟碳涂料性能

	底　漆	面　漆	清　漆
涂料牌号	DE－211－98302	FJ－233 系列	FM－233－0035
粘度	85 秒/福氏 4 号杯	120±5 秒/福氏 4 号杯	120±5 秒/福氏 4 号杯
密度	(1.20±0.10)g/cm³	(1.2±0.1)g/cm³	(1.15±0.1)g/cm³
固形份(%)	重量比 53±2 ASTM D1644 方法 体积比 38±2	重量比 45±2 ASTM D1644 方法 体积比 32±2	重量比 45±2% ASTM D1644 方法 体积比 32±2
覆盖率/(m²/L)	32 (12nm 干膜厚度计) 380 (1nm 干膜厚度计)	16.0 (20nm 干膜厚度计) 320 (1nm 干膜厚度计)	39 (20nm 干膜厚度计)
前处理	铬酸处理铝板	请参照建议使用底漆所述	请参照建议使用底漆所述
底漆		DE－211－98302	DE－211－98302 和面漆
涂布方式	逆向式胶辊涂布	逆向式胶辊涂布	逆向式胶辊涂布
稀释剂	ET99475 稀料	ET99507 稀料	ET99507 稀料
涂膜厚度	37nm 湿膜厚度， 11.9nm 湿膜厚度	54nm 湿膜厚度， 20nm 湿膜厚度	22nm 湿膜厚度， 8nm 湿膜厚度
烘烤温度	底板温度 224℃～232℃	底板温度 249℃～254℃	底板温度 249℃～254℃
60 度光泽	哑光	15～40 单位　ECCA　T2	33～37 单位　ECCA　T2
铅笔硬度	F－2H	F－H　ECCA　T4	F－H　ECCA　T4
韧性	(Alum 测试质材)：2T 测试于特定面漆 ECCA　T20	(Alum 测试质材)：2T 测试于特定面漆 ECCA　T20	(Alum 测试质材)：2T 测试于特定面漆 ECCA　T20
耐溶剂性	＞30 次 MEK 来回重复擦拭	＞100 次 MEK 来回重复擦拭	＞100 次 MEK 来回重复擦拭

第四节 芯料检测技术

聚乙烯是一种乳白色、半透明的蜡状热塑性树脂，是铝塑复合板重要的原料之一。自1939年英国ICI公司开始生产高压低密度聚乙烯，至今已有六十余年的历史，是世界上塑料中产量最大的品种，约占世界塑料总产量的三分之一。聚乙烯英文名为Polyethylene，简称为PE，是由乙烯单体经聚合而成的高分子聚合物，分子结构式为$\left[CH_2-C(R)H\right]_n$，式中R一般为H，亦有少许1～4个碳原子的烷基。作为塑料使用时，其相对分子质量要达到1万以上，其密度在0.910 g/cm³～0.965 g/cm³之间。

聚乙烯无毒、加工性能优良，成型工艺范围宽，吸水率极低，化学稳定性好，密度小，价格低，原料来源丰富。聚乙烯应用领域广泛，用其生产的铝塑复合板板材易折弯，易于加工，产品性能较好，因此大量用作铝塑复合板的芯材。

一、分类和品种

PE分类方法见表2—19。

表2—19 PE的分类和命名

分类方法	PE的分类和密度命名
按聚合压力分类	高压法、低压法、中压法
按工艺过程分类	高压法、淤浆法、溶液法、气相法
按相对分子质量分类	低相对分子质量(＜1万)、普通相对分子质量、高相对分子质量(＞50万)、超高相对分子质量(＞100万)
按分子结构分类	线型、非线型
按密度分类	极低密度、低密度、中密度、高密度

工业界和科技界大多采用密度来为PE分类和命名，如低密度聚乙烯(LDPE)、线型低密度聚乙烯(LLDPE)、高密度聚乙烯等(HDPE)。

二、塑料芯材性能检测方法

PE的物理机械性能与它的结晶度(密度)和相对分子质量(熔体指数)有关，因此不同密度的PE，或相同密度但不同熔体指数的PE，其物理机械性能各异。

同时，PE是一类由多种工艺方法生产的，具有不同结构，拥有范围十分宽广的物理机械性能，各种品级不尽相同，LDPE、LLDPE、HDPE具有如表2—20所示的物理机械性能。

表2—20 聚乙烯树脂的物理—机械性能

项　目	LDPE	LLDPE	HDPE
拉伸强度/MPa	6.9～13.8	20.7～27.6	24.1～31
断裂伸长率(%)	300～600	600～700	100～1000

续表

项 目	LDPE	LLDPE	HDPE
肖氏硬度	41～45	44～48	60～70
密度	0.91～0.93	0.91～0.93	0.94～0.97
熔点范围/℃	105～115	110～125	126～136
最高使用温度/℃	80～95	90～105	110～130
耐热性	差	较高	高
韧性	较好	好	差到好
挠曲强度	低	一般	高
耐环境应力开裂性	一般	最好	低到好
挤出加工性	好	一般	差

在聚乙烯料的生产和检测过程中，主要检测以下项目：密度、清洁度、熔融指数、维卡软化点、结晶度等。

(一)密度

1. 基本原理

采用 GB 1033—1986 中的 D 法——梯度管法。

2. 仪器

(1)恒温水浴：控温精度±0.1℃；

(2)天平：分度值 0.1 mg，最大称量 200 g；

(3)密度梯度管：带有磨口盖，刻有精确分度的玻璃管，直径不小于 40 mm，长度不小于 250 mm；

(4)标准玻璃浮标：经过精确校正，密度范围合适，在有效范围内均匀分布的一组；

(5)测高仪：配管装置，三角瓶、虹吸管等。

3. 玻璃浮标的制备及校准

(1)制备直径为 3 mm～8 mm，近似球形，经过充分退火的玻璃球若干个。

(2)选择合适的能配置在所需密度范围的溶液体系，注入在容积为 100 mL 的量筒中，置于(23±1)℃的恒温水浴中恒温。

(3)投入被校准的玻璃浮标，搅拌均匀，如果浮标下沉，则加入密度较大的液体，反之，加入密度较小的液体，搅拌均匀直至浮标在液中悬浮静止不动至少 30 min，测定该溶液的密度即为浮标的密度，并按此步骤测定每一浮标的密度。

(4)密度梯度柱的制备配置密度梯度柱的方法由多种，最常用的方法如图 2—4 所示，就是使注入梯度管中液体密度逐渐变小的方法。

(5)配制步骤如下：

1)先选择合适的溶液体系即轻液和重液，图 2—4 中容器 1 内的液体密度按式(2—6)计算：

$$\rho_1=\rho_2-\frac{2(\rho_2-\rho)V_2}{V} \quad (2—6)$$

式中 ρ_1——容器 1 中起始液体密度，g/cm³；

ρ_2——所需密度上限，即容器 2 中起始液体密度，g/cm³；

ρ——所需面密度下限，g/cm³；

V_2——容器 2 中起始液体的体积，mL；

V——所配梯度管的总体积，cm³。

容器 2 中所需液体的体积应大于所配梯度总体积的一半，容器 1 的液体体积可按式(2—7)计算：

$$V_1=\frac{\rho_2 V_2}{\rho_1} \quad (2—7)$$

式中 ρ_1——容器 1 中起始液体密度，g/cm³；

ρ_2——溶液 2 中起始液体的密度，g/cm³；

V_1——容器 1 中起始液体的体积，mL；

V_2——溶液 2 中起始液体体积，mL。

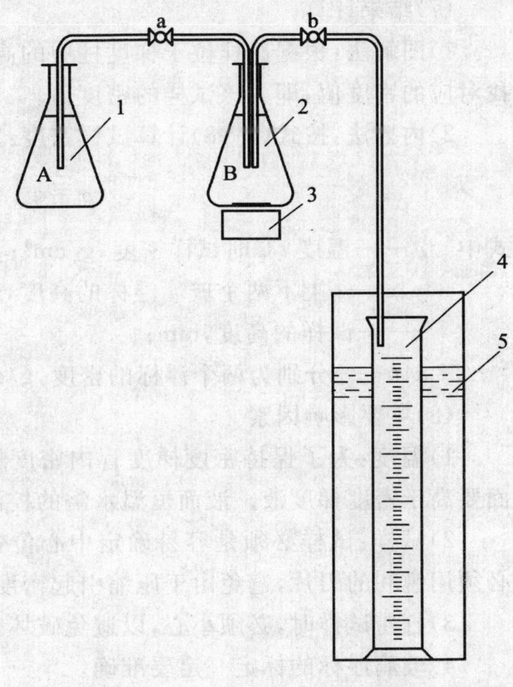

图 2—4 配置密度梯度柱示意图

1—轻液容器(A)；2—重液容器(B)；3—电磁搅拌器；4—梯度管；5—恒温水浴

2)把所配的轻、重液分别倒入容器 1 与 2 中，打开旋塞 a 和 b，立即起动电磁搅拌器，均匀搅拌，液面不能波动太大，用旋塞控制流速，使 2 中混合液缓缓沿着梯度管壁流入管中直至需液位。

3)配制梯度柱时，应无振动，流速应均匀缓缓，对 250 mm 长的梯度管，流速一般为 8 mL/min～10 mL/min。

4)根据所需密度范围，选用 5 个以上的标准玻璃浮标，在容器 1 轻液中浸湿后，沿壁轻放入梯度柱中，均匀分布在梯度柱有效范围内，盖上盖子。

5)将配制好的密度梯度柱放在温度(23±0.1)℃下静置不少于 8 h，恒温浴的液面应高于梯度柱的液面。梯度柱需放置平稳，不能有振动等任何影响梯度柱维持稳定的外界干扰，待浮标位置稳定后，测量每个浮标的几何中心高度，绘制浮标密度(ρ)—浮标高度(H)工作函数曲线图。曲线应能读到±0.0001 g/cm³ 和±1 mm，有效部分应有较好的线性关系，否则应重制。

6)标定好的密度梯度柱仍需放置在(23±0.1)℃的恒温水浴中。每次使用时需检最初校定数据，每过一定时间，需重新标定一次。

(6)测试步骤

选定 3 个试样，用容器 1 中轻液浸湿后，轻放入梯度柱中，一般试样在 30 min 内其位置趋于稳定平衡，此时测量几何中心高度，若测量薄膜试样时，高度位置稳定时间一般 2 h 或更长。

试验中若发现试样表面附有气泡时应作废。梯度柱中试样过多时，用一金属丝与网组成的打捞装置，缓缓将试样捞出，打捞速度不能高于 10 mm/min，以免破坏梯度柱的线性关系。

(7)结果计算

1)图解法:根据试样位于梯度柱中的高度从浮标密度(ρ)—浮标高度(H)工作曲线上查找对应的密度值,即为该试样的密度值。

2)内插法:按式(2—8)计算试样密度:

$$\rho_t = a + \frac{(x-y)(b-a)}{z-y} \tag{2—8}$$

式中 ρ_t——温度 t℃时试样密度,g/cm^3;

y、z——上下两个玻璃浮标的高度,mm;

x——试样的高度,mm;

a、b——分别为两个浮标的密度,g/cm^3。

(8)主要影响因素

1)温度:为了保持密度梯度管内密度梯度稳定平衡,要求温度稳定,而且恒温水浴的液面要高于密度梯度液。液面恒温水浴的控温度为±0.1℃。

2)试样:试样必须是容易确定中心位置,无空穴或其他容易形成气泡的表面缺欠、切割必须用锐利的刀片,避免由于压缩引起密度的改变。

3)打捞试样时,必须小心,以避免破坏密度梯度液面密度的线性平衡。

4)玻璃浮标的标定一定要准确。

5)观察试样的中心位置时,通常用测高仪,如用人眼观察,一定要求水平观察。

(二)清洁度

1. 检测指标

清洁度分为色粒、杂质两项指标。挤塑类 PE 分 3 个等级,要求见表 2—21。

表 2—21 PE 的清洁度技术要求

测试项目		单位	优级	一级	合格
清洁度	色粒	粒/kg 树脂	0~5	6~10	11~20
	杂质	粒/kg 树脂	0~20	21~40	41~60

2. 检测方法

目测。

(三)熔融指数(溶体流动速率)(GB/T 3682—2000)

1. 基本原理

熔体流动速率,通常作为热塑性树脂质量控制和热塑性塑料成型工艺条件的参数。它是热塑性树脂或塑料在规定温度和恒定负荷下,熔体在一定时间内流过标准毛细管的量。可以用两种方法表示:一种是以 10 min 时间熔体流过标准毛细管的重量为量度,以符号 *MFR* 表示,单位为 g/10 min;另一种是以 10 min 时间熔体流过标准毛细管的体积为量度,称为体积流动速率,以符号 *MVR* 表示,单位为 mL/10 min。通常使用第一种溶体流动速率 *MFR* 表示法。

熔体流动速率是用以区别各种热塑性塑料在熔融状态时的流动性。对同一种树脂,可以用 *MFR* 来比较其相对分子质量的大小、分布、交联程度及加工性能,以作为生产质量的控制。

2. 试验设备

熔体流动速率的测定采用熔体流动速率仪测定。仪器由主体和加热控制两部分组成，主体结构见图 2—5 所示。主体结构主要由料筒、活塞、标准口模、负荷、温度控制和温度监测装置及附属器件等组成。

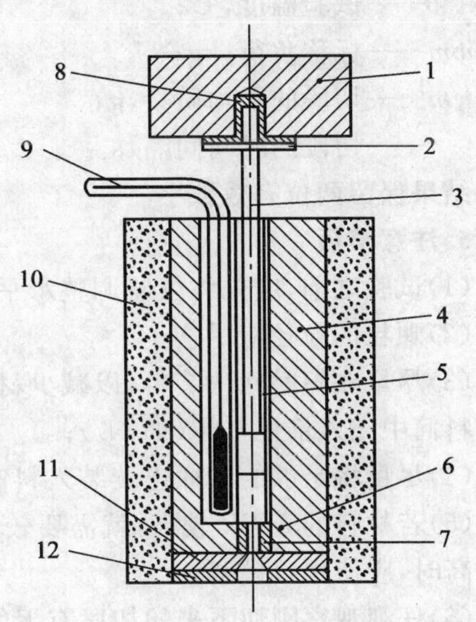

图 2—5 熔体流动速率仪示意图

1—砝码；2—砝码托盘；3—活塞；4—炉体；5—料筒；6—控温原件；7—标准口模；8—隔热套；9—温度计；10—隔热层；11—托盘；12—隔热垫

3. 试验步骤

(1)试验前应按照材料规格标准，对材料进行状态调节，必要时，还应进行稳定化处理；试样可为粉料、粒料或薄膜碎片，若从管材等产品制样，应尽量保证所切颗粒粒径较小。

(2)清洗仪器。料筒可用布片擦净，活塞应趁热用布擦净，口模可以用紧配合的黄铜铰刀或木钉清理。但不能使用磨料及可能会损伤料筒、活塞和口模表面的类似材料。所用的清洗程序不能影响口模尺寸和表面粗糙度。

(3)将仪器调至水平，接通电源，选定试验温度 190℃及切料间隔和次数，开始升温，并保证料筒在选定的温度下恒温不少于 15 min。

(4)根据预先估计的流动速率，将 3 g～8 g 样品装入料筒。装料时，用手持装料杆压实样料。对于氧化降解敏感的材料，装料时应尽可能避免接触空气，并在 1 min 内完成装料过程。根据材料的流动速率，将加负荷 2.16 kg(*MFR* 值较小的材料，如 PE、PP 等)或未加负荷的活塞(*MFR* 值较大的材料，如 PB 等)放入料筒。如果材料的熔体流动速率高于 10g/10 min，预热时就要用不加负荷或只加小负荷的活塞，直到 4 min 预热期结束再把负荷改变为所需要的负荷。当熔体流动速率非常高时，则需要使用口模塞。

(5)在装料完成后 4 min，温度应恢复到所选定的温度，如果原来没有加负荷或负荷不足的，此时应把选定的负荷加到活塞上。让活塞在重力的作用下下降，直到挤出没有气泡的细条。这个操作时间不应超过 1 min。用切断工具切断挤出物(建议设备具有自动切断装置)，然后丢弃。然后让加负荷的活塞在重力作用下继续下降。当下标线到达料筒顶面时，开始切料并计时。逐一收集按一定时间间隔的挤出物切段，以测定挤出速率，切段时间间隔取决于熔体流动速率，每条切段的长度应不短于 10 mm，最好为 10 mm～20 mm。当活塞杆的上标线达到料筒顶面时停止切割，舍弃有肉眼可见气泡的切段。

(6)切段冷却后，将保留下的切段(至少 3 个)逐一称量，准确到 1 mg，计算平均质量。如果单个称量值中的最大值和最小值之差超过平均值的 15%，则舍弃该组数据，并用新样品重新做试验。从装料到切断最后一个样条的时间不应超过 25 min。

4. 结果表示

熔体质量流动速率(*MFR*)值的计算如式(2—9)：

$$MFR(\theta, nom) = \frac{600\ m}{t} \tag{2—9}$$

式中 θ——试验温度,℃;

nom——标称负荷,kg;

m——切段的平均质量,g;

t——切段的时间间隔,s。

结果保留两位有效数字。

5. 注意事项

(1)试验之前,应先将仪器调整水平;

(2)颗粒的粒径应尽量小;

(3)尽量在短时间内装料,以减少材料因高温氧化,对于氧化降解敏感的材料,可在装料前在料筒中充入惰性气体(如 N_2);

(4)尽量将足够的试样连续装入料筒,并压实,尽量排除料筒里的空气;

(5)若材料的 *MFR* 较高,就需要较多的试样,同时在预热时不加或者少加负荷,当 *MFR* 非常高时,应使用口模塞;

(6)仔细观察刚切下来的切段有无气泡,若有气泡,该切段应舍弃。

(四)维卡软化点(GB/T 8802—2001)

1. 基本原理

把试样放在液体介质或加热箱中,在等速升温条件下测定标准压针在(50±1)N 力的作用下,压入从管材或管件上切取的试样内 1 mm 时的温度,该温度即为试样的维卡软化温度(*VST*)。该指标为塑料耐热性指标之一。

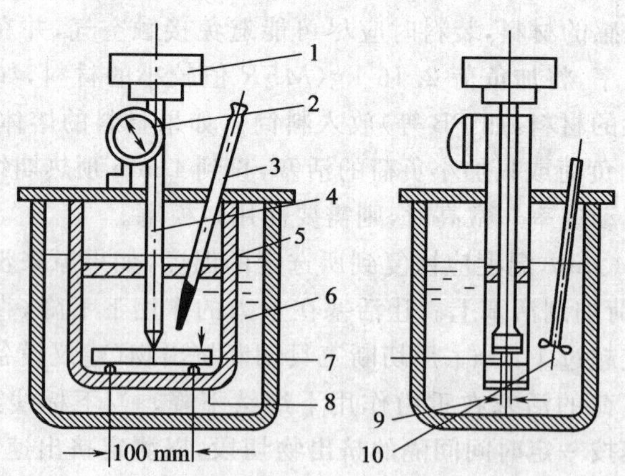

图 2—6 热变形温度检验装置示意图

1—负荷;2—百分表;3—温度计;4—负载杆及压头;5—支架;
6—液态介质;7—试样;8—试样高;9—试样宽;10—搅拌器

2. 试验设备

可采用液浴槽或烘箱加热装置(图 2—6),宜采用加热温度及压入深度可自动记录的设备,现在最常用的是维卡试验机。选用合适的液体(液体石蜡、变压器油、甘油和硅油等),应保证在测试温度下是稳定的,并且在测试中对试样不产生影响,如软化、膨胀、破裂。

3. 试验步骤

试样要求厚度在 3 mm～6 mm，长和宽(或直径)分别为 10 mm 以上，超过 6 mm 厚度的板材应单面加工成 3 mm～4 mm 厚，安装时应将加工过的面朝下。如果厚度不足 3 mm 的，可用 2 块或 3 块试样叠合起来进行测定。式样的制备方法和调节情况对测试结果有一定影响。

将加热浴槽温度调节至约低于试样软化温度 50℃并保持恒温。将试样水平放置在无负载金属杆的压针下面，试样和仪器底座的接触面应是平的，压针端部距试样边缘不小于 3 mm。压针定位 5 min 后，在载荷盘上加上所要求的重量，以使试样所承受的总轴向压力为(50±1)N，并将初始位置调至零点。以每小时(50±5)℃的速度等速升温，提高浴槽温度，在整个过程中应开动搅拌器。当压针压入试样内(1±0.01)mm 时，记录此时的温度，此温度即为该试样的维卡软化温度。

4. 数据处理

两个试样的维卡软化温度的算术平均值，即为所测试管材或管件的维卡软化温度。若两个试样结果相差大于 2℃时，应重新取不少于两个的试样继续试验。

5. 注意事项

(1)应严格按照规定进行制备试样，以免因尺寸达不到要求而损坏设备或造成偏差；

(2)试样应从没有合模线或注射点的部位切取；

(3)试验前，将加热浴槽温度调节至约低于试样软化温度 50℃并保持恒温；

(4)压针定位 5 min 后，再加上砝码，不要将试样放在压针下面就开始试验。

第五节　粘结材料检测技术

一、热熔胶粘剂简介

热熔胶粘剂作为一种广泛应用的粘结材料问世已有几个世纪，20 世纪 50 年代以聚合物为基料的热熔胶粘剂开始在市场出现。热熔胶已由天然产物(例如：松香)发展到以合成聚合物为基体树脂的阶段，广泛地使用在造纸及包装等领域，在工业和日常生活中的重要性越来越显著。

热熔胶粘剂通常是指在室温下呈固态，加热熔融成液态，涂布、浸润被粘物后，经压合、冷却，在几秒钟内完成胶接的胶粘剂。

热熔胶粘剂由基体树脂、增粘剂、抗氧剂等几种成分配合而成。基体树脂是起主要粘结作用的物质，应具有以下性能：受热时易熔融；比较好的热稳定性，在熔融温度下不发生氧化分解，并有一定的耐久性；耐热、耐寒，具有一定的柔韧性；与所选的配合成分相容性好，对被粘物有较好的适应性，有较高的粘结强度；粘度可以在一定温度下调节；色泽尽量浅。

常用热熔胶基料有：聚烯烃，乙烯—醋酸乙烯共聚物(EVA)、聚氨酯、聚酰胺，乙烯—丁二烯—苯乙烯(SBS)、苯乙烯—异戊二烯—苯乙烯(SIS)。

热熔胶粘剂广泛地应用于包装、书籍、木工、建筑、电气、汽车、纺织、服装、铝塑复合管、铝塑复合板等领域。

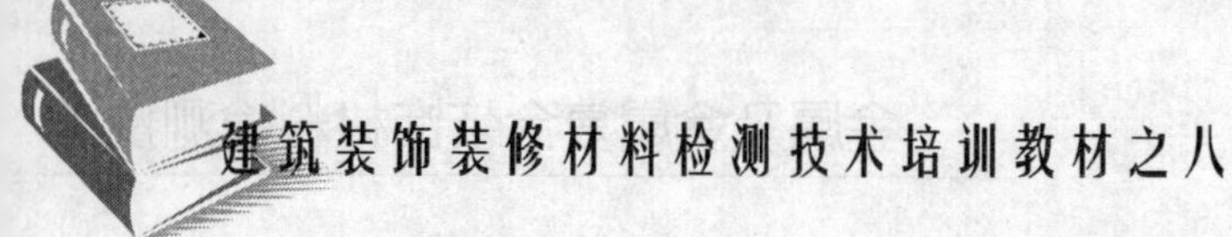

二、热熔胶产品的生产概况

1938年,英国帝国化学工业公司申请了EVA专利,1946年美国杜邦公司也申请了EVA专利。但是,直到1960年,才由杜邦公司采用高压法工艺实现EVA的工业化生产。随后,EVA等热熔胶产品在世界上得到迅速发展。

全球主要热熔胶生产商有:英国埃克森公司(Exxon)、美国杜邦公司(DuPont)、日本三井公司、日本三菱公司、美国陶氏化学公司(DOW)、美国联合碳化学公司(UCC)、法国ELF、韩国SK公司、韩国LG公司等。

三、粘结树脂

铝塑复合板用粘结树脂(以下简称粘结树脂)主要有两类:以酸酐改性的聚乙烯为基体树脂和以酸酐改性的乙烯—醋酸乙烯共聚物为基体树脂。蜂窝板用粘结树脂主要是聚氨酯。

四、影响粘结强度的因素

(一)影响粘结强度的物理因素

影响粘结强度的物理因素包括表面粗糙度、表面处理程度、渗透性能、迁移性能、压力、负荷应力和内应力。

(二)影响粘结强度的化学因素

影响粘结强度的化学因素主要指分子的极性、相对分子质量、分子形状(侧基多少及大小)、相对分子质量分布、分子的结晶性、pH值、分子对环境的稳定性(转变温度和降解)以及胶粘剂和被粘体中其他组分性质等等。

五、粘结破坏机理

粘结破坏发生在接头最薄弱的地方,不一定总是发生在胶粘剂和被粘物的界面上。破坏的形式有:

内聚破坏——破坏发生在胶粘剂层内;

粘附破坏——破坏发生在胶粘剂与被粘物界面上;

被粘材料破坏——破坏发生在被粘材料内部;

混合破坏——即胶粘剂的内聚破坏、粘附破坏与被粘材料破坏的混合。

胶粘剂或被粘材料破坏是理想的破坏形式即100%的内聚破坏,因为这种破坏在材料粘结时能获得最大强度。

例如,在铝塑复合板的生产过程中,我们也可以看到铝塑复合板剥离时粘结树脂发生内聚破坏,可以看到铝皮上残留有一薄层白色粘结树脂,此时铝塑剥离强度达到理想状况。

六、粘结树脂性能和检测

粘结树脂是生产时的重要原料,其性能好坏直接影响到金属复合材料产品的质量。粘结树脂的性能可分物理化学性能和力学性能。与其生产比较密切的物理化学性能有密度、熔点、熔融粘度、软化点、热稳定性、硬度、熔体指数等,力学性能主要体现在粘结强度和剥离强度上。

1. 物化性能测试

(1)松装密度

松装密度指在无振动或挤压情况下，单位体积(包括空隙在内)物质的质量。松装密度与颗粒大小和分布状况有关。松装密度可按图 2—7 所示装置进行测定。测定时，将试样装入大口径漏斗内，粉料经振动器振动而漏入体积为 100 mL 的容器内。待粉体装满容器后，用小竹片刮平。称取容器中粉体的质量，按式(2—8)计算松装密度：

$$松装密度(g/cm^3)=粉体质量(g)/100(mL) \qquad (2—8)$$

(2)熔体指数

熔体指数简称 MI，是反映热熔胶的热流动性能及相对分子质量大小的指标，以在一定的温度和负荷下，其熔体在 10 min 内通过标准毛细管的质量值(g/10 min)来表示。熔体指数可通过熔体指数仪(图 2—8)测定。

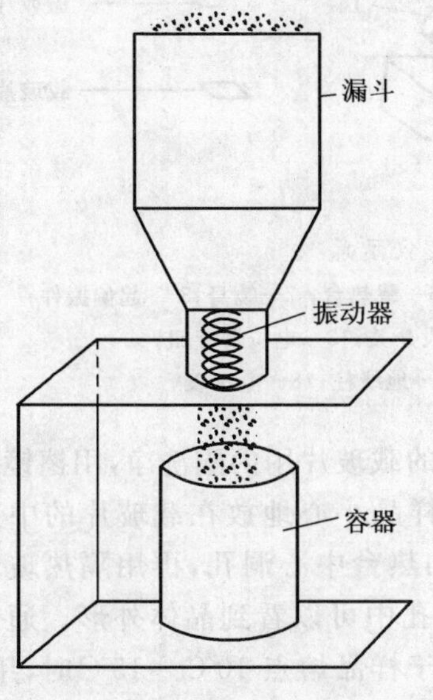

图 2—7 松装密度测定装置

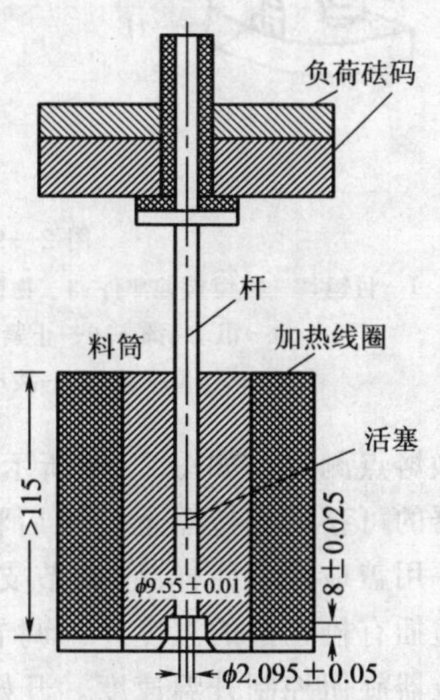

图 2—8 熔体指数仪示意（单位：mm）

测定方法：取试样 4 g～8 g 置于料筒内，加热 5 min～6 min 使试样预热熔融。然后在活塞上部加负荷砝码(一般为 2.16 kg)，将熔融体从出料口挤出。每隔 0.5 min 或 1 min 取样一次，切取 5 个切割面，分别称其质量，并按式(2—10)计算：

$$MI=\frac{600m}{t}(g/10\ min) \qquad (2—10)$$

式中 m——切割段的平均质量，g；

t——取样时间，s。

(3)熔点或熔程

熔点是物质在其蒸气压下液态—固态达到平衡时的温度，因热熔胶多数是共聚物，不能测其熔点，只能确定其从开始熔化至全部熔化的温度范围，即熔程。推荐的测定方法有显微熔点仪法和示差扫描量热法。

显微熔点测定仪法是用显微镜观察样品受热变化的情况，如升华、分解、脱水和多晶型物质的晶型转化等，以确定样品熔点的方法。该法可测高熔点的样品，也可测微量样品的熔点。

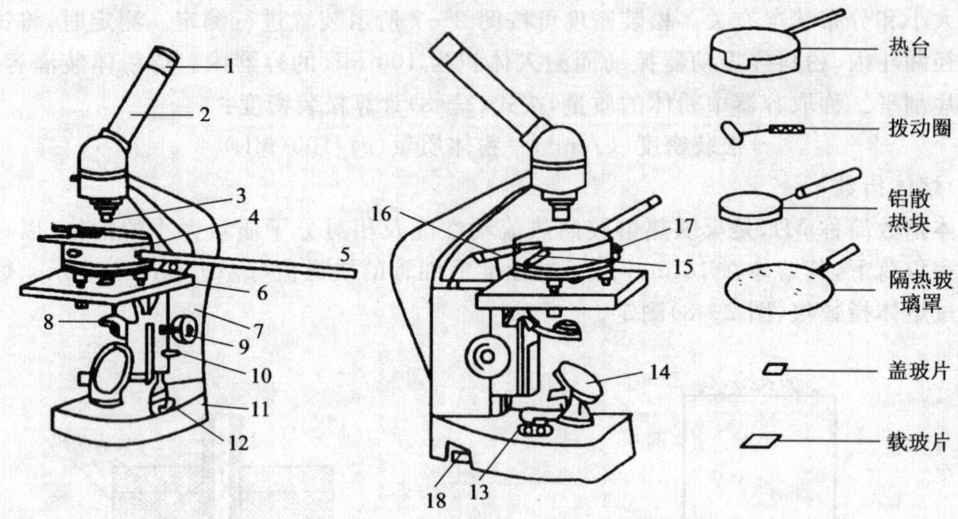

图 2—9　X一型显微熔点测定仪示意

1—目镜；2—棱镜检偏部件；3—物镜；4 —热台；5—温度计；6—载热台；7—镜身；8 —起偏振件；9—粗动手轮；10—止紧螺钉；11—底座；12—波段开关；13—电位器旋钮；14—反光镜；15—拨动圈；16—上隔热玻璃；17—地线柱；18—电压表

显微熔点测定仪如图 2—9 所示。测定时先将特殊的载玻片用丙酮洗净，用擦镜纸擦干，放在仪器的可移动支持器上。然后将微量经过研细的样品小心地放在载玻片的中央(不可堆积)，并用盖玻片盖住样品，调节支持器使样品对准加热台中心洞孔，再用隔热玻璃罩住，加热台边插有校正过的温度计。调节镜头焦距，使从镜孔中可以看到晶体外形。通电加热，调节电位器旋钮控制升温速度。开始可快些，当温度低于样品熔点 10℃～15℃时，用微调旋钮控制升温速度不超过 1℃/min。仔细观察样品变化，当晶体棱角开始变圆时的温度即为初熔温度，晶体完全消失时的温度即为全熔温度，做好记录。测好熔点后停止加热。拿去隔热玻璃，用镊子取去载玻片，把铝散热块放在加热台上加速冷却。另换载玻片，重复测定 2 次～3 次。

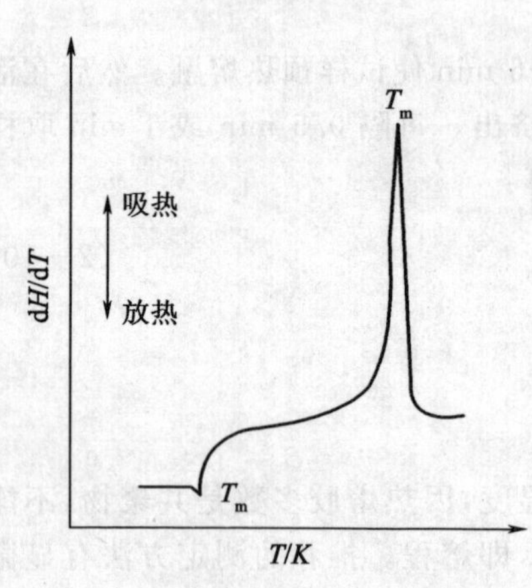

图 2—10　低压聚乙烯 DSC 热谱图

示差扫描量热法(DSC)是在程序控制温度条件下，测量输入给试样与参考物的功率差与温度关系的一种热分析方法。测量时，将试样与惰性参考物放在同一条件下受热，当试样放出或吸收大量热量时，试样与参考物的温度就产生差值，利用一热量补偿器提供热量给试样或参考物，维持温差为零，此时可获得补偿热量 ΔH 随温度变化的热谱图。根据热谱图峰值的位置可确定熔点范围。在热谱图上，吸热峰取正值，放热峰取负值。图 2—10 为低压聚乙烯的 DSC 热谱图。

(4)软化点

软化点是指以一定形式施以一定负荷，并按规定升温速率加热到试样变形达到规定值的温度。软化点是粘结树脂流动开始温度，是表征粘结树脂质量和工艺性能的指标，可作为粘结树脂的耐热性、熔化难易程度及露置时间的大概衡量尺度，也是选择粘结树脂的参考数据。一般而言，高软化点的胶的玻璃化温度也高，耐热性较高。在生产中，幕墙板要求粘结树脂有比较高的软化点，比普通内装饰板要求严格。

软化点采用 GB/T 15332—1994 规定的环球法测定。

1)方法原理：把确定质量的钢球置于填满试样的金属环上，在规定的升温条件下，钢球进入试样，从一定的高度下落，当钢球触及底层金属挡板时的温度，视为软化点。

2)测试仪器：测定装置，如图 2—11 所示，由钢球、环架金属板、钢球定位环、试样环、环架、烧杯、温度计等组成。此外还有加热器、刮刀、瓷板、瓷坩埚、传热介质。

3)试样制备：取一定量的实验室样品放在瓷坩埚内，将其置于适当的传热介质中。加热样品至熔化，记录开始熔化的温度，继续加热使其完全熔化，直至其温度超过开始熔化的 25℃～50℃。在熔化和升温的整个阶段应搅动试样，使其完全成为均匀且无气泡的液体。另外把试样环加热到与熔化试样相同的温度，再将其放在瓷板上。用足够量的熔化的试样填满试样环，使其在冷却之后稍有多余。在空气中冷却 30 min，然后用稍加热的刀除去多余的试样。

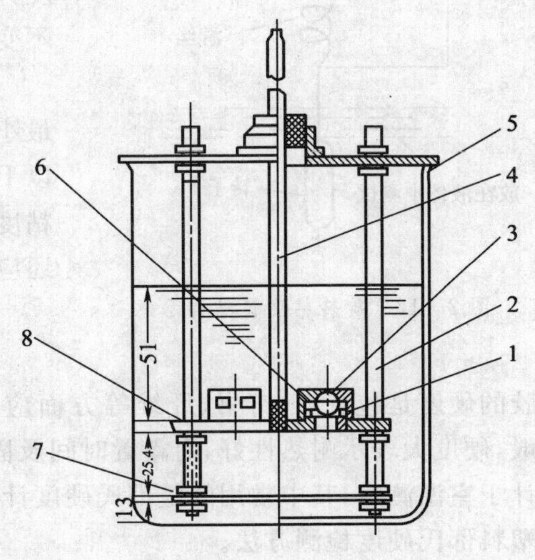

图 2—11　软化点测定装置

1—试样环；2—环架；3—钢球；4—温度计；5—烧杯；6—小钢球定位环；7—金属平板；8—环架金属板

4)操作步骤：准备好仪器，悬挂好温度计，使温度计的底部位于试样环平面，并与两环的距离相等，调节环架成水平状。

把装有试样的试样环放入环架，装上定位器。将环架及钢球放入装有加热介质的烧杯中，如果软化点温度低，需将加热介质冷却至 0℃。在初始温度稳定 15 min，再将钢球放入限位器中心的试样表面上。插上温度计，装上搅拌器，在搅拌下，以(4.0±0.5)℃/min 的速度加热升温，直至树脂变软，钢球从环中落至底板上，此时的温度就是环球式软化点。

终止试验，将钢球从烧杯中捞起，清理干净装置和烧杯中的树脂。

5)结果表示：两次测定温度的允许差为 0.5℃。

(5)熔融粘度

1)方法原理：粘度是流体的内摩擦，是一层流体相对另一层流体作运动时的阻力，即液体流动的阻力，单位以 Pa·s 或 mPa·s 表示。熔融粘度是表征粘结树脂质量的重要指标之一，是粘结树脂流动性的尺度，是共挤出吹膜和贴膜法复合工艺的重要数据。粘度大小关系到对被粘物的润湿、浸透性及工艺温度的设置。

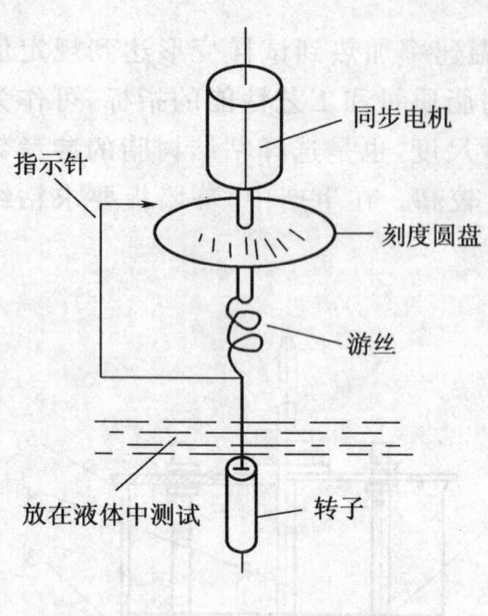

图 2—12 旋转粘度计结构示意

2)测试仪器：熔融粘度用旋转温度计测定，旋转温度计的结构如图 2—12 所示。

3)操作步骤：测定时把预先熔融的热熔胶试样约 500 mL 放入圆筒容器中，将该容器放入恒温浴中，使试样温度与测定温度平衡，然后将转子垂直浸入试样中心部位，并使液面达到转子液位标线，开动旋转动度计，转子旋转 30 s～60 s，读取旋转时指针在圆盘上不变时的读数。

4)结果表示：每个试样测定 3 次，取 3 次测定中最小的一个读数值，将读数按粘度计规定进行计算，以 Pa·s 或 mPa·s 表示。最好能测定各个温度下的粘度值，以掌握该胶的熔融粘度与温度的关系，同时，还应注意在环境温度恒定的条件下测定。

(6)硬度

硬度是材料对压印、刮痕等外力的抵抗能力。热熔胶的硬度是包装纸、钉书、纤维等方面应用时重要的物性值，也是胶耐热性的大概尺度。一般，硬度大表示耐热性好，而露置时间及固化时间较短。硬度可用弹簧式硬度计或橡胶硬度计于室温测定，其中常用的是邵氏硬度计，故硬度的数值常表示为邵氏硬度。下面介绍一下塑料邵氏硬度检测方法。

1)基本原理

邵氏硬度分为邵氏 A 和邵氏 D。邵氏 A 适用于较软的塑料，邵氏 D 适用于较硬的塑料。本方法不适用于泡沫塑料(除非产品标准另有规定时)。

本方法是使用邵氏硬度计，将规定形状的压针，在标准的弹簧压力下压入试样，把压针压入试样的深度转换为硬度值来表示塑料的邵氏硬度。

2)试样

①试样应厚度均匀，表面光滑、平整、无气泡、无机械损伤及杂质等。

②用 A 型硬度计测定硬度，试样厚度应不小于 5 mm。用 D 型硬度计测定硬度，试样厚度应不小于 3 mm。除非产品标准另有规定时。

注：试样允许用两层，最多不应超过 3 层叠合成所需厚度，并应保证各层之间接触良好。

③试样大小应保证每个测量点与试样边缘距离不小于 12 mm，各测量点之间的距离不小于 6 mm。

注：可以加工成 50 mm×50 mm 的正方形或其他形状的试样。

④每组试样测量点数不少于 5 个，可在一个或几个试样上进行。

3)试验设备

①本试验必须用 A 型和 D 型邵氏硬度计。

②硬度计主要由读数度盘、压针、下压板及对压针施加压力的弹簧组成。压针的尺寸及其精度应符合图 2—13 和表 2—22 的要求。

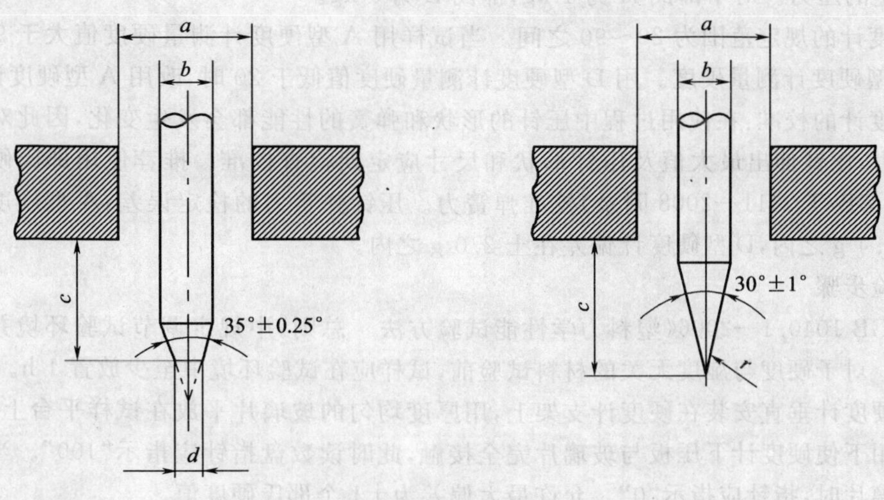

图 2—13　压针示意图

表 2—22　邵氏硬度计(A 型,D 型)的压针　　　　单位:mm

a	ϕ3.00±0.50
b	ϕ1.25±0.15
c	2.50±0.04
d	ϕ0.79±0.03
r	R0.1±0.012

A. 读数度盘:为 100 分度,每一个分度为一个邵氏硬度值。当压针端部与下压板处于同一水平面时,即压针无伸出,硬度计度盘应指示"100"。当压针端部距离下压板(2.50±0.04)mm 时,即压针完全伸出,硬度计度盘应指示"0"。

B. 弹簧力:压力弹簧对压针所施加的力应与压针伸出压板位移量有恒定的线性关系。其大小与硬度计指针所指刻度的关系如式(2—11)所示:

a. A 型硬度计:

$$F_A=56+7.66H_A(\text{gf}^{①})\text{或}F_A=549+75.126H_A(\text{mN})\qquad[2—11(a)]$$

b. D 型硬度计:

$$F_D=45.36H_D(\text{gf})\text{或}F_D=444.83H_D(\text{mN})\qquad[2—11(b)]$$

式中　F_A、F_D——分别为弹簧施加于 A 型和 D 型硬度计压针上的力(gf)或(mN);

H_A、H_D——分别为 A 型硬度计和 D 型硬度计的读数。

C. 下压板:为硬度计与试样接触的平面,它应有直径不小于 12 mm 的表面。在进行硬度测量时,该平面对试样施加规定的压力,并与试样均匀接触。

D. 测定架:应备有固定硬度计的支架、试样平台(其表面应平整、光滑)和加载重锤。试验时硬度计垂直安装在支架上,并沿压针轴线方向加上规定重量的重锤,使硬度计下压板对

① 1gf=9.81mN。

试样有规定的压力。对于邵氏 A 为 1 kg,邵氏 D 为 5 kg。

E. 硬度计的规定范围为 20～90 之间。当试样用 A 型硬度计测量硬度值大于 90 时,改用邵氏 D 型硬度计测量硬度。用 D 型硬度计测量硬度值低于 20 时,改用 A 型硬度计测量。

F. 硬度计的校准:在使用过程中压针的形状和弹簧的性能都会发生变化,因此对硬度计的弹簧压力,压针伸出最大值及压针形状和尺寸应定期检查校准。推荐使用邵氏硬度计检定仪(参见 GB/T 2411—2008 附录)校准弹簧力。压针弹簧力的检定误差:A 型硬度计要求偏差在±0.4 g 之内,D 型硬度计偏差在土 2.0 g 之内。

4)试验步骤

①按 GB 1040.1—2006《塑料力学性能试验方法　总则》中规定调节试验环境并检查和处理试样。对予硬度与湿度无关的材料试验前,试样应在试验环境中至少放置 1 h。

②将硬度计垂直安装在硬度计支架上,用厚度均匀的玻璃片平放在试样平台上,在相应的重锤作用下使硬度计下压板与玻璃片完全接触,此时读数盘指针应指示“100”。当指针完全离开玻璃片时,指针应指示“0”。允许最大偏差为±1 个邵氏硬度值。

③把试样置于测定架的试样平台上,使压针头离试样边缘至少 12 mm,平稳而无冲击地使硬度计在规定重锤的作用下压在试样上,从下压板与试样完全接触 15 s 后立即读数。如果规定要瞬时读数,刚在下压板与试样完全接触后 1 s 内读数。

④在试样上相隔 6 mm 以上的不同点处测量硬度 5 次。取其算术平均值。

注:如果试验结果表明,不用硬度计支架和重锤也能得到重复性好的结果,也可以用手压紧硬度计直接在试样上测量硬度。

5)结果的计算与表示

①读数度盘上得到的读数即为所测定的邵氏硬度值,用符号 H_A 或 H_D 分别表示邵氏 A 和邵氏 D 的硬度。例如:用邵氏 A 硬度计测得硬度值为 50,则表示为 H_A50。

②试验结果以一组试样的算术平均值表示。

(7)热稳定姓

1)基本原理:粘结树脂的粘结过程必须在熔融状态下进行,在这种状态下,随着加热时间的增加,粘度稳定一段时间后开始逐渐变大,颜色逐渐变深,到了一定时间就会出现结皮或结炭现象,这称之为热熔胶的老化。因复合工艺需要,对粘结树脂的热稳定性有一定要求,在熔融状态下不发生氧化分解、不变色。测定热熔胶的热稳定性,以便了解随加热时间的延长,热熔胶的粘结强度、粘度、颜色、气味的变化情况以及有无胶膜、杂质生成。

2)热稳定性可通过热失重分析法确定,为此可进行恒温失重和等速升温失重的试验,使样品处于程序控制的温度下,观察样品的质量随温度或时间的函数,得到热失重曲线。试验结果如图 2—14 和图 2—15 所示。

由图 2—14 可知:热熔胶在 160℃恒温 8 h,基本上无失重现象;而在 180℃下 2 h 前没有失重,6 h 失重仅 0.3%,8 h 失重 0.6%。热熔胶的熔融粘结通常是在 140℃～160℃进行的,并且时间很短。由图 2—15 可知:在进行等速升温时,250℃以下都没有失重,270℃失重仅为 0.6%,320℃失重 3.8%。从以上分析表明:该热熔胶的热稳定性相当好,完全可以满足使用要求。

3)热稳定性还可按 GB/T 16998—1997《热熔胶粘剂热稳定性测定》规定的方法测定。

①方法原理:将一定量的热熔胶在给定条件下加热,以一定的时间间隔取出样品,记录

加热期间粘度和软化点的数值。

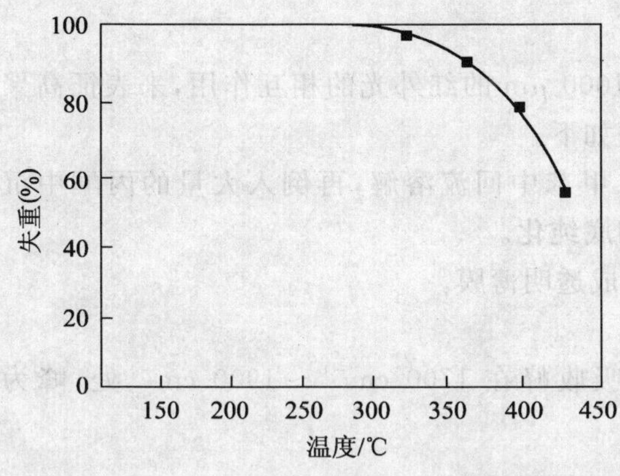

图 2—14 热熔胶恒温失重曲线

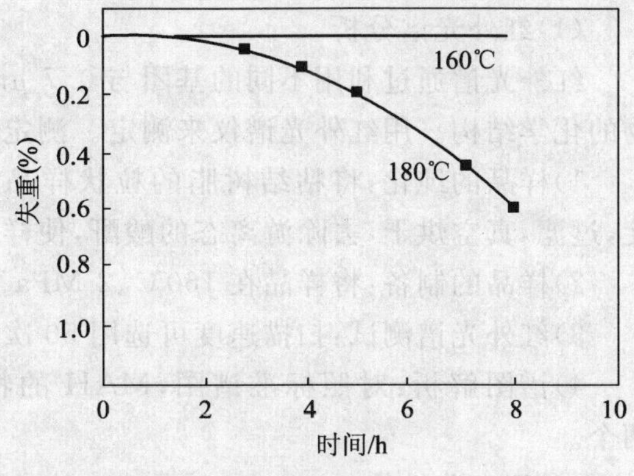

图 2—15 热熔胶等速升温失重曲线

②测试仪器：玻璃容器、恒温烘箱、玻璃棒、环球软化点测定装置、粘度测定装置、温度计(分度值 0.1℃)。

③操作步骤：

A. 将玻璃容器放入恒温烘箱中，将温度调节至所需试验温度。

B. 将足量的试样放入容器中，用玻璃棒搅拌试样直至完全熔融，将温度计插入试样中，测量温度。从该点开始计时。在试验温度±2℃范围内连续加热 2 h 以达到平衡。

C. 在试验温度±2℃范围内按 GB/T 2794—1995 测定黏度，GB/T 15332—1994 测定软化点。

D. 以 4 h～6 h 的时间间隔，重复③中所述的全部操作，直至达到预定的试验时间为止。

E. 观察并记录下列情况：a. 胶黏剂表面是否形成表皮；b. 是否发烟；c. 是否出现相分离现象；f. 是否出现相凝胶现象；g. 是否出现沉淀物；h. 是否出现颜色变化。

④结果表示：将各加热时间间隔(以 h 计)测得的黏度值(Pa·s)和软化点值(以℃计)列表。

2. 金属复合材料粘结强度的测定

对于复合材料，粘结树脂的作用是将金属面板和芯材牢固地粘结(复合)在一起，粘结牢固程度是厂家和用户最关心的问题。评价粘结牢固程度最常用的方法就是测定粘结强度。

粘结强度是指在外力作用下，使粘结件中的胶粘剂与被粘物界面或其邻近处发生破坏所需要的应力。粘结强度大小不仅取决于粘结力、胶粘剂的力学、被粘物的性质、粘结工艺，而且还与接头形式、受力情况(种类、大小、方向、频率)、环境因素(温度、湿度、压力、介质)和测试条件、实验技术等有关。

粘结接头在外力作用下胶层所受到的力，可以归纳为剪切、拉伸、不均匀扯离和剥离 4 种形式。根据受力情况的不同，粘结强度具体可分为剪切强度、拉伸强度、剥离强度、不均匀扯离强度、压缩强度、冲击强度、弯曲强度、扭转强度、疲劳强度、蠕变强度等。对铝塑板生产来说，主要测定拉伸强度和剥离强度。蜂窝板主要测定平面拉伸强度、剪切强度、弯曲强度和剥离强度。这些方法将在产品检测技术中介绍。

3. 其他测试

(1)红外光谱分析

红外光谱通过利用不同的基团与 0.7 μm～1000 μm 的红外光的相互作用，来表征高聚物的化学结构。用红外光谱仪来测定。测定方法如下。

1)样品的纯化：将粘结树脂的粒状样品在二甲苯中回流溶解，再倒入大量的丙酮中沉淀，过滤，真空烘干，去除游离态的酸酐，使样品彻底纯化。

2)样品的制备：将样品在 160℃、2 MPa 下压成透明薄膜。

3)红外光谱测试：扫描速度可选用 50 次/秒。

4)谱图解析：对照标准谱图，MAH 的特征吸收峰在 1700 cm^{-1}～1900 cm^{-1} 处，峰为两个。

(2)耐老化性能

在试验技术上，我们常常用热氧老化、氙光模拟环境老化、户外曝晒灯等手段来表征材料的耐老化性能。

对粘结树脂而言，重要的是热氧老化性能，常用循环老化试验方法来表征。

铝塑板循环老化试验方法如下，铝蜂窝板等层间金属复合材料老化试验可参照该方法。

1)复合板结构：中间层 LDPE(3 mm)/胶膜(50 μm)/AL 板(0.5 mm)；

2)温度循环条件：样品在－40℃放置 2 h，再在 80℃放置 2 h，反复循环；

3)取样周期：每 30 次循环；

4)试样：25 mm 宽铝塑板；

5)粘结试验：180°剥离试验或滚筒剥离试验。

6)循环试验老化试验的结果见图 2—16。

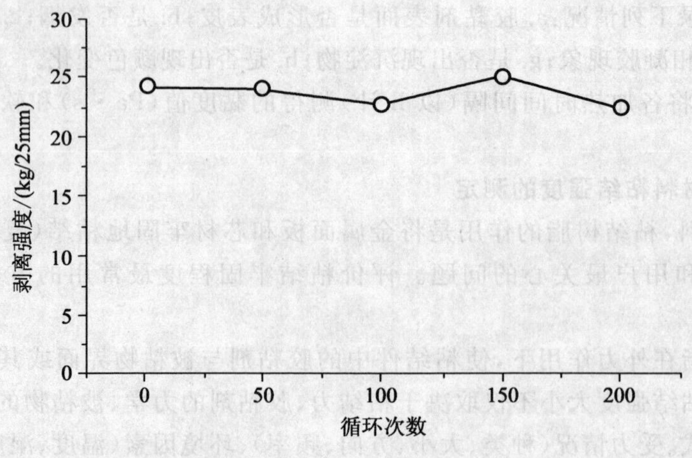

图 2—16 循环老化试验结果

从图 2—16 可以看出，在 150 次循环中，粘结树脂的剥离强度没有大的变化，可以看作是粘结树脂在一定范围内的正常波动，也明晰地表示，粘结树脂远没有达到将产生性能恶化的临界条件。对于使用于户外装饰的复合板，应采用更为严格的气候老化试验。

第六节　保护膜检测技术

建筑装饰用金属及金属复合装饰材料对表面的质量要求极其高。为了保证表面质量，需在其表面上贴一层薄薄的塑料膜，以保护生产好的铝塑板面在搬运、库存、运输、加工、安装等一系列过程中不受损伤。这一层薄薄的塑料膜就是保护膜。“保护膜”是金属及金属复合装饰材料行业已经习惯用的一个简称。从材料角度讲，“保护膜”实际上是一种压敏胶粘带，它是将压敏胶涂布于塑料薄膜上制成，使用时施加轻度压力，即可与被贴物件表面牢固粘合，起到保护作用。保护膜看起来是一种辅料，实际上作用很大，是生产不可缺少的。

为了真正起到对表面的保护作用，对保护膜有许多要求，例如要求它有一定粘结力，能很好地粘贴在铝塑板的表面，粘贴后不污染、不腐蚀被粘表面，不使被粘表面起化学反应，有好的耐候性，揭开时能简单地剥离，并且不留有残胶，有时粘结后能进行钻孔、切断、弯曲等塑性加工。

为了提高对保护膜作用的认识，这里必须强调的是，不能把保护膜和包装膜混为一谈。其实，保护膜是有包装作用，但不同于包装膜。保护膜和包装膜最根本的区别在于：保护膜不仅是在产品完成之后贴上的，以保护产品在搬运、运输中不受损伤，更重要的是它往往在生产过程中使用，参与产品的加工过程（如切割、折边、钻孔、冲压等）。例如，对于铝塑板来说，其参与生产过程的作用表现为：首先在被使用在铝塑板分切以前，保护铝塑板被分切时不受损失；其次，是参与最终客户（装饰、建筑工程公司）对产品的加工、安装的整个过程，从而确保产品的无污痕、无损伤。

一、保护膜的分类

铝塑板用保护膜有多种分类方法，一般按保护膜基材、胶粘剂或使用特性分类。

1. 按保护膜基材分

大体可以分为PE（聚乙烯）保护膜和PVC（聚氯乙烯）保护膜两大类。若进一步按基材厚度细分，可从20 μm到120 μm，甚至更厚；若按基材颜色分，可以有无色透明膜、透明蓝膜、白膜、黑白膜等。

2. 按胶粘剂分

可以分为橡胶型和丙烯酸酯。

3. 按使用特性分

可以分为抗紫外线用于户外的保护膜，用于激光切割的保护膜，耐热性的保护膜，易剥离保护膜，适于深冲的保护膜等。

二、保护膜的构成

保护膜的构成示意图，如图2—17所示。保护膜一般制成带状卷筒，有单面涂胶、双面涂胶和胶片3种形式。单面涂胶是在基材（或称背材）正面涂加底涂剂后再涂压敏胶，反面涂背面处理剂后卷成筒；双面涂胶胶粘带与胶片不需背面处理剂，但需在一个胶面上贴一层隔离纸。

由图2—17可以看出，保护膜由压敏胶粘剂、基材、底层处理剂、背面处理剂和隔离纸构成。

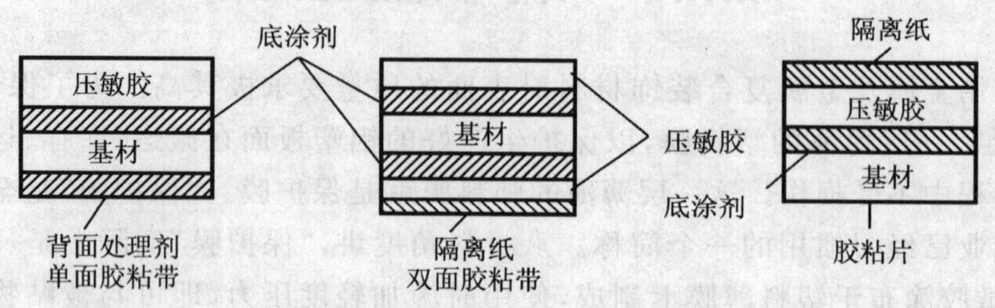

图 2—17 保护膜的构成示意图

(一)压敏胶粘剂

压敏胶的测试包括两个方面的内容。一个方面是压敏胶本身物理化学性质的测定,如外观、固含量、粘度等;另一个方面是压敏胶的粘结性能的测定,也就是压敏胶制品的各种力学性能的测定,如初粘力、粘结力、内聚力和粘基力等。压敏胶物理化学性质的测定和压敏胶的粘结性能的测定,对于压敏胶粘剂的研发、设计以及生产过程中控制产品的质量,保证生产过程中工艺的稳定性和粘结强度的稳定性和可靠性是非常重要的。

1. 外观

外观是指用肉眼观察到的待测样品的物理性质,包括颜色、状态、均匀性等。对于使用寿命较短的胶粘剂,在测定胶粘剂外观时必须使用新配制的试样。观察时将 20 g～25 g 或 20 mL 的液体胶粘剂倒入 50 mL～100 mL 的玻璃杯中,静止 5 min 后,观察其颜色、透明度,再用干燥清洁的玻璃棒或瓷勺,挑起一部分胶粘剂。从高于烧杯口 20 cm,观察胶液下流时是否均匀、含不含机械杂质或凝结物,也可以把胶薄而均匀地涂布于洁净的玻璃板上,目测有无粒子,色调是否均匀。通常试验室在(25±1)℃进行,若实验室温度低于 10℃,发现试样产生异状时,应用水浴加热到 40℃～45℃,保持 5 min,然后冷却到(25±1)℃,再保持 5 min 后进行外观的测定,一般说来,观察分层现象需在静止 0.5 h 后进行。

2. 固体含量(非挥发测量)

胶粘剂固体含量是指在规定的测试条件下胶粘剂中非挥发性物质的质量百分数。固体含量是溶液胶粘剂、乳液胶粘剂的重要指标,它直接影响胶的质量价格比,在使用中影响粘度、涂层厚度,以至影响胶的粘结性能。在确定胶粘剂配方用量时必须知道聚合物溶液的固体含量。

固体含量的测定均采用烘箱法,但干燥条件、温度和时间因产品不同而异。操作步骤如下:称取 1.5 g 左右试样,置于干燥洁净的恒重的坩埚内(称量时要加盖,防止溶液飞溅损失),然后放入预先调好温度的烘箱内干燥 2 h,取出放入干燥器中,冷却至室温称重。

固体含量用式(2—12)计算:

$$R(\%)=\frac{G_1}{G}\times 100 \qquad (2—12)$$

式中 R——固体含量,%;

G_1——干燥后试样的质量,g;

G——干燥前试样的质量,g。

对一般烘干时不发生化学反应的胶粘剂或聚合物的溶液或乳液，烘干温度只要控制在分散介质的沸点左右或稍高一些即可。例如以丙酮、乙酸乙酯等作溶剂，烘干温度取 80℃，以甲苯为溶剂取 110℃。

3. 粘度

粘度是描述流体内部两流体层之间存在的摩擦力的物理量，这种摩擦力随着两流体层之间相对运动速度的增加而增大。当相距 1 cm、面积为 1 cm^2 的二层流体以 1 cm/s 的速度做相对运动，所克服的阻力为 1×10^{-5} N 时，则称为 1 个绝对粘度单位，等于 0.1 Pa·s。这里的粘度与运动性质无关，它取决于流体的物理性质与温度（某些情况下亦与压力有关），通常称为动力粘度或绝对粘度，也简称粘度。动力粘度与密度之比称为运动粘度，其单位为 m^2/s。

胶粘剂粘度大小直接影响其工艺性能，粘度过大，涂胶困难；粘度过小，为了保证有一定的胶层厚度，又必须增加涂胶的次数。胶的粘度还与被粘物的湿润速度有关，流胶、缺胶也常因粘度大小所造成，而且两者都会影响粘结强度。所以胶粘剂的粘度是评价胶粘剂质量的一项重要指标。粘度测试条件，特别是温度对粘度值有很大的影响，必须严格控制。

胶粘剂工业中测定粘度的仪器有奥氏粘度计、落球粘度计、涂－1 粘度计、涂－4 粘度计、旋转粘度计等。奥氏粘度计、涂－1 粘度计、涂－4 粘度计等应用于粘度较小的胶粘剂，高粘度的胶粘剂用此类粘度计测定则费时过长，旋转粘度计测定则无此局限性。这里介绍压敏胶中常用的 3 种粘度测定方法——奥氏粘度计法、旋转粘度计法和涂－4 粘度计法。

1）奥氏粘度计法

奥氏粘度计示意图如图 2—18 所示。测定时将干燥洁净的奥氏粘度计放入恒温（±0.1℃）水浴中，将试样从 A 球中相继吸入 B 球，其液面略高于标记线 b。当试样回流时，用秒表记录液面从标记线 b 流过标记线 a 的时间。重复测 3 次～4 次，取其平均值。试样的运动粘度（m^2/s）按式（2—13）计算：

$$V_t = c\tau_t \qquad (2—13)$$

式中 V_t——粘度，m^2/s；

c——为粘度计常数；

τ_t——为试样从 b 流过 a 所需时间，s。

粘度计常数 c 可用已知粘度的标准液体（如油类）来测定，其计算见式（2—14）：

$$c = \frac{V_t^0}{\tau_t^0} \qquad (2—14)$$

式中 c——粘度计常数；

V_t^0——校准液体在 20℃时的粘度，m^2/s；

τ_t^0——校准液体从 b 流过 a 所需时间，s。

2）旋转粘度计法

旋转粘度计结构如图 2—19 所示，同步电机以一定的速度稳定旋转，带动刻度盘圆盘，再通过游丝和转轴带动转子。如果转子未受阻力作用，则游丝不产生扭转，与刻度盘同速旋转；反之，如果转子浸在液体经受粘滞阻力作用，则游丝将产生扭矩，使之与粘滞阻力抗衡，一直到达到平衡为止，这时与游丝连接的指针，在刻度盘指示出一定的读数。

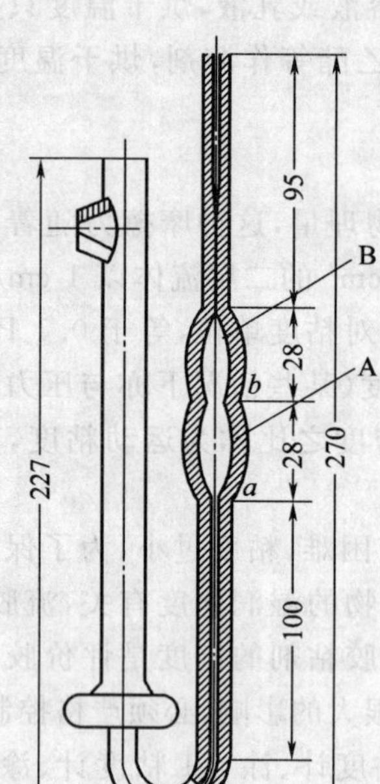

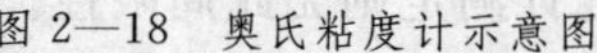

图 2—18　奥氏粘度计示意图

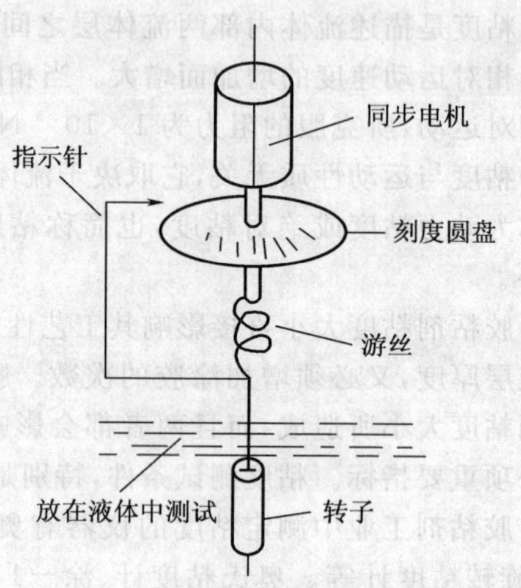

图 2—19　旋转粘度计结构示意图

本方法适用范围较广，如用 NDJ－1 型旋转粘度计测定，测量范围可从 10^{-2} Pa·s～10^{2} Pa·s；用 Brook field 粘度计测定，测量范围可从 0 Pa·s～8×10^{3} Pa·s。测定时，先将仪器水平地安装在固定支架上，然后视试样粘度大小，选用适宜的转子及转速，使读数在刻度盘的 15%～85%范围内，最后在试样规定的温度下，开启电源，读出旋转(1 min±2 s)时的指示数值(测量高粘度试样时，读出旋转 2 min 时的读数)。

试样的绝对粘度 μ_1 按式(2—15)计算：

$$\mu_1 = k \cdot s \tag{2—15}$$

式中　k——仪器常数，视转及转速而不同；

s——圆盘读数。

3)涂－4 粘度计法

是一种很简单、常用的胶粘剂粘度测定方法。其测定原理为利用试样本身的重力流动，测试其流出时间并换算成粘度。所谓流出时间是指试样从装满涂－4 杯的流出孔口，开始流出瞬间至流束开始中断瞬间经过的时间，以秒(s)表示。

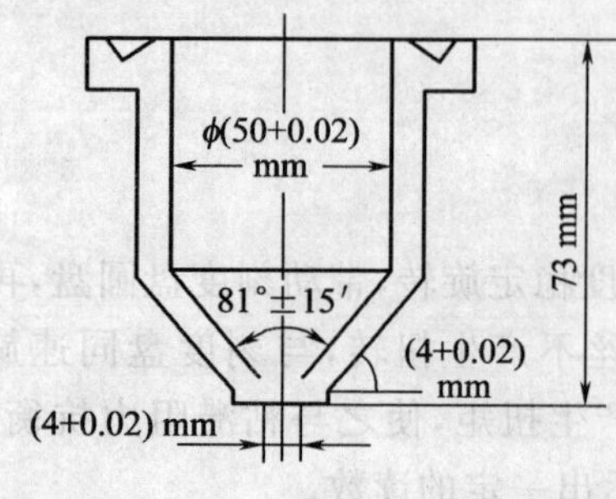

图 2—20　涂－4 粘度计构造

该试验法的测定粘度范围为 10 s～150 s，仪器构造如图 2—20。涂－4 粘度计有塑料制和金属制两种，一般采用金属制的粘度计，粘度计容量是 100 mL。

测定时，调节粘度计成水平状态，在粘度计下放一个 150 mL 的烧杯，用球形阀或手指堵住漏嘴孔，将胶液倒满粘度计，然后使胶液流出，同时开动秒表至胶液流丝中断，停止秒表，该时间即为胶液的条件粘度，重复测定一次，误差不大于平均值的 3%。

以上各种方法测试中值得注意的是，粘度对试验温度的变化十分灵敏，故测试温度必须恒定，变动范围不宜超过±0.5℃。

（二）压敏胶剥离强度的测试

压敏胶粘制品粘合力的测定方法一般采用剥离强度的方法。根据目的和要求的不同，压敏胶粘制品的剥离强度可以有多种测试方法。最常用的有下述几种，见图 2—21。

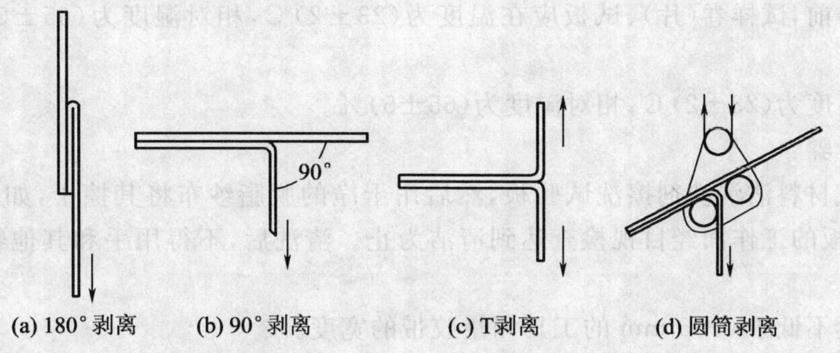

图 2—21 压敏胶粘制品的几种剥离强度测试方法示意

（1）180°剥离和 90°剥离，如图 2—21(a)、(b)所示，主要用于测定胶粘制品对于较硬或较厚的被粘物的粘结力。180°剥离测试所得到的数据比 90°剥离测试分散性小，操作简便，故使用非常普遍，90°剥离则使用得较少。

（2）T 型剥离试验，如图 2—21(c)所示，主要用于测定胶粘制品对于较软或较薄的被粘物的粘结力或两胶粘制品之间的粘结力。

（3）滚筒型剥离试验，如图 2—21(d)所示，与用于蜂窝夹芯板的爬鼓剥离试验类似，主要是用于测定胶粘带的快速解卷力。

由于绝大多数压敏胶粘制品都是用于各种金属、塑料、水泥制品、纸制品等硬或厚的被粘物上，所以 180°剥离强度已成为压敏胶粘剂及其制品最重要的性能之一。习惯上已经将此强度看作压敏胶粘结力大小的标志。

180°剥离强度的测试方法在许多国家已经标准化，在我国 GB/T 2792—1998 就规定了压敏胶粘带 180°剥离强度测定方法。下面介绍一下该标准所规定的测定方法。

（1）试验装置

1）压辊

压辊是用橡胶包覆的直径（不包括橡胶层）约 84 mm、宽度约 45 mm 的钢轮子；包覆橡胶硬度（邵氏 A 型）为(80±5)°，厚度约 6 mm；压辊的质量为(2000±50)g。

2）试验机

拉力试验机应使试样的破坏负载在满标负荷的 15%～85%之间。力值示值误差不应大于 1%。试验机以下降速度(300±10)mm/min 连续剥离。

拉力试验机应附有能自动记录剥离负荷的绘图装置。

3）试样

①胶粘带：胶粘带宽度有(20±1)mm、(25±1)mm 两种，长度约 200 mm。

②试验板：试验板长度为(125±1)mm，宽度为(50±1)mm，厚度 1.5 mm～2.0 mm。试

验板材质为 GB/T 3280 规定的 $0Cr_{18}Ni_9$ 或 $1Cr_{18}Ni_9Ti$。试板表面用 JB/T 7499—1994 规定的粒度为 P280 的耐水砂纸，先沿横向轻轻打磨，在整个板面上磨出轻度痕迹，再沿纵向均匀打磨，除去这些痕迹。试验板使用次数频繁及长期没有使用后、应再打磨后使用。试验板表面有永久性污染或伤痕时，应及时更换。

试验板如使用 PVC、ABS、PE 材料时，其材质及表面情况可在试验报告中说明。

4)状态调节和试验环境状态调节

制备试样前，试样卷(片)、试板应在温度为(23±2)℃，相对湿度为(65±5)%条件下放置 2 h 以上。

试验室温度为(23±2)℃，相对湿度为(65±5)%。

5)试验步骤

①用擦拭材料沾清洗剂擦洗试验板，然后用干净的脱脂纱布将其擦干，如此反复清洗 3 次以上，直至板的工作面经目视检查达到清洁为止。清洗后，不得用手和其他物体接触板的工作面。

②用精度不低于 0.05 mm 的工具测量胶带的宽度。

③在制备试样前，先撕去外面 3～5 层的胶粘带，然后再取 200 mm 以上的胶粘带(胶粘带合面不能接触手或其他物质)。并把胶粘带与清洗后的试板粘结。在试验板的另一端下面放置一条长约 200 mm、宽 40 mm 的涤纶膜或其他材料，然后用压辊在自重下以约 300 mm/min 的速度在试样上来回滚压 3 次(试样与试验板粘结处不允许有气泡存在)。

④试样制备后应在试验环境下停放 20 min～40 min 后进行试验。

⑤将试样自由端对折 180°，并从试板上剥开粘结面 25 mm。

把试样自由端和试验板分别在上、下夹持器上。应使剥离面与试验机力线保持一致。试验机以(300±10)mm/min 下降速度连续剥离，并有自动记录仪绘出剥离曲线。

⑥双面压敏胶粘带与不锈钢板或其他材料粘结时，先撕去双面胶粘带外面的 3 层～5 层，然后再取 200 mm 以上胶粘带粘贴在聚酯薄膜上，然后再剥去另一面的隔离纸，按规定进行试验。

⑦测定单面压敏胶粘带或双面压敏胶粘带与薄片、薄膜等材料剥离强度时，先将薄片、薄膜等粘贴在钢板上，然后按规定进行试验。

6)试验结果

在记录曲线中，曲线 *AB*、*CD* 部分不计入试验结果，见图 2—22。

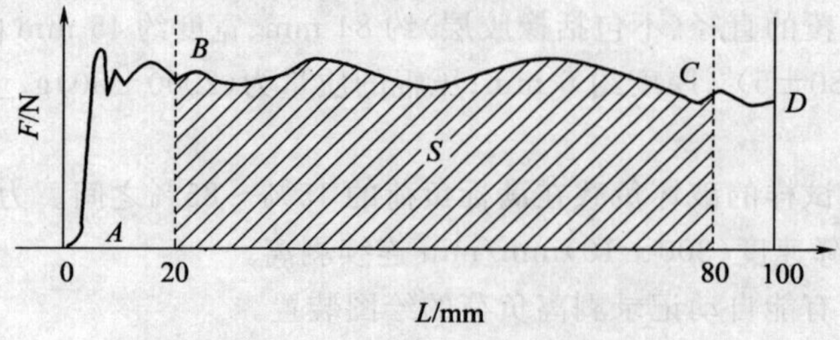

图 2—22　剥离曲线示意图

按剥开后的 20 mm～80 mm 之间的距离(*BC* 部分)计算。压敏胶粘带 180°剥离强度 σ

(kN/m)按式(2—16)计算：

$$\sigma=\frac{S}{Lb}\times C \tag{2—16}$$

式中　S——记录曲线中取值范围内的面积，mm^2；

L——记录曲线中取值范围内的长度，mm；

b——胶粘带实际宽度，mm；

C——记录纸单位高度的负荷，kN/m。

在剥离的取值范围内，每隔 20 mm 读一个数，共读 4 个数，求其平均值。每一组试样个数不少于 3 个，试验结果以剥离强度的算术平均值表示。

(三)压敏胶初粘性能的测试

压敏胶粘剂的初粘性能至今还没有形成一个统一的定义。一般认为，压敏胶粘剂的初粘性能是指胶粘剂与被粘物轻轻地快速接触时所表现出的对被粘表面的粘结能力，也就是通常所谓的手感粘性，即人们用手轻轻地接触压敏胶粘剂并迅速离开时所感觉到的胶粘剂的粘性。虽然手感粘性的判别标准可以因人而异，但这种初粘性能确实是人们公认的一种压敏胶粘剂的重要而又特殊的粘结性能。

在初粘性能的定义中包含有诸多模糊的词语，为了科学地研究和评判压敏胶粘剂的初粘性能，人们曾提出并应用过各种各样的测试方法。这些测试方法大致可归纳并划分为触粘法、滚动摩擦法和剥离法 3 类。这些方法各有优缺点。

我国 GB/T 4852—2002 规定了测定压敏胶粘带初粘性能的方法(滚球法)。

1. 原理

将一钢球滚过平放在倾斜板上的胶粘带粘性面，根据规定长度的粘性由能够粘住的大钢球尺寸，评价其初粘性大小；或将一规定大小的钢球滚过倾斜槽，测量其在水平板上的胶粘带粘性面上滚动的距离来评价其初粘性的大小。

2. 试验条件

实验室温度为(23±2)℃。相对湿度为(65±10)%。

制备试样前，胶粘带应除去包装材料，互不重叠地在温度为(23±2)℃，相对湿度为(65±5)%条件下放置 2 h 以上。

3. 试片

对于具有较大延伸性的胶粘带，取样后，要放置到延伸基本复原后再试验。

(1)斜面滚球法试片

试片尺寸：宽 10 mm～80 mm，长 250 mm 以上。

试片数量：不少于 4 张。

(2)方法 B 试片

试片尺寸：宽 25 mm、长 100 mm 以上。

试片数量：不少于 3 张。

4. 斜面滚球法

(1)试验装置

1)斜面滚球装置由能倾斜 20°、30°、40°的倾斜板及其连接结构组成，如图 2—23 所示。其中，倾斜板采用光滑的硬质平面板(玻璃板、金属板、木板、塑料板等)。助滚段由长

100 mm 以上，厚约 25 μm 的透明聚酯薄膜，在规定的位置粘贴于试件上而成。助滚段长 100 mm。测定段为从助滚段下端开始算起，长度为 100 mm 范围内的胶粘面。

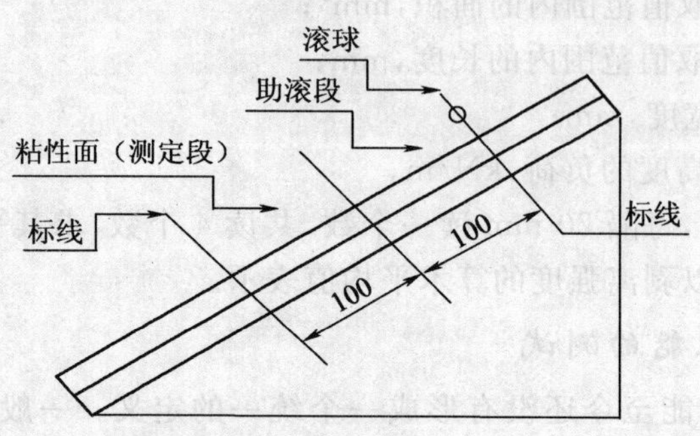

图 2—23　初粘性测试装置（斜面滚球装置）

2）滚球

以 CCr_{15} 轴承钢制造，钢球形状公差和表面粗糙度的精度级别应达到 GB/T 308 规定的等级 40 以上。滚球的球号与对应的公称直径见表 2—23。

表 2—23　滚球的球号与对应的公称直径　　单位：mm

球号	2	3	4	5	6	7	8	9	10	11
公称直径	1.588	2.381	3.175	3.969	4.762	5.556	6.350	7.144	7.938	8.731
球号	12	13	14	15	16	17	18	19	20	21
公称直径	9.525	10.319	11.112	11.906	12.700	13.494	14.288	15.081	15.875	16.669
球号	22	23	24	25	26	28	29	30	32	
公称直径	17.462	18.256	19.050	19.844	20.638	22.225	23.019	23.812	25.400	

（2）试验方法

1）用水平仪把滚球装置水平地固定在测试台上，倾斜面取标准角度 30°，需要时也可以取 20°或 40°。

2）在试片的下端分别用定位胶粘带或砝码（质量约 500 g），将试片以胶粘面向上的方式固定在规定的位置上。把助滚段用聚酯薄膜贴敷在试片胶粘面的规定位置上，在贴敷聚酯薄膜时，应勿使气泡夹杂或起皱，也不要加上大的压力。在固定试片时，注意不要使之发生翘曲或鼓起。若在边缘部分发生鼓起，则应用别的胶粘带把这部分固定在倾斜面上。

3）为使助滚段的长度恒定为 100 mm，根据球的大小，如图 2—23 所示，把球中心调整在起始位置上。

4）将保存在防锈剂中的球，用镊子取出，按规定的试验滚球清洁方法清洗，置于起始位置上，让球经助滚段滚下去。

5）试验滚球的清洁

试验滚球的表面，用脱脂纱布类材料沾溶剂擦洗清洁。表面干后，再用新的清洁纱布沾溶剂擦洗。反复擦洗 3 次以上，直至日视检查认为清洁为止。

所用脱脂纱布类材料为擦洗时无短纤维掉落的纱巾、无纺布等织物，并且不含可溶于溶剂的物质。

所用溶剂为环烷烃、溶剂油、酒精、异丙醇、甲苯等试剂级或没有残留物的工业级的溶剂。

6)预选最大钢球

调整起始位置，用不同大小的球，重复球的清洗、滚转等一系列操作，从停止在测定段内(球不动达 5 s 以上)的各种球中挑出最大的。拿出同一试片中发现的最大球以及该球号与之相邻的大小两个球，在同一试样上各进行一次测试，以确认最大球号的钢球。相挑出最大球之前，在同一张试片上滚动若干次都可以，但是它不能作为正式试验数据处理。

(3)正式测试

取 3 个试样，用最大球号钢球各进行一次滚球测试。若试样不能粘住此钢球，可换用球号仅小于它的钢球进行一次测试，若仍不能粘住。则须按规定的步骤重新测试。

(4)试验结果

试验结果以正式测试时 3 个试样滚球试验结果的钢球号的中位数(球号)表示。

5. 斜槽滚球法

(1)试验装置

1)斜槽滚球装置的结构如图 2—24 所示，倾斜角为 21°30′。

2)滚球

以 CCr_{15} 轴承钢制造，钢球形状公差和表面粗糙度的精度级别应达到 GB/T 308 规定的等级 40 以上。滚球大小见表 2—23，用其中球号为 14 号的钢球。

(2)试验方法

1)试验前，按规定把试验装置中的斜槽和钢球清洗干净，其后不能再用手指触碰它们。

2)用胶粘带等把试片固定在硬质水平的平面测试板上(玻璃板、金属板、木板、塑料板等)。在固定试片时，勿让试片鼓起、起皱或翘曲。当试片边缘发生翘曲、鼓起时，用别的胶粘带把该部分固定在测试板上。

3)如图 2—23 所示，把斜槽滚球装置水平地固定在已装好试片的测试台上。

4)把滚球安置在规定的起始位置，操纵控制杆，使滚球滚下，测定滚球停止滚动的距离。该距离是指图 2—23 中所示的，从倾斜槽末端到滚球停止时与胶粘面接触的中心点之间的长度。

(3)试验结果

试验结果以滚球在 3 张试片中停止滚动的距离的算术平均值表示。

(四)压敏胶持粘性能的测试

1. 基本原理

内聚力或内聚强度是压敏胶粘剂除粘结力和初粘力之外的又一个重要性能。所谓材料的内聚力，就是指材料本身抵抗外力作用的能力。外力对于粘结接头的作用不外乎采取正拉、剪切和剥离 3 种加载方式。任何材料在受到外力作用时都会产生形变甚至破坏。一个好的压敏胶粘制品在受到剥离外力(尤其是快速的剥离外力)作用时一般发生粘结界面破坏，而受到正拉或剪切外力时则主要发生胶层内聚破坏。因此，压敏胶粘剂的拉伸强度或剪切

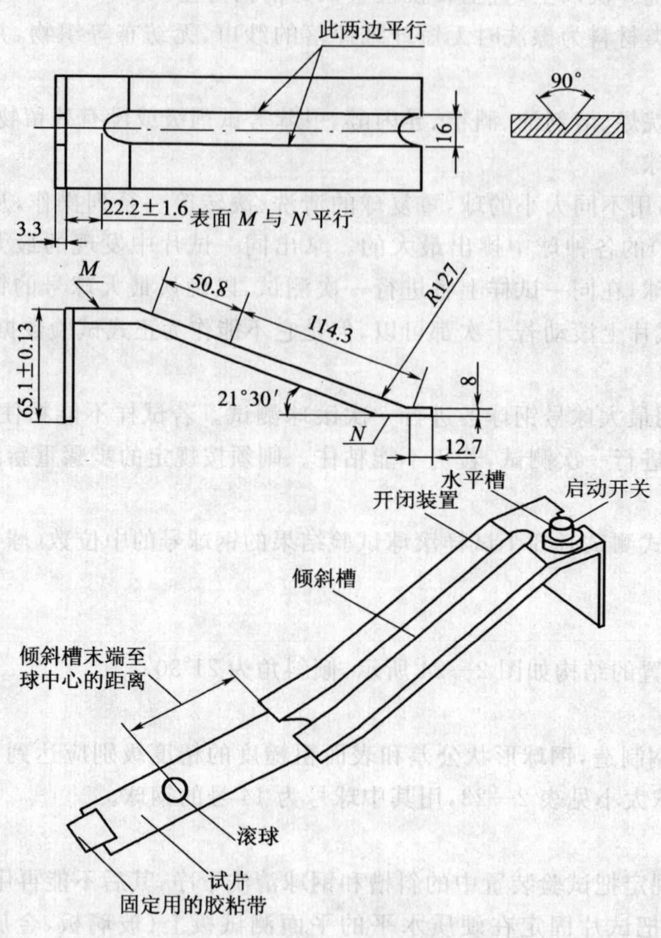

图 2—24　斜槽滚球试验装置图

强度都可以用来表征它的内聚强度的大小，但在绝大多数压敏胶粘制品的应用场合，都是受到慢速的或持久性的剪切外力的作用。例如，包装箱胶粘带用双面压敏胶带将物体固定在墙板上时受到物体重力的长期作用等。这时，压敏胶粘带的这种滑移是由于在持久性的剪切外力作用下压敏胶粘剂发生蠕变破坏。这种破坏主要也都发生在胶粘剂层，所以人们更经常用压敏胶粘剂抵抗持久性剪切外力所引起的蠕变破坏的能力，即剪切蠕变保持力（亦称持粘力），来表征它们内聚力的大小。此外，也有人提议用正拉蠕变保持力以及 T 剥离蠕变保持力来表征压敏胶粘剂的内聚力。但皆因不如剪切蠕变保持力更接近实际使用情况，更能反映压敏胶内聚力的性质，而且正拉蠕变保持力的测试方法又比较繁琐，因而没有经常被人们使用。

许多国家都已制定了持粘力的标准测试方法，如我国的 GB/T 4851，美国的 ASTM D—3653 和 PSTC—7，日本的 JISZ2037 和 JISZ1528 等。其具体方法都是将胶粘带以一定的面积（长 20 mm×宽 5 mm）粘贴在标准被粘物（一般为不锈钢）试验片上，在垂直吊挂的胶粘带末端挂上一定质量（m）的重物使受力方向与粘结面完全平行（成 180°），并保持在一定的温度下，记录胶粘带滑移直至脱落的时间 t_0 或读取在一定时间内胶粘带下移的距离 L，作为该胶粘带的剪切蠕变保持力(持粘力)的量度,由于测试结果与被粘物的性质、粘贴接头的尺寸(t_0,b)、重物的质量(m)以及测试温度等有关,故记录持粘力时必须同时标明这些测试条件。表 2—24 所示为持粘力测试方法的比较,可以看出各标准方法之间的差异不太明显,只是负载质量可变,除此之外,标准(PSTC、ASTM)中规定了除了使用不锈钢板之外,还可使用纤维板进行测试。

表 2—24 持粘力测试方法的比较

标准号	试验板(基材)	负荷
PSTC—7	不锈钢或纤维	9.8 N
ASTM D 365M	不锈钢或纤维	9.8 N
AFERA 4012	不锈钢(唯一)	可变
JISZ2037—11	不锈钢(唯一)	9.8 N(刷胶带除外)
GB/T 4851—1998	不锈钢(唯一)	9.8 N

下面介绍 GB/T 4851—1998 关于压敏胶粘带持粘性的试验方法。

2. 定义

持粘性(holding power):沿粘贴在被粘物上的压敏胶带长度方向垂直悬挂一规定质量的砝码时,胶粘带抵抗位移的能力。用试片移动一定距离的时间或一定时间内移动距离表示。

3. 试验装置

(1)试验架

由可调水平的底座和悬挂、固定试验板用的支架组成。试验架应使悬挂在支架上的试验板的工作面保持竖直方向。

(2)试验板

试验板厚 1.5 mm~2.0 mm,宽为 40 mm~50 mm,长为 60 mm~125 mm。试验板材质为 GB/T 3280—1992 规定的 $0Cr_{18}Ni_9Ti$ 或 $1Cr_{18}Ni_9Ti$。

试验板表面用 JB/T 7499—1994 规定的粒度为 P280 的耐水砂纸,先沿横向轻轻打磨,在整个板面上磨出轻度痕迹,再沿纵向均匀打磨,除去这些痕迹。使用次数频繁及长期没有使用后,应再打磨后使用。试验板表面有永久性污染或伤痕时,应及时更换。

(3)压辊

压辊是用橡胶包覆的直径(不包括橡胶层)约 84 mm,宽度约 45 mm 的钢轮子。包覆橡胶硬度(邵氏 A 型)为 80±5,厚度约 6 mm。压辊的质量为(2000±50)g。

(4)清洗剂和擦拭材料

清洗剂:环己烷、汽油、乙醇、异丙醇、甲苯等适用的试剂级或没有残留物的工业级以上溶剂。

擦拭材料:脱脂纱布、漂布、无纺布等擦拭时既没有短纤维掉落也没有短纤维拉断的柔软的织物,并且不含可溶于上述溶剂的物质。

(5)加载板、连接销和砝码

加载板:材质、尺寸、工作面表面要求同试验板。

除非另有规定,加载板、砝码及两者的连接销的总质量为(1000±10)g。

4. 试样

除去胶粘带试卷最外层的3～5圈胶粘带后，以约300 mm/min的速率解开试样卷（对片状试样也以同样速率揭去其隔离层），每隔离200 mm左右，在胶粘带中部裁取宽25 mm、长约100 mm的试样。除非另有规定，每组试样的数量不少于3个。

试样解卷后，除拉伸变形较大时，允许有不大于3 min的停放时间外，一般应立即裁取试样，进行测试。试样的粘贴部位不允许接触手或其他物体。

5. 状态调节和试验环境

状态调节：制备试样前，试样卷（片）应除去包装材料，互不重叠地在温度为（23±2）℃，相对湿度为（65±5）%的条件下放置2 h以上。

试验环境：按有关产品标准的规定执行。

6. 试验步骤

（1）用擦拭材料蘸清洗剂擦洗试验板和加载板，然后用干净的纱布将其仔细擦干，如此反复清洗3次以上，直至板的工作面经目视检查达到清洁为止。清洗以后，不得用手或其他物体接触板的工作面。

（2）在温度（23±2）℃，相对湿度（65±5）%的条件下，按规定的尺寸，将试样平行于板的纵向粘贴在紧挨着的试验板和加载板的中部。用压辊以约300 mm/min的速度在试样上滚压。注意滚压时，只能用产生于压辊质量的力，施加于试样上，滚压的次数可根据具体产品情况加以规定，如无规定，则往复滚压3次。

（3）试样在板上粘贴后，应在温度（23±2）℃，相对湿度（65±5）%的条件下放置20 min。然后将试验板垂直固定在试验架上，轻轻用销子连接加载板和砝码。整个试验架置于已调整到所要求的试验环境下的试验箱内。记录测试起始的时间。

（4）到达规定时间后，卸去重物。用带分度的放大镜测出试样下滑的位移量，精确至0.1 mm；或者记录试样从试验板上脱落的时间。时间数大于等于1 h，以分钟（min）为单位，小于1 h的以秒（s）为单位。

7. 试验结果

试验结果以一组试样的位移量或脱落时间的算术平均值表示。影响因素有测试温度、胶粘剂相对分子质量和相对分子质量分布、交联等。

（五）拉伸性能试验

拉伸性能包括拉伸强度、断裂伸长率（简称伸长率）和屈服强度，是压敏胶带的重要指标。拉伸强度是指试样拉伸至断裂过程的最大拉力与试样初始宽度之比，它可以反映压敏胶带的均匀度、质量好坏和压敏胶带在贴复和使用过程中可以承受的张力。断裂伸长率是试样断裂时伸长量与初始标线长度的百分比，它可以反映压敏胶带的均匀度、质量好坏，粗略反映出压敏胶带与有曲线和不规则的表面的可贴复程度。屈服强度是指拉伸过程中屈服点出现的拉力与试样初始宽度之比。具体测试方法是将压敏胶带样品的两端分别固定贴复于拉力测试仪的两个夹具上，将其拉伸至断裂，测量标准测试条件下将压敏胶带拉断所需要的力，测量将压敏胶带拉断时压敏胶带的长度，即再可计算得到拉伸强度、伸长率。

许多国家都制定了拉伸强度及伸长率的标准测试方法，其比较如表2—25所示。可以看出，在拉伸强度及伸长率的测定中，GB 7753—1987更接近JIS Z0237—6以及AFERA 4004/5

标准，而与 PSTC—31 和 ASTM 3759M 相差较大，主要是夹距离、夹头速度以及伸长速度相差悬殊。

表 2—25　拉伸强度及伸长率的测试方法的比较

	PSTC—31	ASTM 3759M	UL 510	AFERA 4004/5	JIS Z 0237—6	GB 7753—1987
样品宽度	1 in	24 mm		25 mm	25 mm	25 mm
夹头速度	5 in/min	125 mm/min	300 mm/min	300 mm/min	300 mm/min	300 mm/min
夹持距离	5 in	125 mm	4 in	100 mm	100 mm	100 mm
伸长速率	100%/min	100%/min	300%/min	300%/min	300%/min	300%/min

注：1in＝25.4mm。

我国 GB 7753—1987 规定了压敏胶粘带拉伸性能（拉伸强度、伸长率和屈服强度）试验的原理、装置和方法。

1. 基本原理

本方法是通过试样在拉伸力作用下力—伸长变形的关系来求取其屈服强度和试样在断裂过程的最大拉力及伸长，从而获得其拉伸性能。

2. 装置

(1)试验机：应使试样的破坏载荷在试验机满标负荷的 15%～85%范围内。试验机力值的示值误差不应大于 1%。试验机应附有能自动记录拉力和伸力的绘图装置。试验机夹持器的移动速度为(300±30) nm/min。

(2)伸长标尺：测量伸长的标尺分度为 1 mm。

(3)量具：量具采用读数值为 0.02 mm 的游标卡尺。

(4)切割刀：切割刀见标准规定。也可采用手术刀片。

(5)印标线板：印标线板形状和尺寸见标准规定。

3. 试样

(1)试样宽度为 25 mm，小于 25 mm 时允许取原幅。试样边缘应光滑无缺口。

(2)试样数量不应少于 5 个。

4. 试验条件

除另行规定外，应符合下列要求。

(1)标准实验室温度为(23±2)℃；相对湿度为 45%～55%。

(2)胶粘带应除去包装材料在温度为(23±2)℃、相对湿度为 45%～55%的条件下放置 2 h以上。

5. 试样制备

(1)除去胶粘带最外的 3 层～5 层，以大致等分地取 3 处测量宽度，取其算术平均值作为试样宽度。胶粘带宽度大于 25 mm 时，切为 25 mm。

(2)缓慢地剪裁胶粘带长度约 200 mm，用印标线板在试样粘面上印 6 条平行线作为标距，其颜色要有较大的反差；在试样两端贴合长约 50 mm，宽约 40 mm 的纸或其他材料。

6. 试验步骤

(1)把试样平整地置于夹持器中，夹持距离为 100 mm，并适当拧紧夹持器，以防止试样

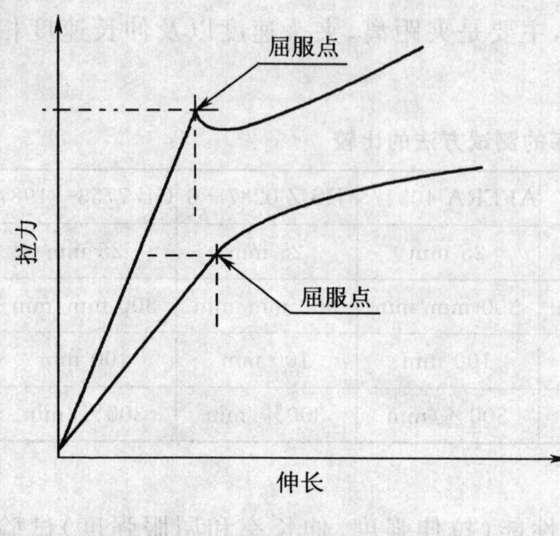

图 2—25　拉力—伸长图

在拉伸时产生打滑或断在夹持器处。试样的受力方向与试验机施力方向保持一致。

(2)以 300 mm/min 的速度加载，将试样拉伸至断裂。测量其工作部分标线的伸长和记录断裂过程的最大拉力。

(3)试样断裂在夹持器附近 5 mm 内，该试样舍去。

(4)如果需要采用夹持距离作为工作部分标线距离测其伸长率，必须在报告中注明。

(5)对于某些材料的试样，其屈服强度的试验，可通过自动记录装置绘出的拉力—伸长率曲线上查得其屈服点所对应的拉力，见图 2—25。

7. 试验结果

(1)拉伸强度 σ 按式(2—17)计算：

$$\sigma=\frac{F}{B} \tag{2—17}$$

式中　σ——拉伸强度，kN/m；

F——试样断裂过程的最大拉力，N；

B——试样初始宽度，mm。

(2)断裂伸长率 ε(%)按式(2—18)计算：

$$\varepsilon=\frac{L_1-L_0}{L_0}\times 100 \tag{2—18}$$

式中　ε——断裂伸长率，%；

L_1——试样断裂时标线距离或夹持器距离，mm；

L_0——试样初始标线距离，mm。

(3)屈服强度 σ_s 按式(2—19)计算：

$$\sigma_s=\frac{F}{B} \tag{2—19}$$

式中　σ_s——屈服强度，kN/mL；

F——试样屈服点所对应的拉力，N；

B——试样初始宽度，mm。

(4)试验结果取其算术平均值、最大值、最小值。拉伸强度、屈服强度精确到小数点第二位，断裂伸长率取整数值。

(六)保护膜的性能

以上检测项目和方法是针对保护膜生产企业生产时原材料及产品的检测方法，针对保护膜用户来讲，应结合所使用的对象进行测试。建筑装饰用金属及金属复合装饰材料所用保护膜目前还没有国家标准，各保护膜生产企业表示性能指标的格式、单位并不统一、性能指标一般包括如下几项。

(1)外观要求:包括颜色、卷状、胶层质量标准;

(2)尺寸:包括长度、厚度、宽度;

(3)180°剥离强度;

(4)拉伸强度;

(5)伸长率;

(6)污染性等。

1.保护膜性能实例

(1)海宁日新保护材料实业有限公司的保护膜,其选择指南与物理机械性能如表2—26和表2—27所示。

表2—26 保护膜选购指南(海宁日新公司)

产品型号	剥离力/(N/50 mm)	应用范围
微粘—1	0.2～0.5	PET板、PVC面板、有机玻璃
微粘—2	0.5～1	光亮吊顶板、塑胶板
微粘—3	1～1.5	亮面吊顶板、PET板
低粘—1	1.5～2	玻璃、镜面不锈钢板
低粘—11	2～3	陶瓷、光亮涂层铝塑板
中粘—1	3～4	亮面涂层铝塑板、磨砂不锈钢板
中粘—11	4～6	半亮涂层吊顶板、半亮涂层铝塑板
高粘—1	6～7	UPVC塑钢门窗型材、较粗涂层铝塑板
高粘—11	7～8	塑钢型材、粗面涂层铝塑板、粗面吊顶板
特高粘	8～10	板材及型材、粗闪银铝塑板

表2—27 表面保护膜物理机械性能(海宁日新公司)

项目名称	指标要求
拉伸强度(纵横向)	≥10 MPa
断裂伸长率(纵横向)	≥200%

(2)东莞市天艺膜材有限公司的保护膜,其技术指标、机械性能和剥离力、外观要求和选购指南如表2—28、表2—29、表2—30和表2—31所示。

表2—28 保护膜的技术指标(东莞天艺公司)

检测项目	指标	测试标准或方法
180°剥离强度/(g/25 mm)	20～700	GB 2792—1981
拉伸强度/(g/10 mm)	≥500	GB 7753—1987
伸长率	≥300%	GB 7753—1987
污染性	无污染	温度55℃,压力2kPa,时间24 h

表 2—29 机械性能和剥离力(东莞天艺公司)

检测项目	指 标
拉伸强度(g/10 mm)	≥5
伸长率(%)	≥300
180°剥离强度/(g/25 mm)	特高粘:500~700
	高粘:300~500
	中粘:150~300
	低粘:50~150
	微粘:20~50

表 2—30 外观要求(东莞天艺公司)

项 目	要 求
颜色	无色透明、蓝色、乳白色、黑色、黑白色、其他
卷状	卷取平整、端面平整、无凸筋、无褶皱、纸芯不变形
胶层质量标准	解卷时不允许胶粘剂转移到基材背面、不允许有缺胶

表 2—31 保护膜选购指南(东莞天艺公司)

产品型号	剥离力/N	应用范围
微粘	20~50	PET 板、PVC 板、有机玻璃 光亮吊顶板、塑胶板 光面吊顶板、PET 板
低粘	50~150	玻璃、镜面不锈钢板 陶瓷、光亮涂层铝塑板
中粘	150~300	光面涂层铝塑板、磨砂不锈钢板 半亮涂层吊顶板、半亮涂层铝塑板
高粘	300~500	UPVC 塑钢门窗型材、较粗涂层铝塑板 塑钢型材、粗面涂层铝塑板、粗面吊顶板
特高粘	500~700	板材及型材、粗闪银铝塑板

2. 保护膜的性能

保护膜的性能,如表 2—32 所示。

表 2—32 保护膜性能

项 目	技术要求
厚度	≥0.05 mm
	或由供需双方商定
剥离强度	0.15 N/mm~0.50 N/mm
拉伸强度	≥10 MPa

续表

项 目	技术要求
直角撕裂强度	≥35 N/mm
遗胶性	≤5%
耐老化性①	外观无异常,色差 $\Delta E \leqslant 2$ 剥离强度 0.15 N/mm～0.50 N/mm 遗胶性≤5%
耐低温性	外观无异常,剥离强度 0.15 N/mm～0.50 N/mm 遗胶性≤5%
耐高温性	外观无异常,剥离强度 0.15 N/mm～0.50 N/mm 遗胶性≤5%

①仅针对半室外、室外及有老化要求吊顶板所用的保护膜。

3. 保护膜的检测方法

(1)剥离强度

取 1 块尺寸为 300 mm×300 mm(规格尺寸小于 300 mm 的按实际尺寸选取)的实际要保护的产品,用丙酮洗净,加热到(80±5)℃,以 10N/cm 的压力用橡胶辊将 1 块同样尺寸的保护膜碾压贴到产品表面,自然冷却到室温,然后按 GB/T 2790 的规定进行 180°剥离强度的试验,剥离中保护膜应无断裂。

(2)拉伸强度

按 GB/T 1040.3 的规定进行。

(3)直角撕裂强度

按 GB/T 11999 的规定进行。

(4)遗胶性

取 4 块尺寸为 100 mm×200 mm(规格尺寸小于 300 mm 的按实际尺寸选取)的实际要保护的产品,1 块留作参照板,其余 3 块按(1)粘贴好保护膜后自然冷却到室温,撕去保护膜,对比参照板按 GB/T 9780 的规定进行贴保护膜前后产品的耐沾污性的对比,按式(2—20)计算遗胶性:

$$R=100\times\frac{f_0-f_1}{f_0} \tag{2—20}$$

式中 R——遗胶性,单位为百分数(%);

f_0——未贴保护膜部分的反射系数;

f_1——贴过保护膜部分的反射系数。

取 3 块试件测试值的算术平均值作为试验结果。

(5)耐老化性

取 4 块尺寸为 100 mm×100 mm 的实际要保护的板,1 块留作参照板,其余 3 块按(1)的方法粘贴好保护膜进行老化试验。将贴保护膜的一面朝向紫外线光源,进行 168 h 的氙灯老化试验。取出自然放置到室温,观察距离板边 10 mm 以里的保护膜有无鼓泡、剥落、脱落等异常;按 GB/T 2790 的规定测量剥离强度,剥离中保护膜应无断裂;撕去保护膜后对比参照

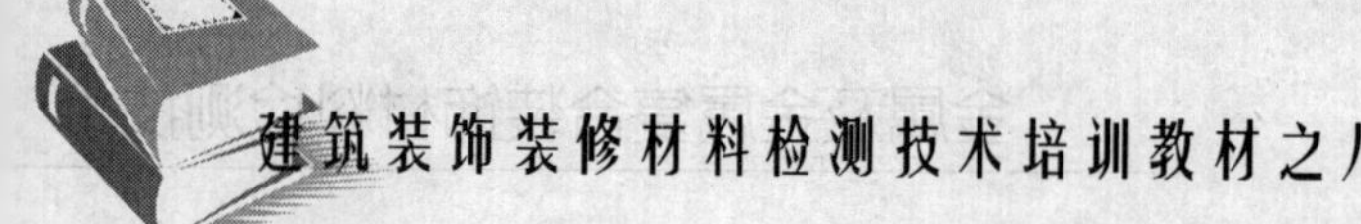

板测量经老化试验前后的色差及遗胶性，色差测量按 GB/T 11942 进行；遗胶性测量按(4)的方法进行。

(6)耐低温性

取 4 块尺寸为 300 mm×300 mm(规格尺寸小于 300 mm 的按实际尺寸选取)的实际要保护的吊顶板，1 块留作参照板，其余 3 块按(1)的方法粘贴好保护膜，放置在(−35±2)℃下恒温 168 h。取出自然放置到室温，观察距离板边 10 mm 以里的保护膜有无鼓泡、剥落、脱落等异常；按 GB/T 2790 的规定测量剥离强度，剥离中保护膜应无断裂；撕去保护膜后测量遗胶性。

(7)耐高温性

取 4 块尺寸为 300 mm×300 mm(规格尺寸小于 300 mm 的按实际尺寸选取)的实际要保护的吊顶板，1 块留作参照板，其余 3 块按(1)的方法粘贴好保护膜，放置在(70±2)℃下恒温 168 h，取出自然放置到室温。观察距离板边 10 mm 以里的保护膜有无鼓泡、剥落、脱落等异常；按 GB/T 2790 的规定测量剥离强度，剥离中保护膜应无断裂；撕去保护膜后再测量遗胶性。

第三章　金属及金属复合装饰材料性能检测技术

第一节　表面涂层检测技术

一、目视观察检验外观

对于具有表面装饰功能的金属产品，其外观质量尤其重要。外观质量的检查通常采用目视检查法。一般来说，外观质量应包括颜色、色差、表面光泽和表面缺陷等几个方面，在这里目视观察法主要针对表面缺陷的检查。

目视观察法是指在规定的观察条件下，以商定的颜色标样为基准，用目视观察的方法判断产品与标样之间或同一批样品之间的颜色差异程度，同时观察和判断产品的外观质量。目视观察法分为自然条件下目视和比色箱内目视法。

（一）方法原理

目视观察可参照 GB/T 9761—2008《色漆和清漆 色漆的目视比色》的规定执行。

（二）比色的照光条件

对于日常的比色工作，可采用自然日光或人造日光。但自然光的性质是不稳定的，并且观察者的判断也易受周围彩色物体的影响，所以对仲裁比色，应使用受严格控制的人造日光，而观察者所穿着的衣服应为中性色。在视场中，除试板以外，不允许有其他彩色物体存在。

1. 用自然光照光

应是部分有云的北方光线，并且不应有彩色物体（如红墙、绿树等）的反射光。在放置试板的地方，照光应均匀，其照度不小于 2000 lx；

2. 比色箱的人造日光照光

比色箱不受外来光线干扰，它用的光源，照在试板上所具有的光谱能量分布，应与 CIE 标准光源 D_{65} 相近似。一般应在比色箱内涂以亮度系数为 15％的中性灰色平光漆。对于浅色和接近白色的比色，其内部涂漆的亮度系数应等于或高于 30％，如果主要用于暗色的比色，内部则可涂以黑色平光漆。为保证有诗意的比色环境，比色箱内的桌面应当盖一层中性灰板，其亮度系数应与被比色的试板相近似。

（三）观察者

对于观察者必须经过仔细挑选（接受色盲检查镜的检查），视力应正常或经矫正后视力不低于 1.2，为了避免眼睛疲劳的影响，在看了强烈的色彩之后，不要立即看淡色或补色。在对明亮的饱和色进行比色时，如不能迅速做出判定，观察者应在旁边的中性灰色上看上几秒钟，然后再进行比色。

(四)比色程序

根据产品的最终使用目的,选择适当的观察距离,对于装饰性的阳极氧化膜和高聚物涂层产品,其观察距离一般为0.5 m,对于建筑用阳极氧化膜和高聚物涂层产品,其观察距离一般为3 m。并且在自然散射光条件下以垂直于测试表面或以45°斜角进行观察,要求装饰面上无气泡、针孔、夹杂物、流痕和划伤等影响使用的缺陷。对于外观质量的检查,国外标准有不同的规定,欧洲 Qualicoat 中规定为在3 m远的距离,以60°斜角进行观察;而美国 AAMA2605 标准中规定以垂直于测试表面且相距3 m远处进行观察。试样和参照标准版都应当是平整的,尺寸不小于120 mm×50 mm。当从500 mm距离处观察120 mm长的试板时,两眼视线夹角约为10°,将试板并排放置,使相应的边互相接触或重叠。比色时,眼睛至样板的距离约为500 mm,为改善比色精度,试板位置应时时互换。对于某些面漆(如闪光面漆),比色方法应根据有关双方一致意见进行。对于光泽色差差别很大的漆膜,比色方法应按照下面的比色原则进行:

(1)在自然日光下进行观察:在一定方向观察试板;

(2)使照光以0°角入射,入眼以45°角观察;

(3)仲裁方法:在有争议的情况下,比色应在 D_{65} 的人照日光条件下进行,如选用其他光源,应由有关双方商定。

二、色差

(一)基本原理

仪器测量按 GB/T 11186.2、GB/T 11186.3 的规定测定色差。色差是指用数值的方法表示两种颜色给人色彩感觉上的差别。

由于各人对色差的敏感程度不同,对色差情况的判定也不同,单用目测法测量色差时,有时会出现因人而异的结果,即主观影响因素较大,在这种情况下,可以用色差计来辅助进行色差的仲裁判定。

客观地讲,用目测法确是很难定量断定色差的,比如有的颜色色差达到0.5,有人就有感觉,有的颜色的色差要达到2.0时,人们才有感觉,这对颜色丰富的辊涂板来说,要用目测法准确提出每种颜色的色差敏感值难度更大。

测量色差有专门的色差计,色差计对光源是有专门要求的,不是在什么光源条件下都能测试的。一般要求光源的波长范围为400 nm~700 nm,波长半宽度应在20 nm以内。在特定光源照射下,测定铝塑复合板的反射光。通过计算不同样品的反射光特定光学参数之间的差值而得到所测样品的色差值。

值得注意的是:仪器法测色差不适用于发光涂膜、透明和半透明涂膜、反光涂膜和金属光泽涂膜,只适用于颜色均一(即单色)的涂膜。

按待测涂膜表面质地分为光滑非纹理性涂膜和表面有纹理性涂膜。色差测量条件分别包括包含镜面反射的测量(用光泽吸收器)和除去镜面反射的测量(无光泽吸收器)。

国际照明学会(CIE)对于颜色及颜色的测量有专门的规定。通俗地讲,人们对颜色的感知程度是有一定规律可循的。通常用一种三维的坐标系(如 Hunter Lab 坐标系)来描述颜色,不同的颜色对应于 L、a、b 坐标系中不同的坐标位置,那么所谓的色差,就可以理解为该坐标系中两个坐标点之间的距离。

在颜色学上，经常会提到颜色的三属性，即色相、明度和彩度。

所谓色相，就是用来判断物体的红、黄、绿、蓝、紫等和其相邻色对之间的中间颜色的知觉属性，用 H 表示；

所谓明度，就是用来标明物体反射光线多少的颜色知觉属性，即俗称亮度，用 L 表示；

所谓彩度，就是表示彩色偏离同等明度的灰色的程度的标识颜色的知觉属性，并规定所有灰色的彩度为 0。

如果用一个地球仪来说明，就比较容易理解了，见图 3—1。色相就相当于经度，从 0 度～360 度，依次为蓝色、绿色、黄色、红色、紫色。明度就相当于纬度，北极表示白色，明度为 100，南极表示黑色，明度为 0。彩度就相当于海拔高度，而且以地心的海拔高度为 0，灰色就相当于地心。

在 ICE 的标准中，常用的色空间坐标模型有 LCH 模型、Lab 模型、CMC 模型等，各模型的基本原理都大同小异。

下面以常用的 Hunter Lab 坐标体系为例进行说明色差的计算。Lab 色空间如图 3—2 所示，用 L 表示明度，a 和 b 表示色度。

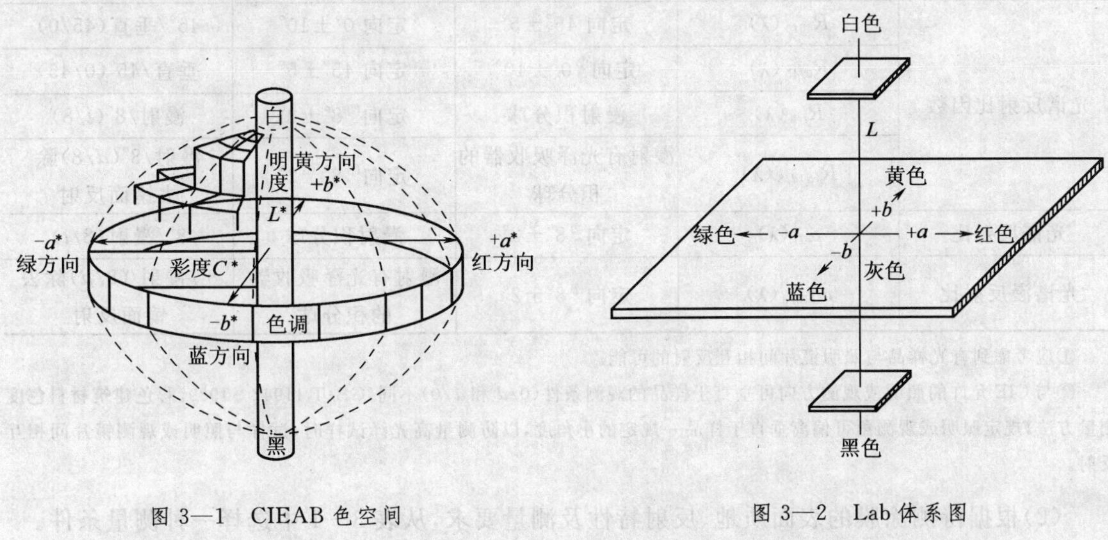

图 3—1 CIEAB 色空间　　　图 3—2 Lab 体系图

实际测量时，先用测色色差计测量参考样品（即被比较样品）的色坐标值 L_1、a_1、b_1，再测量待测样品（即比较样品）的色坐标值 L_2、a_2、b_2，然后计算两个坐标点之间的距离，即可得到两样品之间的色差值。

测色色差计由照明光源、探测器、放大调节、仪表读数或数字显示，数据运算处理及打印输出等部分组成。探测器通常是带修正滤色器的光电池或光电管。一般采用 3 个探测器，每一探测器产生的光电流对应于三刺激值，由仪表或数字显示出来。

测色色差计的测量精度与光源、光电管的光谱灵敏度有密切关系。为了保证测量精度，测色色差计和其他的光电积分测色仪器一样，必要时需更换光源和探测器。并应对仪器进行定期的检定。

一般情况下，测色色差计都能自动测量出样品的色坐标值，并计算出色差值，只需按照仪器的使用说明书进行即可。每次测量前应该用标准板对仪器进行标定，以保证测量值的准确性。测量结果应以同一批试样中得到的最大值表示。

需要注意的是，不论是目测还是用仪器测量，在测量中辊涂板都应保持样品涂装方向的一致性，因为滚涂工艺决定了涂层的颜色与涂装方向有关，现在有不少幕墙板与板之间看上去有一些色差，经常引起供需双方的质量争议，而这些色差的产生原因都是由于铝塑复合板在安装过程中不注意按同一生产方向安装，将各个方向的板混装在一起而造成的。

（二）检测设备

色差仪通常采用几何结构分为定向型和积分球两种，其中定向型几何结构分为 45/0 和 0/45 两种，积分球型几何结构分为 $d/8$ 和 $8/d$ 两种。选择的色差仪，标准光源、标准色度观察者、颜色空间和观察面积不同，测得的色差值也会有差异。

(1)涂膜颜色测量的照明和观测条件见表 3—1。

表 3—1　涂膜颜色测量的照明和观测条件

光谱辐射特性		观测条件		
名称	符号	照明	观测	表示（缩写）
光谱反射比因数	$R_{45/0}(\lambda)$	定向 45°±5°	定向 0°±10°	45°/垂直(45/0)
	$R_{0/45}(\lambda)$	定向① 0°±10°	定向 45°±5°	垂直/45°(0/45)
	$R_{t/8}(\lambda)$	漫射积分球	定向② 8°±2°	漫射/8°(t/8)
	$R_{(d)d/8}(\lambda)$	漫射有光泽吸收器的积分球	定向② 8°±2°	漫射/8°(d/8)除去镜面反射
光谱反射比	$\rho_{8/t}(\lambda)$	定向② 8°±2°	漫射积分球	8°/漫射(8/t)
光谱漫反射比	$\rho_{(d)8/d}(\lambda)$	定向② 8°±2°	漫射有光泽吸收器的积分球	8°/漫射 (8/d)除去镜面反射

①应考虑到有光样品与照明镜片间相互反射的可能。

②与 CIE 允许的照明或观测方向可垂直于样品的观测条件(0/d 和 d/0)不同，GB/T 11942—1989《彩色建筑材料色度测量方法》规定照明或观测角可偏离垂直于样品一规定的小角度，以防测量高光泽试样时，试样与照明或观测镜片间相互反射。

(2)根据待测涂膜的表面质地、反射特性及测量要求，从表 3—1 中选择一种测量条件。

1)光滑非纹理型涂膜

表 3—1 中所有测量条件都适宜于光滑非纹理型涂膜色坐标的测定，具有高光泽试样，使用无光泽吸收器的积分球测得的三刺激值，经对表面反射的校正，其采用的所有测量条件测定结果是可比的。

①包含镜面反射的测量

使用测量条件 8/t 或 t/8(均无光泽吸收器)，假如光泽改变而涂膜颜色在视觉上无可觉察的改变，例如老化后，测得包含镜面反射在内的三刺激值一般不受影响。

②除去镜面反射的测量

使用测量条件 8/d 或 d/8(均用光泽吸收器)或 45/0 或 0/45。

2)表面有纹理型涂膜

①包含镜面反射的测量

使用测量条件 8/d 或 d/8(均无光泽吸收器)。

②除去镜面反射的测量

对于无光或低光泽试样,使用 8/d 或 d/8(均用光泽吸收器)测量条件。假如测量时要转动试样,可使用 45/0 或 0/45 测量条件。当试样由环形光线或两束互成 90°光线照射时,测量条件为 45/0。

表面有高光泽且有纹理的涂膜,由于无规则的镜面反射光会进入探测器中,故不应使用 8/d 或 d/8(均有光泽吸收器)和 45/0 或 0/45 测量条件。

(三)检测中的注意事项和常见问题分析

在定向照明和定向观测光束中,光束轴与任何光线的夹角不应超过 5°。

漫射照明和观测均应在同一积分球内。积分球上放置试样的开口面积不应超过整个球内反射面积的 10%。

在 8/d 和 d/8 的照明与观测条件时,应使用光泽吸收器除去部分镜面反射光。而其测量结果则取决于光泽吸收器的大小、位置和形状。

(四)检测结果的计算与处理

我们实际测量时得到的是一种颜色的 3 个坐标值 X、Y、Z(也称三刺激值),通过式(3—1),式(3—2),式(3—3)可以换算成对应的色空间 L、a、b 值:

$$L=10Y^{1/2} \tag{3—1}$$

$$a=\frac{17.5(1.02X-Y)}{Y^{1/2}} \tag{3—2}$$

$$b=\frac{7.0(Y-0.847Z)}{Y^{1/2}} \tag{3—3}$$

若两个色样样品都按 L^*、a^*、b^* 标定颜色,则两者之间的总色差 ΔE_{ab^*} 以及各项单项色差可用式(3—4),式(3—5)计算:

$$\Delta E=[(\Delta L)^2+(\Delta a)^2+(\Delta b)^2]^{1/2} \tag{3—4}$$

$$\Delta E=(\Delta L^2+\Delta a^2+\Delta b^2)^{1/2} \tag{3—5}$$

式中,ΔL、Δa、Δb 分别是两个颜色样品的明度 L_1 和 L_2,色度 a_1、b_1 和 a_2、b_2 之差。

当 $\Delta a>0$ 时,表示待测样比参考样偏红(绿色较少);

当 $\Delta a<0$ 时,表示待测样比参考样偏绿(红色较少);

当 $\Delta b>0$ 时,表示待测样比参考样偏黄(蓝色较少);

当 $\Delta b<0$ 时,表示待测样比参考样偏蓝(黄色较少);

当 $\Delta L>0$ 时,表示待测样比参考样偏白;

当 $\Delta L<0$ 时,表示待测样比参考样偏黑。

取平均值为最后的测量结果。

三、光泽度

(一)基本原理

光泽是涂层表面把投射在其上的光线向一个方向反射出去的能力。反射率越高,则其光泽就越高。涂层光泽是鉴别涂层外观质量的一个主要性能指标。不同产品对涂层光泽度的要求是不同的，如高级轿车就需要涂层光泽度越高越好，而一些光学仪器、军用器械和地面伪装设施等则要求平光和无光。

涂层光泽按照其光泽度的高低可以分为高光泽、半光、或中等光泽、蛋壳光、平光和无光等，其光泽范围见表3—2。

表3—2 涂层光泽的分类

光泽的区分	光泽①(%)	光泽的区分	光泽①(%)
高光泽	70以上	平　光	2～6
半　光	30～70	无　光	2以下
蛋壳光	6～30		

①光泽分类是根据60°光泽度计测得的光泽进行分类的。

涂层光泽不仅与所用涂料有关，而且还与涂装工艺质量有关。涂装工艺得当的涂层表面比较平整光滑，对光线的反射率高，而有流挂、针孔、桔纹及粘附有杂质的比较粗糙的涂层表面对光线的反射率就较低。

由于用户对光泽度的高低要求不同，各种涂层材质和工艺的光泽度也有区别，不宜对光泽度的高低作统一规定，但是，光泽度的偏差过大，会影响产品的外观，因此对光泽度的偏差应作出要求。AAMA2605中要求光泽度的偏差值为光泽度规定值的±5，参考AAMA2605的规定和实测值以及一般油漆涂料方面的通常要求，一般情况下当光泽度小于70时，光泽度测量值的极限值误差以≤10为宜；当光泽度大于70时，光泽度测量值的极限值误差以≤5为宜。

我国光泽度检测标准有GB/T 1743—1979《漆膜光泽度测定法》、GB/T 9754—2007《色漆和清漆 不含金属颜料的色漆膜之20°、60°、85°镜面光泽的测定》，以及GB/T 13891—2008《建筑饰面材料镜向光泽度测定方法》等，虽然标准不同，但测量原理和方法实际是相同的，所不同的是GB/T 1743是固定60°角，而GB/T 9754—2007根据光泽度的高低有3种不同的测量角度，并且是由ISO 2813标准转化而来，GB/T 13891—2008也是根据光泽度的高低有3种不同的测量角度，考虑适应不同的光泽度范围。

(二)检测设备

涂层光泽度的测定一般采用光泽计来进行，其结果以从涂层表面来的正反射光量与在同一条件下从标准表面来的正反射光量之比的百分数表示。原理见图3—3。所以涂层光泽一般是指与标准板光泽的相对比较值。光泽计由光源和接收部分组成。光源经透镜使成平行或稍微汇聚的光束射向试板漆膜表面。反射光经接收部分透镜汇聚，经视场光缆被光电池所吸收。入射光束的中心线。应分别得与受试表面的垂直线成20°±0.5°、60°±0.2°或85°±0.1°，接收器的中心线应与入射光束中心线的镜面影像重合，试板上光斑的宽度不小于10 mm，接收器光束和垂直线间的夹角应等于相应的具有相同公差的入射光束的角度。根据光泽计光源的入射角的不同，可以将其分为固定角度光泽计(即一台仪器只有一个固定角度如45°，或60°)、多角度光泽计(即一台仪器有多个可转换的固定角度如0°、20°、45°、60°，根据光泽度的大小可在这几个固定角度之间转换不同的测试角度)和变角光泽计(20°～85°角度任意可调)。60°法适用于所有色漆漆膜，但对于光泽很高的色漆或接近无光泽的色漆，20°

法或 85°法则更为适宜。20°法对高光泽色漆可提高鉴别能力，适用于 60°光泽高于 70 单位的色漆，85°法对低光泽色漆可提高鉴别能力，适用于 60°光泽低于 10 单位的色漆。

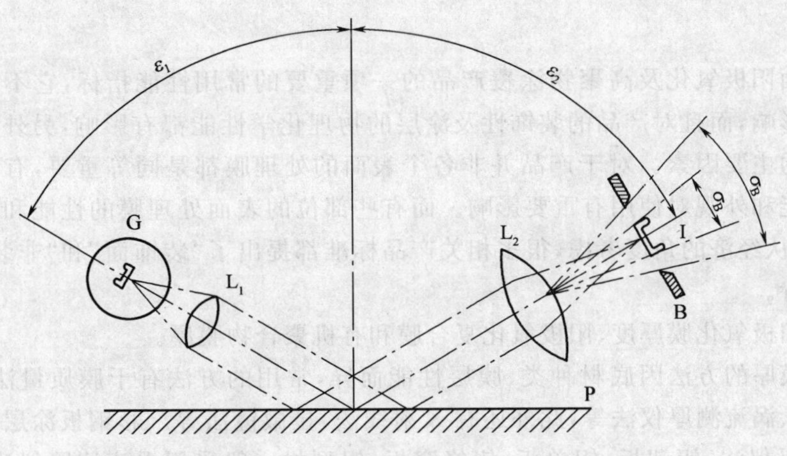

图 3—3　光泽计原理图

G—灯；L_1 和 L_2—透镜；B—接收器视场光阑；P—漆膜；入射角 ε_1＝反射角 ε_2；

σ_B—接收器孔径角；σ_s—光源像孔径角；I—灯丝像

(三)检测中的注意事项和常见问题分析

每次操作开始，先将仪器调整，并校准光泽计使其能正确读出高光泽工作标准板的光泽值，然后再读出低光泽工作标准板的光泽值。如果低光泽工作标准板的仪器读数与其所规定的数值相差超过 1 光泽单位，最好由制造厂重新调整后再使用。再操作一段时间后，亦需校准光泽计，以确保仪器工作稳定。值得注意的是，用这种方法测定光泽仅在平整性好的漆膜表面上才有意义，因为底材的稍微弯曲或局部不平整都会严重影响测量结果。刷痕、凸起的木纹或者类似的有规则纹理的方向应该平行于仪器的入射和反射平面，除非根据仪器使用说明事先进行了校准证明是可靠的。

标准板宜用镜头纸或绒布擦，以免损伤镜面。标准板不用时，应存放在密闭的容器内。要保持清洁，以防会划伤或损坏其表面的灰尘落在上面，绝对不允许将标准面朝下放在可能是脏的或有磨损作用的表面上。

每次使用时都握住标准件的边缘，以免人皮肤上的油污沾污标准面。清洗标准板要用温水和的洗涤剂溶液，用软尼龙刷子慢慢地刷洗(不要用肥皂溶液清洗标准板，因为肥皂可能会在表面留下一层膜)。用流动的热水(<65℃)冲洗标准板，以除法洗涤剂溶液，接着用蒸馏水作最后的清洗，然后置于适当温度的烘箱内干燥。

原始标准可能出现老化，所以至少每年校验一次，这尤其适用于黑玻璃。如果出现老化破坏，通过用氧化铈进行光学抛光，可以使原始光泽恢复。

(四)检测结果的计算与处理

光泽计校准后，每块样品在不同位置至少要测量四角及中心 5 处，再用高光泽的工作标准板校准仪器以确保读数没有偏差，若结果误差范围小于 5 个单位，则记录其平均值作为镜面光泽值。否则再进行 3 次测定，记录全部 6 个值的平均值及极限值。当发现光泽度的测量值与产品的生产方向有关时，应注意测量的方向应与涂布方向保持一致。

四、膜厚

膜厚是表面阳极氧化及高聚物涂覆产品的一项重要的常用性能指标，它不仅对产品的耐蚀性有重要影响，而且对产品的装饰性及涂层的物理化学性能都有影响，另外它还是决定产品生产成本的主要因素。对于产品并非各个表面的处理膜都是同等重要，有些部位的表面处理膜的性能和外观对使用有重要影响。而有些部位的表面处理膜的性能和外观对使用没有很大影响，从经济的角度考虑，很多相关产品标准都提出了“装饰面”和“非装饰面”的概念加以区别对待。

膜厚分为阳极氧化膜厚度、阳极氧化复合膜和有机聚合物膜厚。

用于测定膜厚的方法因底材种类、膜层性能而异，常用的方法有干膜质量法、磁性测厚仪法、千分尺法、涡流测厚仪法等，此外还有 X 射线法、显微镜法等。彩钢板涂层厚度测量一般采用磁性测厚仪法，铝塑板、铝单板、铝蜂窝板、铝型材一般采用涡流测厚仪法，阳极氧化铝合金板和型材除采用涡流法外还可采用分光束显微镜法、截面显微镜法和质量损失法。

(一)涡流法

1. 适用范围

涡流法是一种无损检测方法，具有快速方便的特点，特别适用于生产现场、销售现场或施工现场，但由于其存在固有测量误差，不适用于测量薄的膜。涡流法按照 GB/T 4957—2003《非磁性金属基体上非导电覆盖层覆盖层厚度测量 涡流法》和 ISO 2360—2003《非磁性金属基体上非导电覆盖层厚度测量方法 涡流方法》的规定进行，使用涡流测厚仪无损测量非磁性基体金属上非导电覆盖层厚度，原理是：涡流测厚仪器测头装置中产生的高频电磁场，将置于测头下面的导体中产生涡流，涡流的振幅和相位是存在于导体和测头之间的非导电覆盖层厚度的函数。

2. 检测中的注意事项和常见问题分析

测量中，需要注意的是，以下因素可能影响覆盖层厚度测量的准确度：

(1)覆盖层厚度

测量不确定度是本方法固有的。对于薄覆盖层测量的不确定度(确切地说)是恒定值，与覆盖层厚度无关，对于每一单次测量而言至少是 0.5 μm，对于厚度约大于 25 μm 的覆盖层，测量的不确定度等于近似恒定的分数与覆盖层厚度的乘积。如果对于厚度等于或小于 5 μm的覆盖层测量时，要取几个读数的平均值，厚度小于 3 μm 的覆盖层厚度可能测不准到真实厚度的 10%以内。

(2)基体金属的电性能

用涡流仪器测量厚度会受基体金属电导率的影响，金属的电导率与材料的成分及热处理有关，电导率对测量的影响随仪器的制造和型号不同而有明显差异。

(3)基体金属的厚度

每一台仪器都有一个基体金属的临界厚度，大于这个厚度，测量将不受基体金属厚度增加的影响。由于临界厚度既取决于测头系统的测量频率又取决于基体金属的电导率，因此，临界厚度值应通过实验确定，除非制造商对此有规定。通常，对于一定的测量频率，基体金属的电导率越高，其临界厚度越小，对于一定的基体金属，测量频率越高，基体金属的临界厚度越小。

(4)边缘效应

涡流仪器对试样表面的不连续敏感，因此，太靠边缘或内转角处的测量将是不可靠的，除非仪器专门为这类测量进行了校准。因此，不要在靠近试样边缘、孔洞、内转角处进行测量。

(5)曲率

试样的曲率影响测量。曲率的影响因仪器制造和类型的不同而有很大差异，但总是随曲率半径的减少而更为明显，因此，在弯曲的试样上进行测量将是不可靠的，除非一起为这类测量做了专门的校准。

(6)表面粗糙度

基体金属和覆盖层的表面形貌对测量有影响。粗糙表面既能造成系统误差，又能造成偶然误差，在不同位置上做多次测量能降低偶然误差。如果基体金属粗糙，还需要在未涂覆的粗糙基体金属试样上的若干位置校验仪器零点。如果没有适合的未涂覆的相同基体金属，应用不浸蚀基体金属的溶液除去试样上的覆盖层。

(7)外来覆着尘埃

涡流仪器的测头必须与试样表面紧密接触，因为仪器对妨碍测头与覆盖层表面紧密接触的外来物质十分敏感，应该检查测头前端的清洁度，每次测量之前应清洁试样表面上的任何外来物质，如灰尘、油脂和腐蚀产物等。

(8)测头压力

使测头紧贴试样所施加的压力大小会影响仪器的读数，因此压力应该保持恒定，这可以借助一个合适的夹具来达到。

(9)测头的放置

仪器测头的倾斜放置，会改变仪器的响应，因此测头在测量点处应该与测试表面始终保持垂直，这可以借助一个合适的夹具来达到。

(10)试样的变形

测头可能使软的覆盖层或薄的试样变形，在这样的试样上进行可靠的测量可能是做不到的，或者只有使用特殊的测头或夹具才可能进行。

(11)测头的温度

由于温度的较大变化会影响测头的特性，所以应该在与校准温度[(23±2)℃]大致相同的条件下使用测头测量，即涂层厚度的测量应在标准温度条件下进行。

(二)磁性法

1. 适用范围

磁性法是一种无损检测方法，钢、铁等磁性基材采用磁性测厚仪参照 GB/T 4956—2003《磁性基体上非磁性覆盖层 覆盖层厚度测量 磁性法》的规定进行。使用磁性测厚仪无损测量磁性基体金属上非磁性覆盖层(包括釉瓷和搪瓷层)厚度。原理是：磁性测厚仪器测量永久磁铁和基体金属之间的磁引力，该磁引力受到覆盖层存在的影响；或者测量穿过覆盖层与基体金属的磁通路的磁阻。

2. 检测中的注意事项和常见问题分析

测量中，需要注意的是，以下因素可能影响覆盖层厚度测量的准确度：

(1)覆盖层厚度

测量准确度随覆盖层厚度的变化取决于仪器的设计。对于薄的覆盖层，其测量准确度与覆盖层的厚度无关，为一常数，对于厚覆盖层，其准确度等于某一近似恒定的分数与厚度乘积。

(2)基体金属的磁性

基体金属磁性的变化能影响磁性法厚度的测量。为了实际应用的目的，人为低碳钢的磁性变化是不重要的。为了避免各不相同的或局部的热处理和冷加工的影响，仪器应采用性质与试样基体金属相同的金属校准标准片进行校准，可能的话，最好采用待镀覆的零件做标样进行仪器校准。

(3)基体金属的厚度

每一台仪器都有一个基体金属的临界厚度，大于这个厚度，测量将不受基体金属厚度增加的影响。临界厚度既取决于仪器测头和基体金属的性质，因此，临界厚度值应通过实验确定，除非制造商对此有规定。

(4)边缘效应

本方法对试样表面的不连续敏感，因此，太靠边缘或内转角处的测量将是不可靠的，除非仪器专门为这类测量进行了校准。因此，不要在靠近试样边缘、孔洞、内转角处进行测量。这种边缘效应可能从不连续处开始向前延伸大约 20 mm，这取决于仪器本身。

(5)曲率

试样的曲率影响测量。曲率的影响因仪器制造和类型的不同而有很大差异，但总是随曲率半径的减少而更为明显，因此，在弯曲的试样上进行测量将是不可靠的，除非一起为这类测量做了专门的校准。

(6)表面粗糙度

如果在粗糙表面上的同一参比面内测得的一系列数值的变动范围明显超过仪器固有的重现性，则所需的测量次数应至少增加到 5 次。

(7)基体金属机械加工方向

使用具有双极式测头或已不均匀磨损的单极式测头仪器进行测量，可能受磁性基体金属机械加工(如轧制)方向的影响，读数随测头在表面上的取向而异。因此，如果机械加工方向明显的影响读数，则在试样上进行测量时应使测头的方向与在校准时该测头所取的方向一致，如果不能做到这样，则在同一测量面内将测头每旋转 90°，增做一次测量，共做 4 次。

(8)剩磁

基体金属的剩磁可能影响使用固定磁场的测厚仪的测量值，但对使用交变磁场的磁阻型仪器的测量的影响很小。因此使用固定磁场的双极式仪器测量时，如果基体金属存在剩磁，则必须在互为 180°的两个方向上进行测量。

(9)磁场

强磁场，例如各种电器设备产生的强磁场，能严重的干扰使用固定磁场的测厚仪的工作。

(10)外来覆着尘埃

仪器的测头必须与试样表面紧密接触,因为仪器对妨碍测头与覆盖层表面紧密接触的外来物质十分敏感,应该检查测头前端的清洁度,每次测量之前应清洁试样表面上的任何外来物质,如灰尘、油脂和腐蚀产物等,测量时应避开存在难于除去的明显缺陷,如焊接、酸蚀斑、浮渣或氧化物的部位。

(11)覆盖层的电导率

某些磁性测厚仪的工作频率在 200 Hz～2000 Hz 之间,在这个频率范围内,高导电性厚覆盖层内产生的涡流,可能影响读数。

(12)测头压力

施加于测头电极上的压力必须适当、恒定、使软的覆盖层都不致变形。另一方面,软的覆盖层可用金属箔覆盖住再测量,然后从测量值中减去金属箔的厚度,如果测量磷化膜也有必要这样操作。

(13)测头取向

与地球重力场有关,应用磁引力原理的测厚仪测得的读数可能受磁体取向的影响,因此仪器测头在水平或倒置的位置上进行的测量,可能需要分别进行校准,或可能无法进行。

(三)质量损失法

1.适用范围

质量损失法是一种有损检测方法,按照 GB/T 8014.2—2005《铝及铝合金阳极氧化 氧化膜厚度的测量方法 第 2 部分:质量损失法》,将已知面积和质量的试样放入对基体金属无明显浸蚀作用的、规定浓度的磷酸与三氧化铬的混合溶液中(此溶液中只能溶解氧化膜)。待氧化膜溶解后称量试样质量,计算出试样的质量损失及其单位面积上的氧化膜质量。在已知氧化膜的生成条件及其密度的情况下,可通过测定氧化膜单位面积质量估算氧化膜的平均厚度。适用于铜含量不大于 6%的铸造或变形铝合金生成的所有阳极氧化膜,适用于平均膜厚小于 5 μm 的氧化膜厚度测量的仲裁法。

2.检测方法

(1)试剂

磷酸($\rho_{20}=1.7$ g/mL)、结晶三氧化铬、磷酸—铬酸溶液(20 g 结晶三氧化铬和 35 mL 磷酸在容量瓶中用蒸馏水或去离子水稀释至 1000 mL)。

注:六价铬溶液有毒,应仔细操作。

(2)试样

试样待检的氧化膜表面积为 800 mm^2～1000 mm^2,试样质量不超过 100 g。如表面较脏或被油脂及其他物质污染,需用合适的有机溶剂(如汽油、酒精、三氯乙烯)将脏物清洗掉。有时仅需测量试样某一表面的氧化膜质量,此时另一面上的氧化膜可用机械或化学方法去除,或用养护剂涂覆,以阻止试验溶液对它的浸蚀。

(3)试验步骤

计算式样的氧化膜面积,称量试样的质量(精确到 0.1 mg)。将试样置于 100℃的磷酸—铬酸溶液中浸泡 10 min 后取出,用蒸馏水洗净、干燥、再称量质量。依此方法重浸泡和称量,直至再没有质量损失为止。

注意：新配置的试剂，一般在10 min内能使氧化膜全部溶解。随着时间的延长，试剂溶解能力降低。在溶解能力明显降低之前，1 L磷酸—铬酸溶液大约可以溶解12 g氧化膜。

(4)计算

1)表面密度(单位面积上的氧化膜质量)的计算见式(3—6)：

$$\rho_A=\frac{m_1-m_2}{A} \tag{3—6}$$

式中 ρ_A——表面密度(单位面积上氧化膜的质量)，g/mm^2；

m_1——氧化膜溶解前的试样质量，g；

m_2——氧化膜溶解后的试样质量，g；

A——试样待检的氧化膜表面积，mm^2。

2)氧化膜平均厚度的计算见式(3—7)：

$$d=\frac{\rho_A}{\rho}\times 10^6 \tag{3—7}$$

式中 d——氧化膜的平均厚度，μm；

ρ_A——表面密度(单位面积上氧化膜的质量)，g/mm^2；

ρ——氧化膜密度，g/cm^3。

3.检测中的注意事项和常见问题分析

氧化膜密度取决于合金成分、阳极氧化工艺和封孔工艺，在正常工艺条件下，氧化膜密度为2.3 g/cm^3～2.6 g/cm^3；纯铝及不含铜的铝合金在20℃的硫酸溶液中，直流氧化生成的薄氧化膜，封孔后的氧化膜密度约为2.6 g/cm^3，未封孔的氧化膜密度约为2.4 g/cm^3；由于密度为近似值，因此本方法只能得出一个近似的厚度值；因此本方法用于膜厚等于或小于10 μm的薄氧化膜时，厚度估算结果较为准确。

(四)分光束显微镜法

1.适用范围

分光束显微镜法是一种无损检测方法，仅限于测量透明膜厚值，按照GB/T 8014.3—2005《铝及铝合金阳极氧化 氧化膜厚度的测量方法 第3部分：分光束显微镜法》，用分光束显微镜在考察面积内至少取10个点对膜厚进行单一测量，取平均值作为氧化膜局部厚度，适用于10 μm以上的氧化膜，不适用于深色氧化膜或基体粗糙的氧化膜。值得注意的是：该仪器应采用已知阳极氧化膜厚度的标准样品进行校准，并且应进行多次测量，计算其算术平均值。

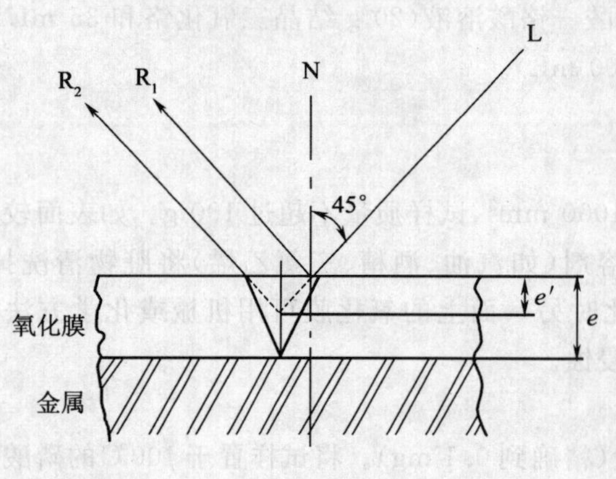

图3—4 原理示意图

2.方法原理

如图3—4所示，在分光束显微镜中，一束狭长平行光线(L)倾斜地入射氧化膜表面，通常入射角取45°，光束的一部分R_1在氧化膜的外表面反射出来，另一部分光束

R_2 穿过氧化膜并在金属与氧化膜的界面上反射出来。R_2 经历了两次折射。这样在视区可得到两条平行亮线，两平行线间距离正比于氧化膜的厚度及仪器的放大倍数。两条平行线的间距也与氧化膜的折射率及仪器的几何形状有关。

当入射角及测量仪器的物镜光轴与试样表面夹角均为 45°时，氧化膜厚度可以按式(3—8)计算：

$$e=e'\sqrt{2n^2-1}=2.04e' \tag{3—8}$$

式中 e——氧化膜真实的厚度单一测量值，μm；

e'——仪器测得的厚度，μm；

n——氧化膜的折射率(一般为 1.59～1.62)。

计算所得单一测量值的算术平均值，每个单一测量值相对于算术平均值的允许偏差为 ±10%，异常值个数不得超过总测量点数的 30%，并且异常值在计算平均值时必须舍去，同时应另测两次，并将该两个测量结果(无论是否出现异常值)代入平均值($\bar{e}$)的计算。

按式(3—9)计算偏差：

$$\delta=\frac{\sum_{i=1}^{n}|e-\bar{e}|}{n} \tag{3—9}$$

式中 δ——平均偏差，μm；

e——氧化膜真实的厚度单一测量值，μm；

$\bar{e}$——所得氧化膜真实的厚度单一测量值的算术平均值，μm。

3. 仪器

专用分光束显微镜，通常用于测量透明膜厚及表面粗糙度。该仪器用阳极氧化膜的标样进行校准，该标样的膜厚事先已用横截面显微法加以确定。

(五)横断面厚度显微镜测量法

1. 适用范围

是一种有损检测方法，按照 GB/T 6462—2005《金属和氧化物覆盖层 厚度测量 显微镜法》，从待测试件上切割一块试样，镶嵌后，采用适当的技术对横断面进行研磨、抛光和浸蚀。用校正过的标尺测量覆盖层横断面的厚度。适用于平均膜厚不小于 5 μm 的氧化膜厚度测量的仲裁法。

2. 检测中的注意事项和常见问题分析

该方法对试样制备要求很高，需要对试样进行适当的研磨、抛光和浸蚀处理。该试验有很多影响测量精度的因素：

(1)表面粗糙度

如果覆盖层或覆盖层基体表面是粗糙的，那么与覆盖层横断面截出的一条或两条界面线是不规则的，以致不能精确测量。

(2)横断面的斜度

如果横断面不垂直于待测覆盖层平面，那么测量的厚度将大于真实厚度，例如：垂直度偏差 10°，将产生 1.5%的误差。

覆盖层变形：镶嵌试样和制备横断面的过程中，过高的温度和压力将使软的或低熔点的覆盖层产生有害变形；在制备脆性材料横断面时，过度的打磨也同样会产生变形。

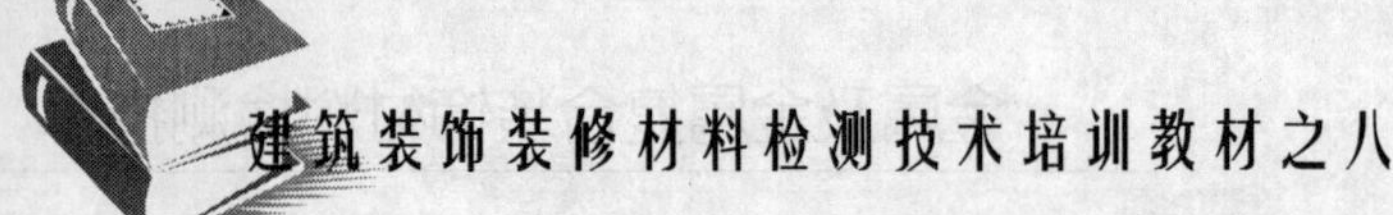

(3)覆盖层边缘倒角

如果覆盖层横断面边缘倒角,即覆盖层横断面与边缘不完全平整,采用显微镜测量则得不到真实厚度。不正确的镶嵌、研磨、抛光和浸蚀都会引起边缘倒角,因此在向前之前,待测试样常要附加镀层,这样可使边缘倒角减至最小。

(4)附加镀层

在制备横断面时,为了保护覆盖层的边缘,以避免测量误差,常在待测试样上附加镀层。在附加镀层前的表面制备过程中,覆盖层材质的除去将导致厚度测量值偏低。

(5)浸蚀

适当的浸蚀能在两种金属的界面线上产生细而清晰的黑线,过度的浸蚀会使界面线不清晰或者线条变宽,使测量产生误差。

(6)遮盖

不适当的抛光或附加镀覆软金属会使一种金属遮盖在另一种金属上,造成覆盖层合计体之间的界面线模糊。为了减轻遮盖的影响,可反复制备金属镀层的横断面,直至厚度测量出现重现,或附加镀覆较硬的金属。

(7)放大率

对于待测的任何一个覆盖层厚度,测量误差一般随放大率减小而增大。选择放大率时应使显微镜视野为覆盖层厚度的 1.5 倍～3 倍。

(8)载物台测微计的校正

载物台测微计校正时的误差将反映到试样的测量中。标尺必须经过严密的校正或验证,否则会产生百分之几的误差。常用的校准方法是:以满标尺长度为准确值,然后使用线性测微计测量每格长度,根据比例算出每格刻度值。

(9)测微计目镜的校正

线性测微计目镜可提供最满意的测厚方法。目镜经校准,测量将更为准确,因校准与操作者的人为因素有关,因而目镜应由测量操作者进行校准。重复校正测微计目镜可希望得到小于1%的误差。校正载物台测微计的两条线的间距应在 0.2 μm 或 0.1%中较大一个的范围内,若载物台测微计未作精度验证,则应校正。

(10)对位

测微计目镜移动时的齿间游移也能引起测量误差,因此要保证将待测界面置于光轴中心,并且在视野的同一位置进行校准和测量。

(11)放大率的一致性

放大率在整个视野内不一致就会出现误差,因此要保证待测界面置于光轴中心,并且在视野的同一位置进行校准和测量。

(12)透镜的质量

图像不清晰将产生测量不确定度,因此要保证使用优质的透镜。

(13)目镜的方位

保证目镜的准线在对线时移动的过程中与覆盖层横断面的界面线垂直。例如:偏离10°,其误差为 1.5%。

(14)镜筒的长度

镜筒长度的变化会引起放大率的变化,若此变化发生在校准和测量之间,则测量不准。

目镜在镜筒内重新定位时，改变目镜镜筒焦距时，以及在进行显微镜微调时，注意避免镜筒长度发生变化。

(15)测量

测量覆盖层横断面图像的宽度时，沿显微断面长度至少取 5 点测量。

五、涂层硬度

涂层硬度是涂层生产的一个控制指标，它在一定程度上反映了油漆本身的硬度和固化的程度，以及产品的抗划伤能力。涂层硬度包括铅笔硬度和压痕硬度。

(一)铅笔硬度

1.基本原理

试验方法按照 GB/T 6739—2006《涂膜硬度铅笔测定方法》的规定进行(该标准等同采用了 ISO 15184 标准)，采用已知硬度标号的铅笔刮划涂膜，以铅笔硬度标号表示涂膜硬度。包括两种方法：A 法试验机法和 B 法手动法。试验可用手划，但最好用仪器进行，特别是在有争议时更要用仪器进行，以减少人为因素的影响。该方法适用于单涂层和多涂层体系。

2.检测设备

(1)一组中华牌高级绘图铅笔 9H、8H、7H、6H、5H、4H、3H、2H、H、F、HB、B、2B、3B、4B、5B、6B、7B、8B、9B，其中 9H 最硬，9B 最软。

国内常用的是中华牌高级铅笔，下面是已知使用的铅笔的国外制造商：

Microtomic manufactured by Castell;

Turquoise T－2375, manufactured by Empire Berol, USA;

KOH－L－NOOR, type 1500, manufactured by Hardtmuth AG;

Uni, manufactured by the Mitsubishi Pencil Co.

对于比对试验，建议使用同一生产厂的铅笔。不同生产厂的和同一生产厂不同批次的铅笔都可能因其结果的不同。

铅笔的制备：用削笔刀削去木杆部分，使铅芯呈圆柱状露出约 5 mm～6 mm，然后在坚硬的平面上放置砂纸，将铅芯垂直靠在 400＃砂纸上画圆圈，直至铅笔尖端磨成一个平整光滑的圆形截面，且边缘没有碎屑和缺口。

(2)铅笔硬度仪：试验机的重物通过重心的垂直线使涂膜面的交点接触到铅笔芯的尖端，将铅笔固定在铅笔夹具上。调节水平，保证铅笔与试样表面成 45°角，试样板上加载的铅笔尖端施加在漆膜表面的负载应为(750±10)g。当铅笔的尖端刚接触到涂层后立即推动试板，以 0.5 mm/s～1 mm/s 的速度匀速向前推进至少 7 mm 的距离。

3.检测中的注意事项和常见问题分析

用铅笔芯在漆膜表面划痕会使漆膜表面产生一系列缺陷，这些缺陷定义为：

(1)塑性变形：漆膜表面永久的压痕，但没有内聚破坏；

(2)内聚破坏：漆膜表面存在可见的擦伤或刮破。

擦伤是指在涂膜表面有微小的划痕，但由于压力使涂膜凹下去的现象不做考虑。如果在试验处的涂膜无伤痕，则可用橡皮擦除去碳粉，以对着垂直于刮划的方向与试验样板的平面成 45°角进行目视检查，能辨别的伤则认为是擦伤。刮破是指刮破到样板的底材或底层涂膜。

在实际操作中，个别时候会出现铅笔芯中有粗砂粒而偶然划伤涂层的情况，此时可将这段铅笔芯磨去或换一支相同硬度值的铅笔。还有一种比较少见的情况，就是有时铅笔本身硬度有误，铅笔的硬度标识与其实际硬度值不相符，此时可用 3 支或更多相邻硬度标号的铅笔进行验证，以确定是否有这种情况存在。

铅笔硬度的影响因素较多，比如涂层的粗糙度、涂层固化程度、涂层附着力、基材硬度、检验环境温度、铅笔质量等，还有就是用手工检验时不同的操作人员、压力大小的差异等。特别是不同牌号的铅笔，其本身的硬度就相差较大，国内标准规定用上海中国铅笔一厂生产的中华牌高级绘图铅笔，这种牌子的质量相对来说是最有保障的。AAMA2604－05 标准里规定试验使用鹰牌铅笔(eagle)，涂膜硬度至少达 F 级。鹰牌铅笔比国内中华铅笔相对来说要硬一些，因此试验结果也会偏低，这也就是为什么国外标准规定的涂膜硬度标准要比国标低一些。另外，实际操作时，可多用几支同一硬度标号的铅笔进行平行试验，以尽可能排除铅笔异常对试验结果的影响。

4. 检测结果的计算与处理

除非另外商定，30 s 后以裸视检查涂层表面，用软布或脱脂棉和惰性溶剂一起擦拭涂层表面，或者用橡皮擦，当擦净涂层表面上铅笔芯的所有碎屑后，破坏更容易评定(要注意：溶剂不能影响试验区域内涂层的硬度。)。经商定，可以使用放大倍数为 6 倍～10 倍的放大镜来评定破坏，并在报告中注明。

如果未出现划痕，在未经过实验的区域重复试验，更换较高硬度的铅笔直到出现至少 3 mm长的划痕为止，以没有使涂层出现 3 mm 及以上划痕的最硬的铅笔的硬度表示图层的铅笔硬度。

(二)压痕硬度

1. 基本原理

所谓压痕硬度，就是表征有机涂层抵抗压头压入的能力。在一定的载荷下，涂层硬度越高，则其抵抗压头压入涂层的能事力越强，涂层压痕也就越小。压痕硬度一般由各种压痕硬度仪来进行测量。

压痕硬度仪的基本原理就是用一定大小的载荷，以一定形状、尺寸、材质的压头并以一定的加载速度在涂层表面加上一定时间的压力后测定压痕的尺寸大小，以反映涂层抵抗压力变形的能力，压痕的尺寸越小，说明涂层抵抗压力变形的能力越大，涂层的硬度就越大，反之涂层的硬度就越小。

压痕硬度有多种测量方法，如欧洲涂料涂层协会采用的 Buch 法，美国材料试验协会采用的 A Knoop 法和 B Pfund 法。几种方法的基本情况如表 3—3 所示。

表 3—3　压痕硬度测量方法的比较

测试方法	Buch 法	A Knoop 法	B Pfund 法
所用压头	Buch h012 圆锥体	金刚石菱形锥体	半球形石英或蓝宝石
载荷/kg	1	0.025	1
载荷保持时间/s	30±1	18±0.5	60±0.5

续表

测试方法	Buch 法	A Knoop 法	B Pfund 法
测量项目/mm	压痕长度 L	压痕对角线长 I	压痕直径 d
测量数量	3	5	5
检验结果表达	$E=100/L$	$KHN=F/I^2 C_P$	$PHN=1.27/d^2$
备注		L 为载荷 C_P 为压头常数 (7.028×10^{-2})	

但是压痕硬度对涂层有最低厚度要求，而且要求基材是很硬的，不能因为基材太软而影响到涂层的硬度测量。

粉末喷涂铝板(型材)，按照 GB/T 9275—1988《色漆和清漆 巴克霍尔兹压痕试验》的规定用巴克霍尔兹压痕仪对清漆、色漆的单涂层膜或多层涂膜进行压痕的检测。

2. 检测设备

压痕装置由构成仪器主体的矩形金属块、压痕器和两个尖角所组成。整个装置重(1000±5)g，压痕器和两个脚在主体上的位置要使仪器放在平面时较稳定。压痕器上的有效负荷重(500±5)g。测量长度的适宜装置是由放大 20 倍的显微镜和配有能读到 0.1 mm 刻度的目镜所组成，压痕表面的照明由仪器本身附有入射角为超过 60°的光源，显微镜应垂直装载在压痕表面的上方，调整焦距使压痕形成的影像和刻度尺所形成的影像同时产生。

3. 检测中的注意事项和常见问题分析

在进行压痕硬度检验时，应严格按照标准的检验的方法进行，任何震动和加载时间的不准确都会影响到检验结果，而且应在规定的时间内读取数据，一般是 20 s～40 s 内，超过这个时间范围，也会影响到检验结果。

除非另有规定，试验应在温度(23±2)℃，相对湿度(50±5)%的条件下进行。

4. 检测结果的计算与处理

当压痕仪在规定条件下施压涂膜时，即可形成压痕长度。以压痕长度倒数的函数表示抗压痕性试验结果，当要求涂抹的性能(抗压痕性)提高时，抗压痕性值就增大；将试板漆膜朝上，放在稳固的试验台平面上，将压痕器轻轻地放在石板适当的位置上，放时应首先使装置的脚与试板接触，然后小心地放下压痕器。放置(30±1)s，抬起装置离开试板时，应先抬压痕器，后抬起装置的脚。移去压痕器(35±5)s 期间内，用显微镜放在测定的位置上，测定压痕产生的影像长度，作为压痕长度，以毫米表示，精确到 0.1 mm，记录其结果。在同一试板上不同部位进行 5 次试验，计算其算术平均值 L，抗压痕性$=100/L$。

六、耐磨性

(一)基本原理

耐磨耗性主要反映表面的耐磨能力，这是一种综合反映涂层固化程度、硬度、附着力和内聚力的综合评价指标。常用的耐磨耗性测定方法有落砂法、橡胶砂轮法、喷磨法或轮式磨损法。涉及的检测标准有 GB/T 17748—2008《建筑幕墙用铝塑复合板》、GB/T 8013.1—2007

《铝及铝合金阳极氧化膜与有机聚合物膜 第1部分：阳极氧化膜》、GB/T 8013.2—2007《铝及铝合金阳极氧化膜与有机聚合物膜 第2部分：阳极氧化复合膜》、GB/T 8013.3—2007《铝及铝合金阳极氧化膜与有机聚合物膜 第3部分：有机聚合物喷涂膜》、GB/T 12967.1—2008《铝及铝合金阳极氧化 用喷磨试验仪测定阳极氧化膜的平均耐磨性》和 GB/T 12967.2—2008《铝及铝合金阳极氧化 用轮式磨损试验仪测定阳极氧化膜的耐磨性和磨损系数》。

（二）落砂法

墙体材料应用中不免要受到机械磨损，特别是幕墙板经常要受到灰尘或砂粒的磨损，因此，涂层耐磨耗性也是幕墙材料的重要性能。国内外在提出涂层耐磨耗性时，主要考虑到外墙板会受到风沙等的侵蚀磨损，不仅国内外的许多生产厂家都采用了该项性能，而且美国涂料与涂层协会也采用了该项性能。该方法实际等效采用了 ASTM D 968《用落砂法测定有机涂层耐磨耗性试验方法》。

这种方法的基本思想就是用规定的磨料在一定高度自由落下，冲刷试样表面的膜，直至磨穿膜层并露出规定大小尺寸的铝材为止，用落下磨料的体积或质量评定耐磨性能。落砂试验没有统一的标准，不同的产品所用的磨料和设备都有所不同，下面以氟碳涂层和阳极氧化膜为例说明。

1. 氟碳涂层落砂试验（以 GB/T 17748—2008 为例）

(1)检测设备

氟碳涂层落砂试验仪器结构示意图如图 3—5(a)所示。落砂流量为(7±0.5)L/min。样品规格为 100 mm×200 mm，3 块。

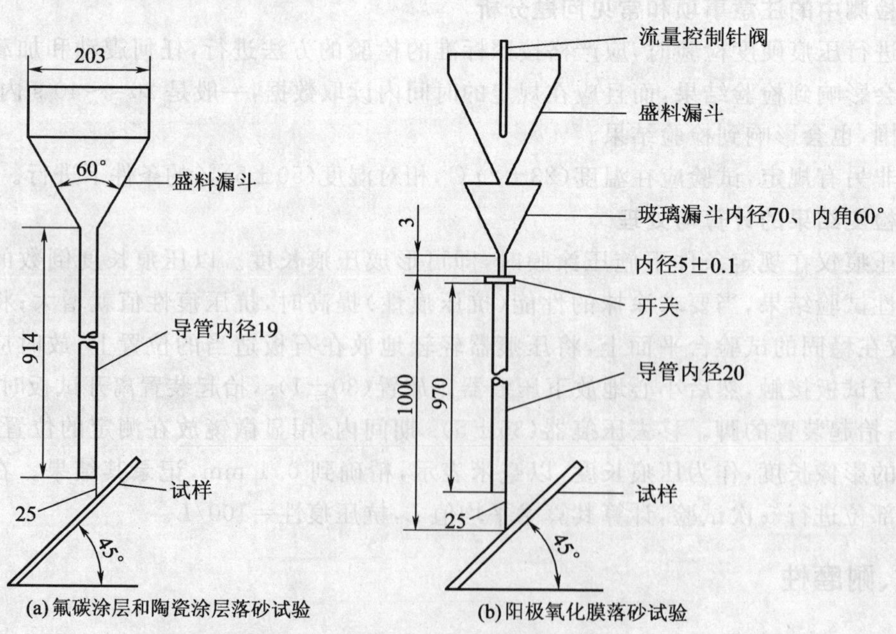

图 3—5 落砂实验仪器结构示意图

(2)检测中的注意事项和常见问题分析

采用 SiO_2 含量大于 96%，烧失量不超过 0.40%，含泥量不超过 0.20%，粒度 0.65 mm 筛余量小于 3%，粒度 0.40 mm 筛余量(40±5)%，粒度 0.25 mm 筛余量大于 94%的标准砂，通过导管从规定的高度落到试件涂层上冲刷涂层，直至磨穿涂层并露出规定大小尺寸的铝材为止。以磨掉单位涂层厚度所用砂量作为该涂层的耐磨耗性。

在每个试件表面划出 3 个直径 25 mm 的圆形区域作为待试验部位，按照 GB/T 4957 在每个区域内多次(至少 3 次)测量涂层厚度并求出算术平均值作为该区域的涂层厚度。

将试件安放到耐磨耗试验机上，使其中一个圆形区域的中心正好位于导管的正下方。在漏斗中不断加入试验用砂，通过导管中的落砂连续冲刷试件表面涂层，直至磨到露出直径为 4 mm 圆点的铝材为止，并计算总的用砂量。依次冲刷其余圆形区域。注意试件上的各圆形区域应适当分开，以保证各区域之间的试验值不会产生相互影响。

在应用该方法时应注意的是，采用不同的磨料会得出不同的试验结果，美国标准采用的是美国的标准砂，考虑到尽可能接近实际情况并符合中国的国情，在我们国家的铝塑复合板的检验中采用了有国家标准保障的水泥强度试验用标准砂(即所谓的老标准砂)。

试验中当涂层快磨穿时，磨损速度将明显加快，在接近试验终止前可适当暂停以观察圆点的情况，但应尽量减少暂停次数。观察时不要改变试验机和样品的位置以免影响试验结果。在目测无法判断是否露出铝板时(有时看上去好像已磨穿，实际还有几微米的涂层)，可借助涂层测厚仪来测量圆点处的涂层厚度，测量前应将圆点及附近轻轻擦干净以免影响测量值，如果所测量到的涂层厚度已为 0 μm，而且圆点的直径已达到 4 mm，则表明试验应该终止。

(3)检测结果的计算与处理

耐磨耗性按式(3—10)计算：

$$A=\frac{V}{T} \tag{3—10}$$

式中 A——耐磨耗性，L/μm；

V——总的用砂量，L；

T——圆形区域内的涂层厚度，μm。

取全部耐磨耗性试验值的平均值作为试验结果。

2. 阳极氧化膜落砂试验

(1)检测设备(GB/T 8013.1 附录 A)

阳极氧化膜落砂试验仪器结构示意图见图 3—5(b)。

落砂流量为 320 g/min。在每个试件表面划出 3 个直径 25 mm 的圆形区域作为待试验部位，按照 GB/T 4957 在每个区域内多次(至少 3 次)测量氧化膜厚度并求出算术平均值作为该区域的氧化膜厚度 h_0(μm)。

将试件安放到耐磨耗试验机上，使其中一个圆形区域的中心正好位于导管的正下方。在漏斗中不断加入已经称量的磨料(精确到 1 g)，观察受检试样，当试样受检面上出现一个小黑点，并逐渐扩大至 2 mm 左右时，立即关上开关停止落砂，再称取所乘磨料的质量，从以上两次称量中，计算出磨穿氧化膜所需用的磨料质量 m(g)。

(2)检测中的注意事项和常见问题分析

试验用磨料采用 GB/T 2480 规定的 80 号黑碳化硅。可重复使用 50 次，每次使用前应在 105℃温度下烘干，试样的尺寸为 50 mm×40 mm。

实验应在相对湿度不大于 80%的环境下进行。

试样应在型材的装饰面上截取。当不可能在型材上直接取样时，亦可采用生产工艺相同，能代表受检型材的试片代替。

(3)检测结果的计算与处理

耐磨耗性按式(3—11)计算：

$$f=\frac{m}{h_0} \tag{3—11}$$

式中 f——磨耗系数，L/μm；

m——所消耗磨料的质量，g；

h_0——氧化膜的厚度，μm。

取全部耐磨耗性试验值的平均值作为试验结果。

(二)橡胶砂轮法

1. 检测设备

针对室内装饰用金属及金属复合材料表面有机聚合物膜有耐磨性要求时，可以用橡胶砂轮法对其进行衡量。橡胶砂轮法，目前国际上采用 Taber 涂层耐磨耗仪测定。见图 3—6 所示，该仪器有两个摩擦轮，直径100 mm的样品固定在下面的旋转样品台上。当下面放样品的圆盘向一个方向旋转时，上面的两个摩擦轮会相互向相反方向旋转，在旋转的同时在涂层表面产生侧向摩擦。可以根据要求在摩擦轮上施加预先确定的荷载、使用事先确定材质或粗糙度的摩擦轮等。可以根据事先设定的转数，测量当样品经过设定的转数后样品的重量损失，即涂层被磨损掉的质量，或者测定磨损掉一定厚度的涂层时所需要的转数这两种方式来评价涂层的耐磨耗性能。

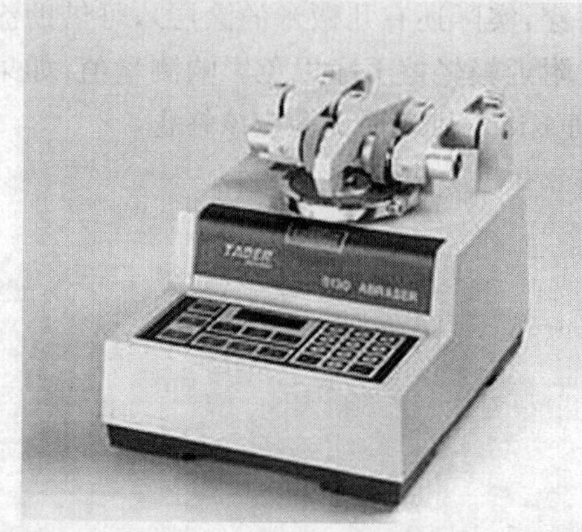

图 3—6 Taber 涂层耐磨耗仪示意图

2. 检测结果的计算与处理

检验时，将样品加工成直径 100 mm 的圆盘，中间钻一安装孔，称量磨损前样品的质量，然后将样品安装到仪器的样品固定旋转台上，设定所需的耐磨转数，压上两个摩擦轮并加上规定的载荷，其中两个摩擦轮的粗糙度和直径都是有要求的。开动仪器，当达到设定转数时仪器会自动停止旋转，取下样品，用软毛刷轻轻除去样品上的拂尘，立即置于天平上称量磨损后样品的质量，计算磨损前后样品的质量损失，即为样品的耐磨耗性。特别对于地面涂料，使用这种检验方法最为合适。

国家标准规定采用 JM－1 型漆膜耐磨仪，经过一定磨转次数后以漆膜的失重来表示其耐磨性。因失重法可不受漆膜厚度的影响，同样的负荷和次数，失重越小则耐磨性越好。

(三)喷磨试验仪检测设备(GB/T 12967.1)

1. 试验原理

GB/T 12967.1 标准规定了用喷磨试验仪测定铝及铝合金阳极氧化膜的平均耐磨性和标

准试样、协议参比试样的耐磨性进行比较的试验方法。在严格控制的条件下，由于干燥的空气流将干燥的碳化硅颗粒喷射在试样的一个小的检验区上，一直到裸露出金属基体为止。氧化膜的耐磨性可用喷磨时间或喷磨所用的碳化硅重量来表示。检验结果应和标准试样或协议参比试样（按供需双方所认可的条件制备的试样）的结果相比较。

该方法适用于膜厚不小于 5 μm 的铝及铝合金阳极氧化膜的检验，尤其适用于检验区直径为 2 mm 的小试样和表面不平的试样。如果试样的检验面很平，建议选用轮式磨损法检验，当一起的夹持装置能容下被检零件时，便可不必切取试样，但需要进行分层检验时，建议按轮磨式磨损法中的规定进行。

由于不同批次的磨料会使实验结果产生一定的误差，所以该试验只是一种相对的检验。

2. 检测设备

当选用一种合适的喷磨仪，并配有小探头的涡流仪时，逐渐增加各个点上的喷磨时间，便可进行分层检验。

喷磨试验仪由玻璃、黄铜、不锈钢或其他的硬质材料制成。它主要由两个管子组成，管子之间为同轴固定。外管与净化干燥的压缩空气或惰性气体发生器相通，所供气体由控制阀严格控制其流速。干燥磨粉通过内管在出口端与空气混合后，直接喷射在阳极氧化试样的表面上。

对于喷磨试验仪的结构无严格的规定，只要求在连续多次的试验中应有较好的重现性，并且测量准确。某些喷磨试验仪的结构虽然设计的合理，但是在实际生产中，要想生产一批能给出同样的实验结果，不随某些因素的影响而产生误差的喷磨装置是困难的。

试样支座是一个倾斜式的平台，试样牢固地固定在平台上，试样面通常与喷嘴的轴线成45°～55°夹角。角度不同，其喷磨作用也不同。角度越大，其椭圆形的检验区越小，磨损越快，最终的检验点越明显。

外管所需要的空气或惰性气体，通常是由空气压缩机或贮气瓶提供。送气量由调节阀、流量计或仪器附近的压力计来精确地控制。压缩空气或惰性气体应为干燥的或低湿度的。可用将压缩空气通过一个容器使水汽凝聚的方法产生低湿度的空气。也可用将压缩空气或惰性气体通入置有硅胶的管子的方法，产生干燥的压缩空气。实际应用中，压缩空气或惰性气体的最佳流速为 40 L/min～70 L/min，压强为 15 kPa。在检测期间，一旦选定压缩空气或惰性气体的流速，应在整个检验期间尽可能保持流速恒定。

供料漏斗用于贮存磨料，并以(20±1)g/min～(30±1)g/min 的恒速供料。

3. 磨料

喷磨试验仪所用的磨料，推荐使用碳化硅颗粒，磨料的合适粒度为 GB/T 2481.1—1998 中规定的 F100。磨料应无潮气，每次使用前应放在平底托盘中，于 105℃温度下进行干燥，干燥时间至少为 2 h。然后进行粗筛（可选用筛孔公称尺寸为 300 μm 的筛子，筛下磨料重复使用），以保证磨料中没有大的颗粒或条状物，干燥后的磨料可贮存在干净的密封容器中，可重复使用 50 次，但每次使用之前应再次干燥和粗筛，然后使用。

环境湿度对试验结果无太大影响，但如果使用没有干燥过的磨料，它将对试验结果产生较大的影响。

4. 试验步骤

选好标准试样的磨损面并做上标记，用涡流测厚仪精确地测量每个检验面上的阳极氧化膜厚度，将已选好的标准试样固定在试样支座上，其受检面与喷嘴相对，并与喷嘴呈正确角度。在供料斗中加入足够量的磨料，如果耐磨性能是按磨料用量来测量，则应称量供料漏斗中的磨料质量，精确到 1 g。

把压缩空气或惰性气体的流速、压强调整至选定值，并且每次检验过程中自始至终保持在这一选定值。磨料的流动和计时应同时进行，在整个检验周期内，应保证磨料喷射自如。

在目测条件下检验时应密切注意被检试样，当磨损面中心出现一个小黑点，并且黑点的直径扩大至 2 mm 时，应立即停止喷砂和计时器，结束试验。

在标准试样的其他部位至少再进行两次测量。

5. 检测结果的计算与处理

(1)喷磨系数

按式(3—12)计算：

$$K=\frac{d_s}{S_s}\times 10 \tag{3—12}$$

式中 K——喷磨系数，μm/g 或 μm/ s；

d_s——标准试样上的检验面原始膜厚，μm；

S_s——标准试样的耐磨性参数，s 或 g。

(2)平均耐磨特性

氧化膜表面某个部位的平均耐磨特性 R 是以在标准试样上所得数值做基准来表示，按式(3—13)计算：

$$R=\frac{KS}{d} \tag{3—13}$$

式中 K——喷磨系数，μm/g 或 μm/s；

S——被检试样的耐磨性，s 或 g；

d——被检试样上的检验面原始膜厚，μm。

(3)以协议参比试样为基准的试验结果

如果喷磨试验是以协议参比试样为基准，那么氧化膜表面某个部位的平均耐磨特性 R_x 是以在标准试样上所得数值做基准来表示，按式(3—14)计算：

$$R_x=\frac{S}{d}\times\frac{d_r}{S_r}\times 100 \tag{3—14}$$

式中 S_r——协议参比试样的耐磨性，s 或 g；

d_r——协议参比试样检验面原始膜厚，μm。

所用的试样和协议参比试样上的数据，均应不少于 3 次测量结果的平均值。

(四)轮磨式(GB/T 12967.2—2008)

该方法等同采用国际标准 ISO 8251—1987《铝及铝合金阳极氧化 用轮式磨损试验仪测定阳极氧化膜的耐磨耗性和磨损系数》。阳极氧化膜的磨耗性能与膜的质量及使用情况密切相关。耐磨耗性能主要取决于金属成分、膜的厚度、阳极氧化膜条件和封孔条件。例如，当阳极氧化温度不正常升高时，它对氧化膜质量所产生的影响可通过磨损试验进行鉴别。所以说，磨耗性能是铝及铝合金阳极氧化膜的一个重要质量指标。

1. 主题内容与适用范围

轮式磨损试验仪测定铝及铝合金阳极氧化膜的耐磨耗性及磨损系数的试验方法适用于阳极氧化膜的厚度不小于 5 μm 的板片状试样检验。对于阳极氧化膜的整个层厚以及表层、或任意选定的氧化膜的某一层都可以用本方法测定其耐磨性和磨损系数。

本标准不适用于试样表面凹凸不平的阳极氧化试样的测定。

2. 定义

标准试样：按 GB/T 12967.2—2008 中附录 A 所给条件制备试样。

协议参比试样：按供需双方所认可的条件制备试样。

双行程：研磨轮所完成的一次完整的往复运动。

3. 试验原理

阳极氧化试样应在下述条件下进行研磨：即碳化硅研磨纸带绕在轮的外缘，试样相对研磨纸带做往复研磨运动。每完成一次往复运动[双行程(ds)]后，研磨轮就转过一个小角度，并转来一个未用过的研磨带部位，这个新的研磨带部位继续与受检表面相接触。根据氧化膜厚度或质量的减少程度便可计算其耐磨性或磨损系数。所得结果应与特制的标准试样(见附录 A)或协议参比试样结果相比较。

阳极氧化膜的总体耐磨性，可用分层检验法检验。其原理为：逐层磨损，一直研磨到裸露出金属基体为止。然后建立一个磨损的膜厚和双行程之间的关系图。

4. 检测设备

轮式磨损试验仪主要有紧固试样的夹具、压板及直径为(50±1)mm 的轮子组成。夹具、压板使试样保持水平和固定。轮子的外缘绕以(12.0±0.1)mm 宽的碳化硅纸带。轮子和试样之间的力是可变的，变化的范围为 0～4.9 N(500 gf)，精度为±0.05 N。

研磨的方式有两种：一种用固定研磨轮，试样在水平方向做往复运动，轮子与试样之间保持水平接触；另一种是轮子作往复运动[双行程(ds)]，试样是静止的，传动装置应使 ds 的相对速度在每分钟(40±2)ds 的范围内，磨痕长度在(30.0±0.5)mm 的范围内。轮子相对滑动一个 ds 后，便向前转过一个小角度，碳化硅纸带便转入一个新的表面。当下一个行程时，新的纸带面又和被研磨的表面相接触。400 次 ds 后，研磨轮转过一周，此时应更换新的碳化硅纸带。双行程的相对速度为每分钟滑动(40±2)次。双行程的次数由记数器记录，当达到预定的双行程(最大为 400 次 ds)之后应能自动停机。试样在研磨试验时，其表面应保持无粉末或磨屑。

研磨纸带的宽为(12.0±0.1)mm，对于普通阳极氧化膜，碳化硅的粒度为 P320，对于硬质氧化膜，碳化硅的粒度为 P240。它的长度应刚好绕在研磨轮上，不能有接头。纸带可以粘上或用机械法固定。

检验过程中应采用探头直径不大于 12 mm 的涡流仪测厚，也可用重量损失法测厚。

分析天平的精度应达到±0.0001 g。

5. 试验步骤

(1)普通硫酸阳极氧化膜的检验

根据需要和可能，按照试验条款切取大小适宜的待检验样品。但不能损坏试样的检验表面。试样的尺寸通常选择为:50 mm×50 mm。单次测量最小尺寸为:50 mm×20 mm。

1)仪器校正

选择好标准试样的待磨损面、并做上标记。用分析天平称取试样质量(m_0)。按 GB 4957 所规定的方法,顺着试验面,用涡流仪测取 3 点以上的氧化膜厚度,并计算其平均值(d_0)。

在研磨轮的外缘上,绕上一圈新的碳化硅纸带。按仪器的使用说明,调节研磨轮,保证在规定的研磨宽度内、检验表面的磨损量均匀一致。研磨轮与检验表面之间的力应调到(3.92±0.10)N。

预先运行 T_0 通常取 20 次~50 次,采用抽吸、吹风或用细软毛刷扫的方法。保持标准试样的检验面始终不留任何磨屑。

从仪器上取下标准试样,用分析天平称取试样质量(m_1),测定检验面上的平均膜厚 d_1。仔细清扫,去掉那些松散的氧化物,然后测定检验面上的平均膜厚(d_2),称取试样质量(m_2)。由于研磨轮的连续转动,在离检验面的研磨痕端点的 3 mm 处,常常为特别磨损的部位,因此在测量膜厚时应避开该部位。

在标准试样的互补重叠的试验区上,至少再进行两次测量。

根据测得的平均值,计算标准试样的磨损率。

2)测量

将待检试样进行检验,所用的研磨纸带应与校正时使用的纸带是同一批次的。

如果试样太薄,可将其牢牢的粘在一块平板金属的表面上,然后进行检验。

(2)着色阳极氧化膜或硬质阳极氧化膜的检验

按上述规定进行最初的试验。研磨轮与检验表面之间的力应调到(19.6±0.5)N。

如果试验面上的膜厚损失小于 3 μm,可以通过调节研磨条件,例如:增加研磨轮与试验表面之间的力;采取较粗的碳化硅纸带;增加双行程的次数等方法进行研磨。

(3)相对磨损试验

检验阳极氧化膜的耐磨性能时,所采用的检验方法应由供需双方商定。检验结果应与标准试样或协议参比试样的结果相比较。相比方式通常采用相对厚度损失或相对质量损失。相对磨损率是以对协议参比试样的百分数来表示。

相对厚度损失:按以上所述进行试验,试验后测定试样与标准试样或协议参比试样上的厚度损失值($\overline{d}_1-\overline{d}_2$)。

相对重量损失:试验后测定试样与标准试样或协议参比试样上的质量损失值($\overline{m}_1-\overline{m}_2$)。

计算相对磨损率。

注:新裸露的氧化膜容易吸附水汽,表现在试样重量增加。因此在大气湿度变化时,会造成每次试验结果有一定误差。

(4)耐磨性的分层检验

在某些情况下,需要检验阳极氧化膜的沿厚度方向间每层的耐磨性能变化情况,因此必须采用分层检验法进行检验。

测量膜的平均厚度。用定位装置把试样准确地固定在仪器的检验台上,使磨损试验确保在同一试验面上进行研磨。按规定,首次研磨只用 20 次~50 次双行程(视估计硬度而定)。取下试样,测量试验面上的平均膜厚。

准确地将试样重新安置在仪器上，再选用一定的双行程数研磨(一种典型磨损试验的间隔条件为 50～100～200～400～800 和 1200 次 ds)。以此类推，采用适宜的双行程数，一层一层地重复磨损与测取厚度，直到基底金属刚被裸露为止。试样的重新定位是一件困难的工作，甚至使人难以置信。但只要是在相邻的试验面上进行累加磨损次数的试验，便可达到相同的目的。因此，这种试验需要较长的时间。

对于所检测的氧化膜，计算膜厚和耐磨性变化的关系，以及计算耐磨系数和磨损系数。必要时，还可以绘制膜厚和双行程之间的关系图。

当需要时，分层检验的结果可与标准试样的结果对比。

(5)结果表示

1)耐磨性

耐磨性 WR，用磨损每微米氧化膜所需的双行程次数来表示，见式(3—15)：

$$WR=\frac{T_1}{\overline{d}_1-\overline{d}_2} \tag{3—15}$$

式中 WR——耐磨性，ds/μm；

T_1——试验的双行程次数，ds；

$\overline{d}_1$——预磨损后的平均厚度的平均厚度，μm；

$\overline{d}_2$——磨损 T_1 次后的平均厚度，μm。

2)耐磨系数

耐磨系数用 WRC 来表示，见式(3—16)：

$$WRC=\frac{WR_t}{WR_s}=\frac{\overline{d}_{1s}-\overline{d}_{2s}}{\overline{d}_{1t}-\overline{d}_{2t}} \tag{3—16}$$

式中 WRC——耐磨系数，无量纲；

WR_t——试样的耐磨性，用每微米的双行程次数表示，ds/μm；

WR_s——标准试样的耐磨性，用每微米的双行程次数表示，ds/μm；

$\overline{d}_{1s}$——标准试样磨损后的平均膜厚的平均值，μm；

$\overline{d}_{2s}$——标准试样磨损 T_1 次后的平均膜厚的平均值，μm；

$\overline{d}_{1t}$——试样预磨损后的平均膜厚的平均值，μm；

$\overline{d}_{2t}$——试样磨损 T_1 次后的平均膜厚的平均值，μm。

3)磨损系数

磨损系数用 WI 来表示，见式(3—17)：

$$WI=\frac{W_t}{W_s}=\frac{\overline{d}_{1t}-\overline{d}_{2t}}{\overline{d}_{1s}-\overline{d}_{2s}} \tag{3—17}$$

式中 WI——磨损系数，无量纲；

W_t——试样的磨损率，μm/100 ds；

W_s——标准试样的磨损率，μm/100 ds。

4)质量磨损系数：

质量磨损系数用 MWI 来表示，见式(3—18)：

$$MWI=\frac{MW_t}{MW_s}=\frac{\overline{m}_{1t}-\overline{m}_{2t}}{\overline{m}_{1s}-\overline{m}_{2s}} \tag{3—18}$$

式中 MWI——质量磨损系数，无量纲；

MW_t——试样的质量磨损率，mg/100 ds；

MW_s——标准试样的质量磨损率，mg/100 ds；

$\overline{m}_{1s}$——标准试样磨损后的平均质量的平均值，mg；

$\overline{m}_{2s}$——标准试样磨损 T_1 次后的平均质量的平均值，mg；

$\overline{m}_{1t}$——试样预磨损后的平均质量的平均值，mg；

$\overline{m}_{2t}$——试样磨损 T_1 次后的平均质量的平均值，mg。

5)相对磨损率

相对磨损率用 CWR(%)来表示，见式(3—19)：

$$CWR=\frac{W_a}{W_t}\times 100=\frac{\overline{d}_{1a}-\overline{d}_{2a}}{\overline{d}_{1t}-\overline{d}_{2t}}\times 100 \tag{3—19}$$

式中 CWR——相对磨损率，%；

W_a——协议参比试样的磨损率，μm/100 ds；

W_t——试样的质量磨损率，μm/100 ds；

$\overline{d}_{1a}$——协议参比试样磨损 400 次 ds 后的磨损率，μm/100 ds；

$\overline{d}_{2a}$——协议参比试样预磨损后的平均膜厚的平均值，μm。

6)相对质量磨损率

相对质量磨损系数用 CWR_m 来表示，见式(3—20)：

$$CWR_m=\frac{MW_a}{MW_t}\times 100=\frac{\overline{m}_{1a}-\overline{m}_{2a}}{\overline{m}_{1t}-\overline{m}_{2t}}\times 100 \tag{3—20}$$

式中 CWR_m——相对质量磨损率，%；

MW_a——协议参比试样的质量磨损率，mg/100 ds；

$\overline{m}_{1a}$——协议参比试样磨损后的平均膜厚的平均值，μm；

$\overline{m}_{2a}$——协议参比试样磨损 T_1 次后的平均膜厚的平均值，μm。

七、耐冲击性

(一)基本原理

涂层的耐冲击试验规定了以固定质量的重锤落于试板上而不引起漆膜破坏的最大高度表示的漆膜耐冲击性试验方法，主要是检验涂层树脂的固化效果、涂层的柔韧性和附着力及铝板和芯材抗冲击变形的能力以及涂层的附着能力。耐冲击性试验方法包括正面冲击(涂层面朝上)和反向冲击(涂层面朝下)，正面冲击按照 GB/T 1732—1993《漆膜耐冲击测定法》标准的规定进行试验；钢基材采用反向冲击，试件装饰面朝下，按照 GB/T 13448—2006《彩色涂层钢板及钢带试验方法》标准的规定进行。

(二)检测设备

冲击试验器如图 3—7 所示。

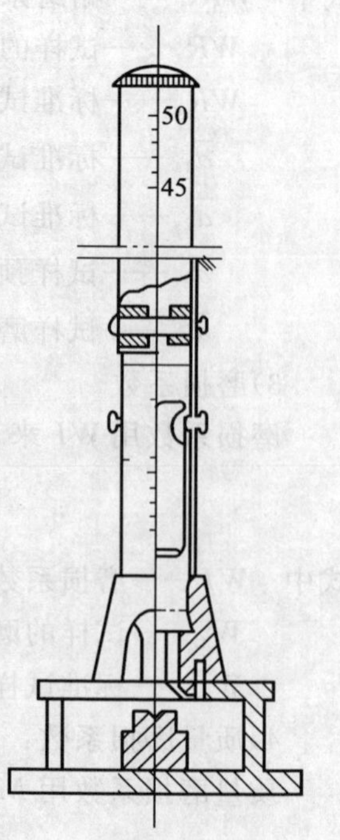

图 3—7 冲击试验仪器示意图

GB/T 1732 标准规定冲头经校准后进入铁砧凹槽的深度为(2±0.1)mm,冲锤重量为(1000±1)g,冲击高度为 500 mm,一般仪器在出厂前已经进行了校准。

GB/T 13448 标准规定采用直径为 15.87 mm 或其他直径的冲头。

样品要求:100 mm×100 mm 试板受冲击部分距边缘不少于 15 mm,每个冲击点的边缘相距不得少于 15 mm。

1. 正面冲击

将试样正面朝上在铁砧上放平摆稳,重锤借控制装置固定在滑筒的某一高度(其高度由产品标准规定或商定),按压控制钮,重锤即自由的落于冲头上。提起重锤,取出试板。记录重锤落于试板上的高度,同一试板进行 3 次冲击试验。冲击后用 4 倍放大镜观察,判断漆膜有无裂纹、皱纹、剥落及基材开裂等现象。以 3 块试样中性能最差者为试验结果。仔细观察冲击处的正反面,必要时还可在冲击处涂上染色剂后观察,判断有无脱漆或裂痕。这种裂痕包括涂层和铝板,对于金属复合板既要观察样品正面,也要观察样品背面。这主要是要求产品正反面的铝板应是对称的,不能在背板上偷工减料。

2. 钢基材反面冲击

如果标准规定了冲击功,则将试样被检面朝下在铁砧上放平摆稳,调整冲击高度到所需高度,让其自由下落冲击试样,将胶带贴于被冲击后的凸形区域,用手指将其压紧,边去除气泡边将胶带粘贴平整,然后与试样面呈 60°角迅速撕下胶带,检查胶带上是否有脱落的涂层。目视观察被冲击后的凸形区域是否有开裂。如果观察开裂有困难,也可用硫酸铜溶液检查。把浸透硫酸铜溶液的白色法兰绒布或滤纸贴于凸形区域,15 min 后,揭开白色法兰绒布或滤纸,检查试验区、绒布或滤纸上有无铜析出,有铜析出说明涂层有开裂。在试样的其他部位重复上述实验,若其中至少两次实验均不产生开裂或涂层脱落,则试样通过了该规定的冲击功。

如果测定涂层不产生开裂或脱落的最大冲击功,则依然按上述方法进行,如果涂层无开裂或脱落,则固定重锤重量,适当增加重锤落下的高度,重复上述实验过程,直到找出涂层不产生开裂或脱落的最大落下高度,也可以固定落下高度,适当增加锤重,重复上述实验过程,直到找出涂层不产生开裂或脱落的最大锤重,此时高度和锤重的乘积则为最大冲击功,以焦耳(J)表示。

(三)检测中的注意事项和常见问题分析

钢球表面必须光洁平滑,如发现有不光洁不平滑现象时,应更换钢球;

不同产品标准规定的冲头直径和冲击锤重量不同;

除非另有规定,应将干燥试板在温度(23±2)℃,相对湿度(50±5)%的环境条件下至少调节 16 h。

八、涂层柔韧性

当底材上的涂层受外力作用而弯曲时所表现出来的弹性、塑性和附着力等的综合性能称为涂层柔韧性。涂层柔韧性是评价色漆、清漆的涂层(包括单层和多涂层)在标准条件下弯曲时的抗开裂或从金属底板上剥离的性能的试验方法。涂层柔韧性由涂料的组成所决定,它与检测时涂层变形的时间和速度有关,涂层柔韧性有多种测定方法,比如 T 弯曲试验、轴弯曲试验、杯突试验等，这些方法主要是测定涂层的柔韧性，但同时也可以测定涂层的综合性能，如拉伸强度、附着力等。

(一)T弯试验

1.基本原理

如3—8图所示是指把涂层板的涂层面朝外绕自身紧贴裹卷进行180°弯曲，测定涂层无开裂或脱落等破坏现象时的最小裹卷次数。

按GB/T 6742—2007《漆膜弯曲试验(圆柱轴)》的规定执行，对多涂层体系来讲，可对每一种涂层或对整个体系进行试验。

可按如下规定的试验方法：

——作为“通过、不通过”试验，即用规定直径的轴进行试验以评定涂层是否符合特定要求；

——依次用轴进行试验，以测定使涂层开裂和/或从底材上剥落的最大轴径。

该标准规定了两种类型的仪器，Ⅰ型和Ⅱ型。Ⅰ型适用于厚度不大于0.3 mm的试板，Ⅱ型适用于厚度不大于1.0 mm的试板。对于同一涂层，这两种仪器给出的结果相似，但测试某一给定的产品时，通常只用一种仪器进行。

受试产品或体系应在表面质地均匀一致的试板上制备成厚度均匀的涂膜。

2.试验方法

将从试样上取下的涂层铝材作为试件，一端留出13 mm～20 mm的距离便于夹持，使试件涂层面朝外绕自身紧贴裹卷进行180°弯曲，拐弯处不留空隙，与试样接触的工具均应垫上一层软的材料，以保证试验中不会损伤涂层为原则。首先弯曲超过90°，再用带有光滑钳口套的台钳夹紧成180°，中间不留空隙，称为0T。仔细观察折弯处涂层有无开裂、脱落等破坏，可以用宽25 mm，粘着力(10±1)N/25 mm的胶带贴紧在弯曲处，然后迅速撕去胶带后仔细观察，检查涂层(可用5倍～10倍的低倍放大镜)有无开裂或脱落，距试样边部5 mm以内的涂层脱落不计。必要时可在折弯处涂上一些染色剂，以方便对开裂情况的观察。试样的破坏形式基本上都是开裂，若是粘结性能差或涂层发脆，也可能产生涂层剥落现象。如有，再继续紧贴试件前次所裹卷部分再裹卷弯曲180°，中间不留空隙，称为1T，重复0T的步骤检查涂层。如此进行2T、3T……，直到涂层首次不产生开裂或脱落为止。T弯过程如图3—8所示。取3块试样中T值最大者为试验结果。

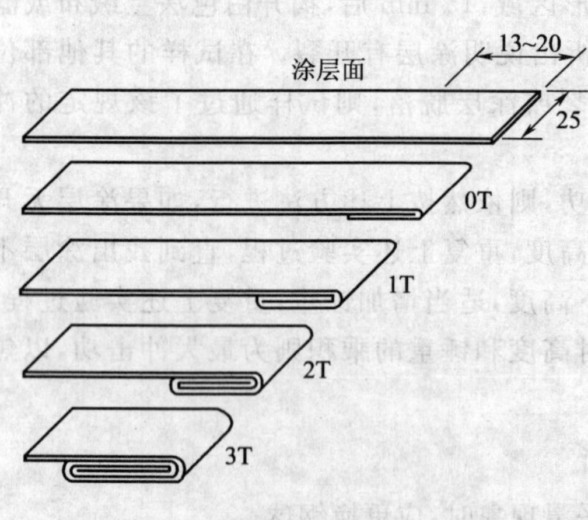

图3—8 T弯示意图

3.检测设备

(1)弯曲试验仪

对于两种类型的仪器，其轴应由合适的硬质防腐材料制成，例如不锈钢。

1)Ⅰ型弯曲试验仪,如图 3—9 所示。

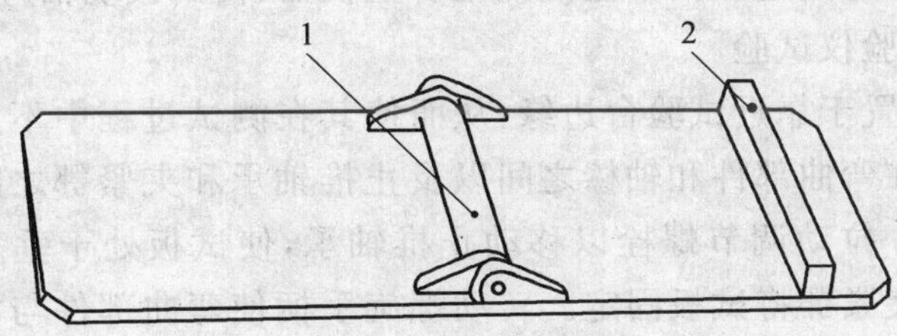

图 3—9　Ⅰ型弯曲试验仪示意图

1—轴;2—相当于轴高的挡条

该试验仪可用于厚度不大于 0.3 mm 的试板。它有一个固定的铰链,连接圆柱的轴。轴的直径分别为 2 mm、3 mm、4 mm、5 mm、6 mm、8 mm、10 mm、12 mm、16 mm、20 mm、25 mm和 32 mm,允许误差为±0.1 mm,轴表面和铰链座板之间的缝隙应为(0.55±0.05) mm,仪器的其他尺寸没有严格规定。轴应能绕轴心自由旋转,仪器应有一个挡条,以确保板弯曲后两部分是平行的。另外,确保轴棒在弯曲过程中没有发生任何扭曲是非常重要的,特别是 2 mm 的轴,不能使用任何有扭曲的轴。

2)Ⅱ型弯曲试验仪,如图 3—10 所示。

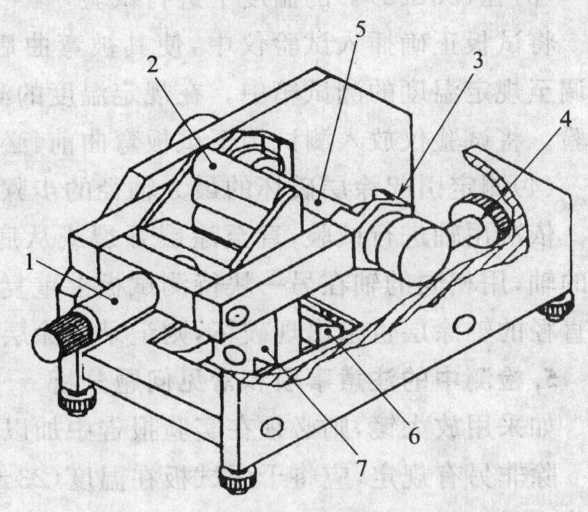

图 3—10　Ⅱ型弯曲试验仪示意图

1—螺旋手柄;2—弯曲部件;3—轴棒;4—轴棒支承件;5—调节螺栓;6—夹紧鄂;7—止推轴承

该试验仪可用于厚度不大于 1.0 mm 的试板。只要能保证轴不发生变形,也可用于软金属如铝板和较厚的塑料板。轴的直径分别为 2 mm、3 mm、4 mm、5 mm、6 mm、8 mm、10 mm、12 mm、16 mm、20 mm、25 mm 和32 mm,允许误差为±0.1 mm。值得注意的是,经商定Ⅱ型试验仪也可使用其他直径的轴,对于厚度大于 0.5 mm 的试板(特别是钢板),建议最好不要使用直径小于 10 mm 的轴进行试验,以免轴发生变形。

(2)控温箱

如果规定试验在(23±2)℃温度和(50±5)%的相对湿度下进行,则必须使用控温箱。控温箱包括加热器和冷却器,其箱内温度能控制在所要求测试温度的±1℃以内。

(3)试样

试板应是长方形的。除非另有规定,其尺寸取决于所用试验仪的类型。只要试板不发生变形,可在涂覆并干燥后切割成所需尺寸。如果是铝板,其长边应平行于生产时的轧压方向。底材的厚度和性质应在报告中注明。

4. 操作步骤

(1)用Ⅰ型弯曲试验仪试验

将仪器完全打开，装上合适的轴棒，插入样板，并使涂漆面朝座板。

在 1 s～2 s 内以平稳的速度而不是突然地合上仪器，使试板绕轴弯曲 180°。

(2)用Ⅱ型弯曲试验仪试验

将仪器放稳，例如置于靠近试验台边缘，从而使其在测试过程中不发生位移且操作者可自由操作螺旋手柄。在弯曲部件和轴棒之间以及止推轴承和夹紧鄂之间，从上面插入试板，使待测涂层背朝轴棒。拉动调节螺栓以移动止推轴承，使试板处于垂直位置，并与轴接触。通过旋转调节螺栓用夹紧鄂将试板固定。转动螺旋手柄使弯曲部件与涂层接触。实际的弯曲过程是在 1 s～2 s 内以恒定的速度抬起螺旋手柄使其转过 180°，这样试板也弯曲了 180°。

转动螺旋手柄至初始位置，取出试板。然后用合适的操作部件(螺旋手柄、调节螺栓)松开弯曲部件和夹紧鄂。

可在试板和弯曲部件之间插入一张薄纸，以防弯曲过程中涂层被擦伤。

(3)在(23±2)℃的温度下进行试验

将试板正确插入试验仪中，使其被弯曲后涂漆面朝外。将装有试板的试验仪放入已预先调至规定温度的测试箱中。在规定温度的测试箱中放置 16 h 后，在 1 s～2 s 内进行弯曲试验。将试验仪放入测试箱至试板弯曲前，必须关上测试箱的门。

(4)测定引起涂层破坏的最大轴径的步骤

依次用轴进行试验，直至涂层开裂或从底材上剥落。找出使涂层开裂或剥落的最大直径的轴，用相同的轴在另一块待测试板上重复这一步骤，确认结果后记录该直径。如果用最小直径的轴涂层也未出现破坏，则记录该涂层在最小直径的轴上弯曲时亦无破坏。

5. 检测中的注意事项和常见问题分析

如采用放大镜，则必须在实验报告中加以说明，以免与目测结果产生误解；

除非另有规定，应将干燥试板在温度(23±2)℃，相对湿度(50±5)%的环境条件下至少调节 16 h。

6. 试验结果

在充足的光照条件下立即检查涂层，如果是Ⅰ型弯曲试验仪，检查时不能将试板从仪器中取出。用正常的视力或经协商一致使用 10 倍放大镜，检查涂层是否开裂或从底材上剥落，距试板边缘 10 mm 以内的涂层不考虑。

(二)抗杯突性

1. 基本原理

抗杯突试验是评价色漆、清漆及有关产品的涂层在标准条件下使之逐渐变形后，其抗开裂或抗与金属底板分离的性能的试验方法，按 GB/T 9753—2007《色漆和清漆 杯突试验》标准的规定执行。该方法适用于单涂层或复合涂层体系，对复合涂层体系来讲，可对每一涂层分别进行试验或对整个体系进行试验。

可按如下规定的试验方法：

——可以按规定的压陷深度进行试验，按照是否符合特定要求而评定其“通过、不通过”；

——逐渐增加压陷深度，以测定涂层刚开始出现开裂或开始脱离底材时的最小深度。

受试产品或体系应在表面质地均匀一致的试板上制备成厚度均匀的涂膜。

在干燥/固化之后，首先将涂装好的试板放在两个环之间，即固定还和伸缩冲膜之间，然后用半球形冲头以稳定的速率推动试板进入伸缩冲膜内，使试板形成涂层朝外的圆顶形来测定漆膜的弹性。

这种变形增加到一个有关方商定的深度或直到涂层刚开始出现开裂或从底材上脱离为止，然后评定结果。

2. 检测设备

杯突试验仪示意图，见图 3—11。

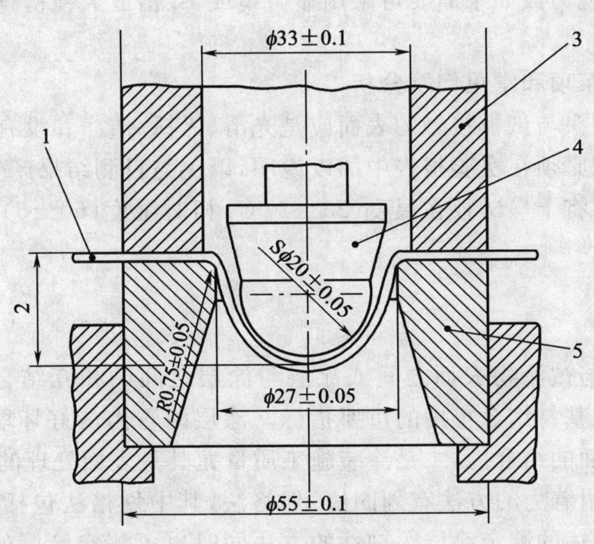

图 3—11　杯突仪示意图

1—试板；2—压陷深度；3—固定环；4—冲头及球；5—冲模

主要组成如下：

(1)伸缩冲膜：由表面淬火钢做成，且接触试板的表面是抛光面；

(2)固定环：接触试板的表面是抛光平面，且平行于冲膜的接触面；

(3)冲头：接触试板的部分由淬火抛光钢制成，且是直径为 20 mm 的半球形，试验期间，冲头应防止转动并且球面的中心位置偏离冲膜的轴线不能超过 0.1 mm，试验期间冲头应以每秒 0.1 mm～0.3 mm 的稳定速度移动。

(4)测量装置：能测量由冲头得到的压陷深度精确到 0.1 mm，及试板厚度，精确到 0.01 mm。

(5)显微镜或放大镜：最好放大倍数扩大到 10 倍，可以选择在试板变形期间或变形后观察试板。

3. 试样尺寸

试板应平整及没有变形，并且在进行杯突试验时不会开裂。

试板应成长方形，且符合下述尺寸：

——厚度：不小于 0.3 mm 且不大于 1.25 mm[规定用千分尺测量，精确到 0.01 mm]；

——宽度和长度：两次试验应在一块长条板或两块单独的试板上进行。试验的压陷中心离任何一个边应不少于 35 mm，并且任何两个中心之间的距离最小为 70 mm。试板可以在涂装好并固定化后裁成合适的尺寸，要保证没有变形发生。

4. 操作步骤

将试板牢固地固定在固定环与冲膜之间，不施加额外压力，涂层面向冲模并使冲头半球形的顶端刚好与试板未涂漆的一面接触(冲头处于零位)。调整试板直至冲头的中心轴线与试板的交点距离试板边缘至少相距 35 mm 为止。

将冲头的半球形顶端以每秒 0.1 mm～0.3 mm 的恒速推向试板，直至达到规定深度，即冲头从零位开始已移动的距离。

用校正过的正常视力或如果需要可采用显微镜或 10 倍放大镜检查试板的涂层是否开裂及从底材上脱离。

5. 检测中的注意事项和常见问题分析

值得注意的是，冲头与试板接触的表面应是光滑、无锈、洁净和没有涂层的；

如采用放大镜，则必须在实验报告中加以说明，以免与目测结果产生误解；

除非另有规定，应将干燥试板在温度(23±2)℃，相对湿度(50±5)%的环境条件下至少调节 16 h。

九、涂层附着力

附着力是指涂层与被涂物表面之间或涂层与涂层之间的相互结合的能力，它是涂层基本性能之一，是涂层与基材结合牢度的重要指标。涂层附着力的好坏取决于两个关键因素：一是涂层与被涂物表面的结合力，二是涂装施工质量尤其是表面处理的质量。

常用的测试涂层附着力的方法有划圈法、划格法，其中划格法包括干附着力、湿附着力、沸水附着力。此外，前述的测定涂层柔韧性的方法同时也可测定涂层的附着力，以及通过冲击、成型、折叠、球冲压等变形等方法测定。

(一)划圈法

按 GB 1720—1979《漆膜附着力测定法》的规定，测定采用附着力测定仪，见图 3—12。将样板涂层朝上，固定于仪器的试验平台上，使针的尖端接触到涂层，用手将摇柄顺时针匀速转动，通过传动机构，针尖就在涂层上匀速地画上一定直径的圈。划圈回转半径约为 5.25 mm，转动速度以 80 r/min～100 r/min 为宜，圆滚线划痕标准图长为(7.5±0.5)cm。如划痕未露底板，则酌加砝码，直至划痕露出底板为止。所画出的圈依次重叠，得出类似圆滚线的图形，然后，取出样板，用漆刷除去划痕上的漆屑，用 4 倍放大镜检查并评级(必要时可采用胶带粘的方法)。

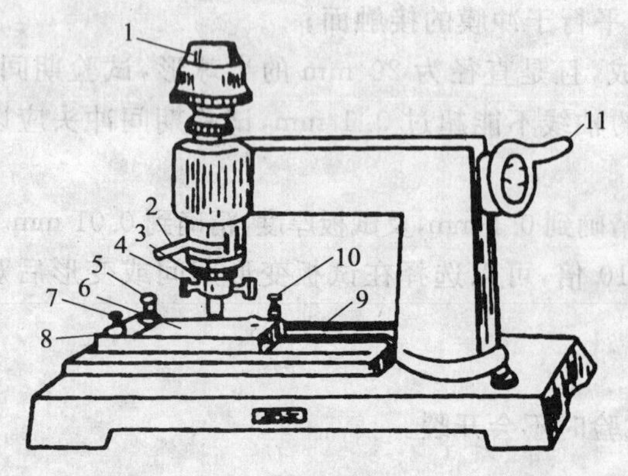

图 3—12　划圈法附着力测定仪

1—荷重盘；2—升降棒；3—卡针盘；4—回转半径调整螺栓；5—固定样板调整螺栓；6—试验台；7—半截螺帽；8—固定样板调整螺栓；9—试验台丝杠；10—调整螺栓；11—摇柄

划圈法附着力分为 7 个等级，见图 3—13，按顺序检查各部位的涂层完整程度。如某一部位的格子有 70%以上完好，则应视该部位是完好的，否则应定为损坏。例如，部位 1 涂层完好，则附着力最佳，定为 1 级；部位 1 涂层损坏而部位 2 完好，附着力次之，定为二级。以此类推，七级的附着力最差，涂层几乎全部脱落。其结果以至少有两块样板的级别一致为准。

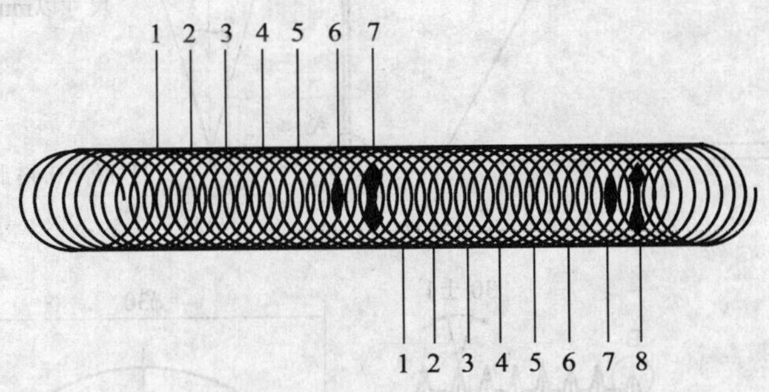

图 3—13　划圈法附着力的分级

目前已有一种电动式附着力测定仪问世，系在手摇式测定仪上加一个电动机来带动传动机构，避免了手摇式易用力不匀及转速不匀的弊病，减少了操作误差。但是无论是手摇或电动式，其针的回转半径应为 5.25 mm，且针头磨损后应随时予以更换，否则将影响测试结果。

（二）划格法

所谓划格法，就是用切割工具采取手工或机械的切割方式，将涂层按格阵图形切割，其割伤应贯穿涂层直至基体表面，然后评价涂层的损伤情况。GB/T 9286—1998《色漆和清漆漆膜的划格试验》中采用的就是这种方法，它等效采用了 ISO 2409 标准。

切割时，先在试片涂层上切割 6 道相互平行的、间距相等（可为 1 mm 或 2 mm）的切痕，然后再垂直切割与前者切割道数及间距相同的切痕，其切割线的道数及间距应根据涂层性质而定。采用手工切割时，用力要均匀，速度要平稳，无颤动。试验可用单刀划格，也可以用多个刀片同时划格。所用刀片刀口角度为 30°，刀口锋利。当刀口厚度达到 0.1 mm 时，表明刀口已钝，不能再用。适合的切割刀具如图 3—14 所示。机械切割时，应在刀具上部加适当重量的砝码，以便使刀口在切割中正好能穿透涂层而触底材。图 3—15 所示为电动机驱动的附着力测定仪。

切割后，在试板上将出现 25 个方格，用软毛刷沿方格的两对角线方向轻轻刷掉切屑，然后，检查并评价涂层附着力。硬底材时可以用胶粘带在方格上压紧，然后在与试样表面垂直的方向上迅速撕下，观察切割边缘和方格的剥落情况（必要时可借助低倍放大镜）。胶粘带的定位见图 3—16。

干附着力按 GB/T 9286 规定，在试样（试样尺寸为 100 mm×150 mm）上先划平行线，再划垂直这些平行线的截线，注意所有切割都应划透至底材表面。涂层厚度不大于 60 μm 时，平行线或截线间距为 1 mm；厚度在 61 μm～120 μm 时，间距为 2 mm；厚度大于 120 μm 时，间距为 3 mm。用软毛刷沿网格图形每一条对角线，轻轻向后扫 5 次，再向前扫 5 次，然后将粘着力大于 10 N/25 mm 的粘胶带覆盖在划格的涂层上，去掉粘胶带下的空气，在粘上胶粘带 5 min 内，拿住胶粘带悬空的一端，并尽可能接近 60°的角度，在 0.5 s～1.0 s 内平稳撕离胶粘带。按 GB/T 9286 分级。

湿附着力将试样按干附着力的规定划格后，置于 38℃符合 GB/T 6682 规定的三级水中

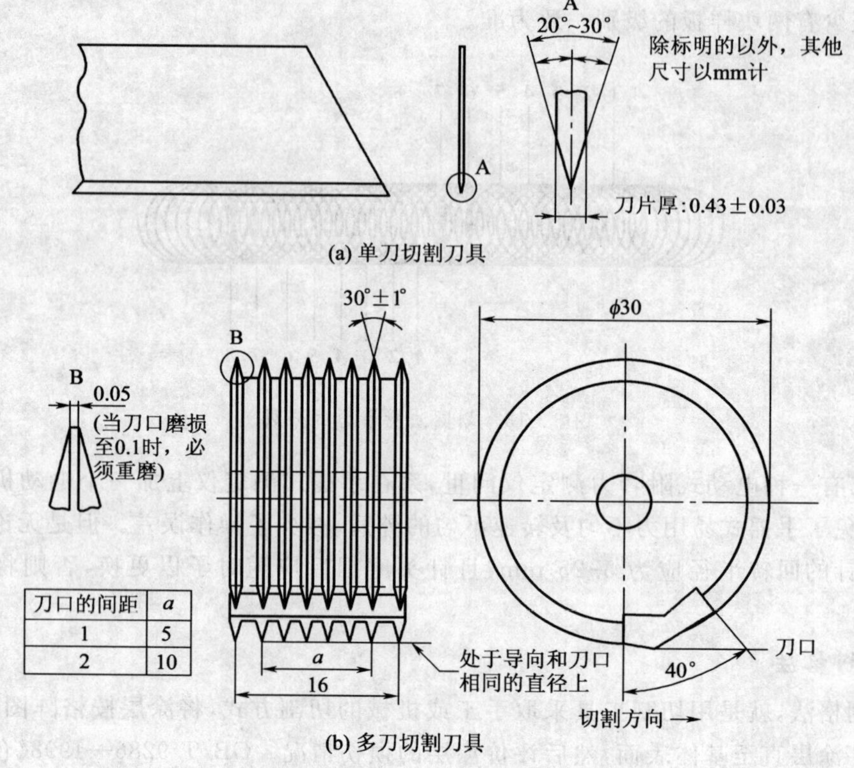

(a) 单刀切割刀具

(b) 多刀切割刀具

图 3—14　适合的切割刀具

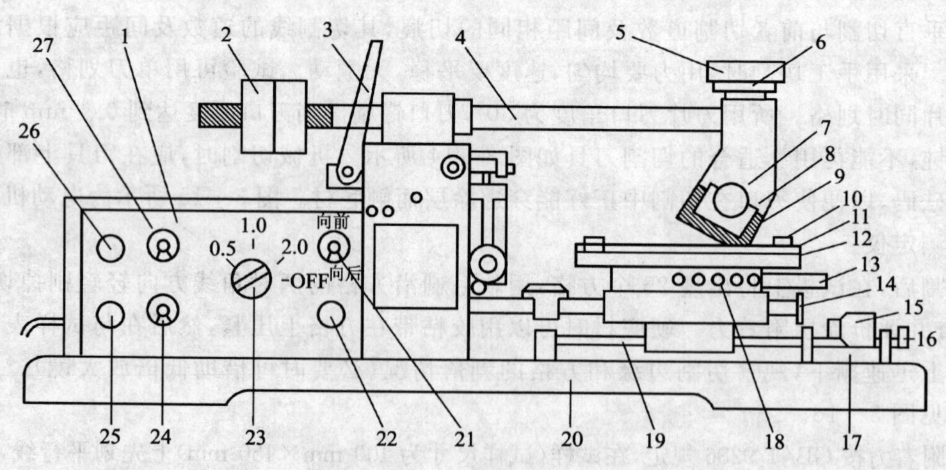

图 3—15　划格法附着力测定仪

1—控制面板；2—平衡配重；3—定杆把手；4 —平衡杆；5—砝码；6—砝码台；7—紧固螺钉；
8—切刀压板；9—切刀；10—试板螺钉；11—试板压板；12—旋转平台；13—旋转调节；14—切割长度调节；
15—行程开关；16—行程微调；17—行程开关台；18—平台旋转定位孔；19—平台平移导杆；
20—底座；21—刀杆横移方向；22—横移位置控制；23—切割间距设定；24—平台移动开关；
25—熔断丝；26—指示灯；27—总电源开关

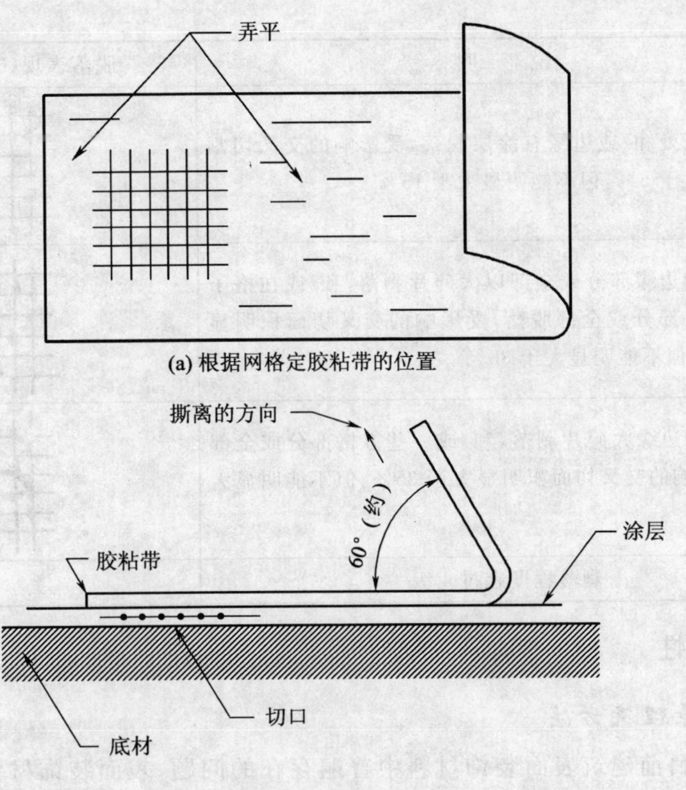

(a) 根据网格定胶粘带的位置

(b) 直接从网格上撕离前胶粘带的位置

图 3—16　胶粘带的定位

浸泡 24 h，取出并擦干试样，在 5 min 内进行干式附着力试验和分级。在试样表面 3 个不同部位进行试验，按表 3—4 评级并记录，报告最差评定等级。

沸水附着性将试按干附着力的规定划格后，将符合 GB/T 6682 规定的三级水注入烧杯至约 80 mm 深处，并在烧杯中放入 2 粒～3 粒清洁的碎瓷片。在烧杯底部加热至水沸腾。将试样悬立于水中。试样应在水面 10 mm 以下，但不能接触容器底部。在试验过程中保持水温不低于 95℃，并随时向杯中补充煮沸的符合 GB/T 6682 规定的三级水，以保持水面深度不小于 80 mm。试验至规定的时间，取出并擦干试样，在 5 min 内进行干式附着力试验和分级。

表 3—4 中给出了按 6 级评价的分类，前三级通常能满足一般用途，检查结果可用在哪一级上“通过”或“不通过”来表示。

表 3—4　划格法附着力的分级(GB/T 9286)

分级	说　明	脱落表现(66 以切割为例)
0	切割边缘完全平滑，无一格脱落	
1	在切口交叉处有少许涂层脱落，但交叉切割面积受影响不能明显大于 5%	

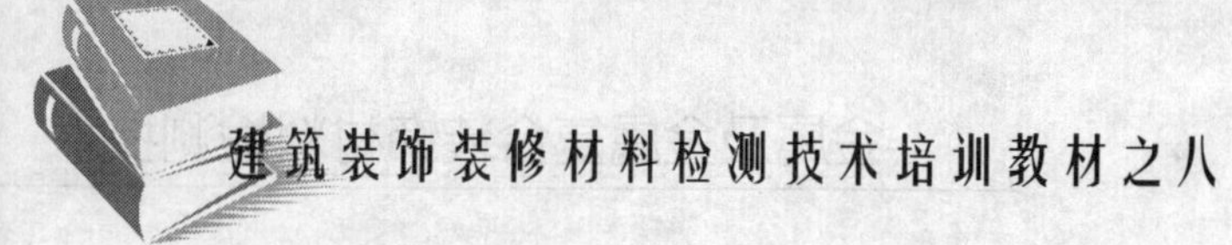

续表

分级	说　明	脱落表现(66 以切割为例)
2	在切口交叉处和/或边缘有涂层脱落，受影响的交叉切割面积明显大于 5%，但不能明显大于 15%	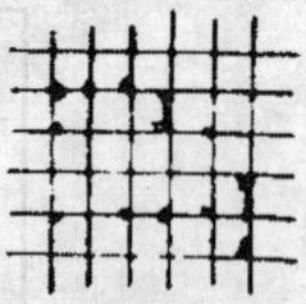
3	涂层沿切割边缘部分或全部以大碎片剥落，和/或在格子不同部位上部分或全部脱落，受影响的交叉切面积明显大于 15%，但不能明显大于 35%	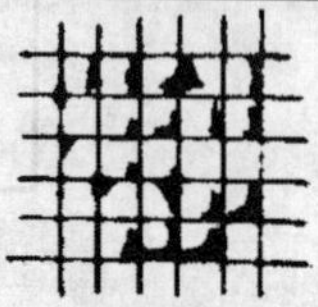
4	涂层沿切割边缘大碎片剥落，和/或一些方格部分或全部脱落，受影响的交叉切面积明显大于 35%，但不能明显大于 65%	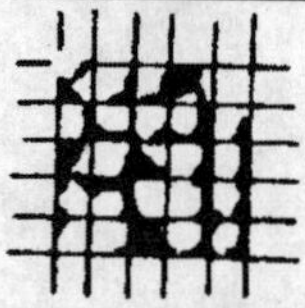
5	剥落程度超过 4 级	

十、耐沾污性

(一)基本原理及方法

耐沾污性是目前建筑表面装饰材料中普遍存在的问题，表面装饰材料的自洁性越来越受到人们的重视，还常常被作为绿色产品或环境材料的一项考核内容。

大家可能注意到有的建筑表面装饰材料使用一段时期后，显得很脏，难以清洗，而有的却很干净或自洁能力强，经雨水冲刷自然会变干净，这是用户越来越多所关注的问题。表面装饰材料的自洁能力强，一方面可以保持建筑外观的清洁美观，也可以大大减少对建筑外立面的清洗，节约维护成本。而且铝塑复合板正具有这样的优点，它的耐沾污性能好，自洁能力强，可以减少建筑的清洗工作。

另一方面，建筑表面装饰材料的耐沾污性也在一定程度上反映出保护膜的移胶质量问题，保护膜的质量不好，在撕去保护膜时，保护膜上的胶就会残留在建筑表面装饰材料的表面，很容易吸附空气中的灰尘，污染建筑表面装饰材料表面，从而影响建筑物的外观。所以不可忽视对建筑表面装饰材料的耐沾污性标的要求。

耐沾污性按照 GB/T 9780—2005《建筑涂料涂层耐沾污性试验方法》的规定进行，用于建筑物和构筑物等外表面的装饰和防护涂层耐沾污性能的测定。按比例配制灰：水＝1：0.9(质量比)搅拌均匀制成悬浮液，在上、中、下 3 个位置测定涂层板的初始反射系数，取其平均值为 A，用宽度为 35 mm 的狼毛刷将配好的悬浮液涂在涂层试板的表面，在标准试验环境条件放置 2 h 后，均匀冲洗各部位 1 min，将涂层试板在标准实验条件下放置至第二天，此为一个循环，约 24 h，如此进行 5 次循环，在以上 3 个位置上用分光光度计测定反射系数，取其平均值，记为 B。

(二)检测结果的计算与处理

耐沾污性按照式(3—21)计算：

$$X=\frac{A-B}{A}\times 100 \qquad (3—21)$$

式中 X——涂层的反射系数下降率，%；

A——涂层初始平均反射系数，%；

B——涂层经沾污试验后平均反射系数，%。

取3块试板的算术平均值作为试验结果，精确至1%。

污染源采用以石墨粉为主要成分配制成的配制灰，其参数为：

——细度：0.045 mm方孔筛筛余量(5.0±2.0)%；

——烧失量(12±2)%；

——密度：(2.70±0.20)g/cm³；

——比表面积：(440±20)m²/kg；

——反射系数：(37±3)%。

(三)检测中的注意事项和常见问题分析

试验中禁止擦洗和触摸样品试验区域。

十一、耐洗刷性

为保证产品使用后的清洗不会对产品造成不良影响，产品应具有足够的耐洗刷性能，考虑到产品的使用寿命要求比较长，在实验室中的要求还是应该稍微高一些，因此我们要求铝塑复合板的耐洗刷性经10 000次洗刷后涂层无变化。

(一)检测设备及方法

将试样板涂漆面向上水平固定在洗刷试验机的试验台板上，将刷子置于试验样板的涂漆面上，刷子及夹具总重约450 g，往复摩擦涂膜，同时滴加0.5%的洗衣粉溶液，使刷面保持湿润。洗刷至规定次数，从试验机上取下试验样板，用自来水清洗。3块试板中至少有两块试板的涂膜无破损，不露出底漆颜色。

1.检验样品

150 mm×430 mm，3块。

2.检验仪器

涂层耐洗刷试验机，见图3—17。

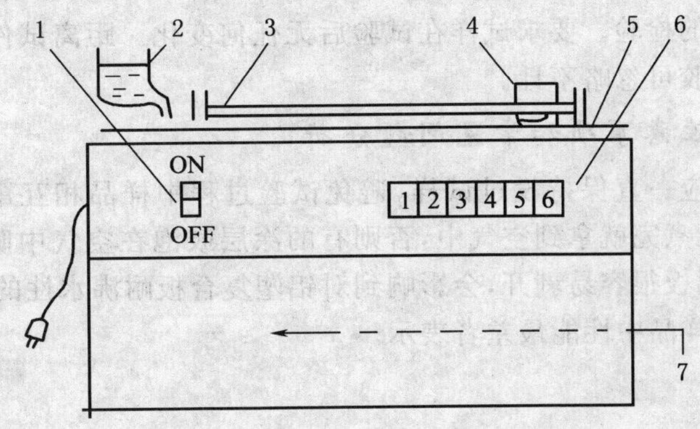

图3—17 耐洗刷试验机示意图

1—电源开关；2—滴加洗刷介质的容器；3—滑动架；4—刷子及夹具；
5—试验台板；6—往复次数显示器；7—电动机

0.5%的洗衣粉溶液。

3. 检验方法

试验在耐洗刷试验机上进行。洗刷液为0.5%的洗衣粉溶液，pH值在9.5～10之间，采用猪鬃毛刷，刷子尺寸大约为90 mm×38 mm，毛长16 mm～19 mm，总重量为450 g，行程约300 mm，中间应有约100 mm的匀速运动区，频率为37次/分钟，洗刷过程中始终保持涂层表面湿润。达到10 000次后取下样品，洗净擦干仔细观察擦洗处中间100 mm段，洗刷结果以这一段的情况为准，观察有无露出底漆、铝板或其他明显的破坏，若没有，则视为通过，否则视为未通过。

(二)检测结果的计算与处理

3块样品均通过才能认为耐洗刷性合格。

十二、耐沸水性

(一)基本原理

该指标既能反映涂层的性能，又能反映铝板与芯材的粘结性能，同时还能反映铝板和芯材之间抗热收缩的匹配性能，它能在短时间内检验产品的耐水、耐温、耐变形、粘结等综合性能。铝塑复合板等金属复合材料经耐沸水试验后不应有任何变化。

有些产品表面看起来还可以，但经过这一关即原形毕露，特别是涂装前铝板清漆不干净或前处理不好，或涂料质量差、涂装不过关、粘结材料质量差、芯材质量差等都会造成产品在使用一段时间后会产生脱漆、开胶等现象，经过耐沸水试验，就能够在很大程度上提前暴露这些问题。同时若涂料质量不过关，经该试验后，附着力也会出现问题，这时候划圈法比划格法更能检查出油漆和附着力上存在的问题。

(二)检测方法

试验需6块100 mm×100 mm样品，试验仪器为恒温水浴，控制精度为1℃、1 mm划格器、涂层附着力测定仪、毛刷、胶带、低倍放大镜。

试验时，将样品放入恒温水浴中，温度控制在(98±2)℃蒸馏水中(有的厂家采用直接煮沸的方式)，在该温度下恒温2 h后让样品在水中自然冷却，取出擦干，有无鼓泡、开胶、剥落、开裂及涂层变色等外观上的异常变化，最后还要按前面的方法进行附着力的检验，特别是要用划圈法进行附着力的检验。要求试样在试验后无任何变化。距离试件边缘不超过10 mm内的铝材与芯材的开胶可忽略不计。

(三)检测中的注意事项和常见问题分析

恒温过程中水面应一直保持没过试样，避免试验过程中样品相互窜动而划伤涂层。试样要在水中冷却，不能煮完就拿到空气中，否则有的涂层鼓泡在空气中晾凉干燥后就不容易发现，而且在高温下铝板很容易剥开，会影响到对铝塑复合板耐沸水性的评价。

试验结果以6块样品中性能最差者表示。

十三、耐碱性

(一)基本原理

产品在施工和使用过程中难免会受到酸性、碱性和油性物质的浸蚀，我们知道，金属板本身的耐腐蚀性能较差，涂层要担当保护金属的重任，涂层本身还担负着重要的装饰性能，因此涂层也必须具有一定的抗腐蚀能力，以达到一定的使用寿命。如果涂层耐这些化学物质的性能不好，在这些化学物质的腐蚀下，就会导致变色、光泽变化、起泡、失去附着力以及溶蚀等破坏现象。

一般来说，腐蚀环境可能是弱酸弱碱，但可能是长期的，为了在尽可能短的时间内考验其耐化学腐蚀性，有时候会选择活性较强的 HCl、NaOH 和最常见的机油，浸渍涂层一定的时间，观察其变化。

（二）检测方法

耐碱性试验包括试剂检测法、耐砂浆性检测法和滴碱试验。

1. 试剂检测法

在一般的涂层耐化学腐蚀检验方法中（包括美国 ASTM D 1308 标准中），常用的试剂检测方法可分为 3 种。一种是加盖点滴法，一种是敞开式点滴法，一种是浸渍法。

(1)加盖点滴法，就是取一定量的化学试剂滴在涂层表面并加盖密封，到规定时间后除去盖子，用水冲洗掉化学试剂，观察涂层表面的变化情况，有无变色、失光、起泡、软化、膨胀、涂层溶蚀等异常。也可让样品恢复一段时间后再检查。

(2)敞开式点滴法，与加盖式点滴法基本相同，唯一的区别就是检验过程中化学试剂不加盖。

(3)浸渍法，简单地说就是将样品浸入化学试剂中，一般是样品半截浸在化学试剂中，其余检验方法与前面两种方法一样。只是应该把样品的其余部位用不被化学试剂腐蚀的密封材料进行密封，只留下要检验的涂层部位与化学试剂接触。

针对我们的检验对象是涂层，因此参照 GB/T 13478《陶瓷砖釉面抗化学腐蚀试验方法》着重检验涂层性能。耐酸、碱、油试验示意图见图 3—18。采用内径不小于 50 mm 的玻璃筒，先将筒的一端用不被所用化学试剂腐蚀的材料密封在涂层表面，往筒中加入约 20 mm 高的配制好的试剂，为避免蒸发或与空气中的成分发生化学反应而造成化学试剂的浓度变化或变质，有必要将筒的上端口也盖严，到规定时间后取下试样，冲洗净晾干，观察试验处有无起泡、变色、斑点、粉化、腐蚀等任何异常现象，示例如图 3—19 所示。不太明显的失光可认为是无异常。对轻微变色，在试验部位随机选取两点按 GB/T 11942 的规定测量在同一位置和角度条件下试件经耐碱试验前后的色差值。以全部试件中外观异常变化最严重者作为试验结果，其中色差试验结果取全部试件所测得的色差值中的最大值。如果涂层涂装不良，涂层存在孔隙，即使涂层本身的耐化学腐蚀性能很好，试验中化学试剂也会通过孔隙浸蚀底下的铝板，并将涂层拱起一个大包，这说明涂装质量不好，涂层达不到对铝板的保护作用。

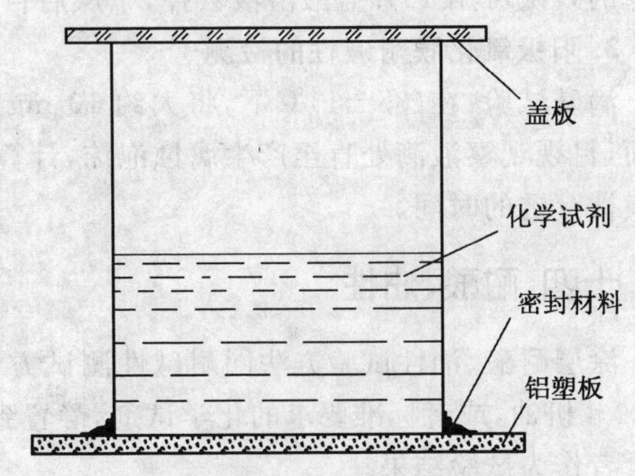

图 3—18　耐碱试验浸渍法示意图

为方便配制，HCl 采用体积比浓度，NaOH 采用质量比浓度。

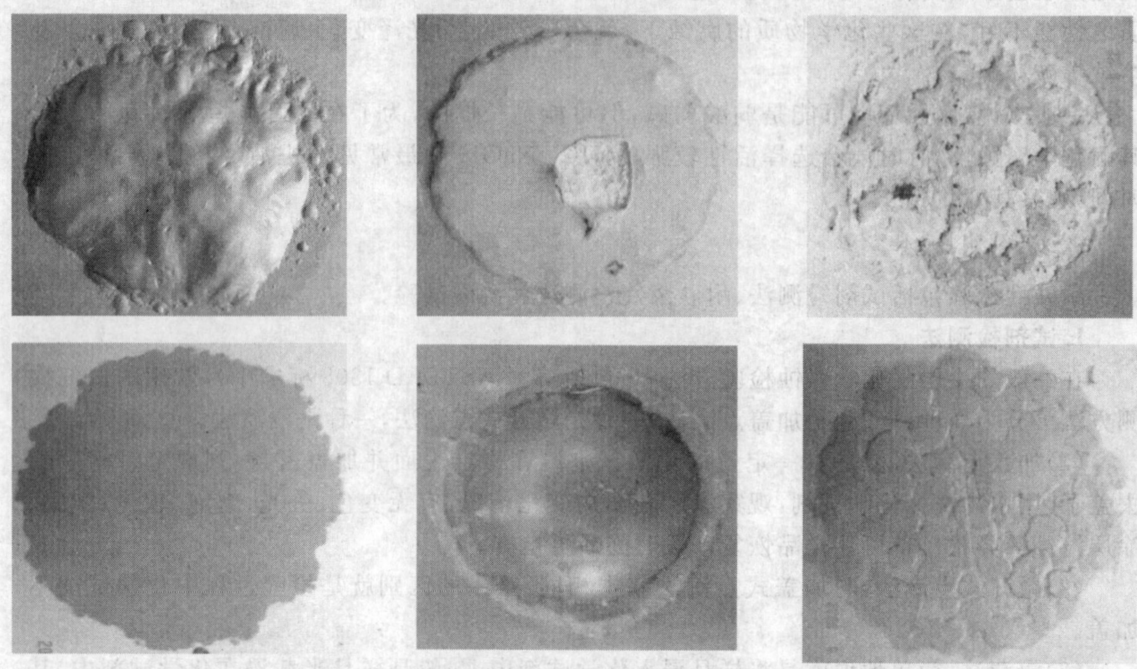

图 3—19　样品经耐碱试验后的照片示例

2. 耐砂浆性

用 75 g 符合 JG/T 480 的建筑生石灰粉和标准细砂子按 1：3 比例混合后，用 10 目过滤网过滤，加上适当水配成灰浆，涂在漆膜表面。涂成 50 mm×25 mm 大小，约 13 mm 厚，把试样放在(38±3)℃、相对湿度(95±5)%环境中 24 h 后，去掉灰浆，并用湿布擦去残灰。去不掉的残灰可用 10%盐酸溶液去掉，干燥后目视检查外观。

3. 阳极氧化膜耐碱性的检测

滴碱试验：在(35±1)℃下，将大约 10 mg 浓度为 100 g/L NaOH 溶液滴至型材试样的表面，目视观察液滴处直至产生腐蚀泡沫，计算其氧化膜被穿透的时间。也可用仪器测量氧化膜被穿透的时间。

十四、耐酸、油性

涂层耐酸、油性试验方法同耐碱性测试方法，化学试剂分别采用体积分数为 5%的盐酸和 20＃机油，或者标准要求的化学试剂，静置到规定的时间。以全部试件中外观异常变化最严重者作为试验结果。

十五、耐硝酸性

该方法源自 AAMA2605 标准，氟碳喷涂铝型材、铝单板耐酸性均采用此方法，在 200 mL～250 mL 的广口瓶中装入 100 mL 的分析纯硝酸(60%～68%浓度)，将试件的涂层面向下扣在广口瓶的瓶口上 30 min 后，取下试件冲洗干净并擦干，放置规定的时间后观察颜色变化，对照酸暴露和未暴露表面涂层的颜色，按 GB/T 11942 的规定用色差仪测量，取全部试件所测得的色差值中的最大值作为试验结果。

注意：前后测量应在同一位置和角度。

十六、耐洗涤剂性

用含 3%（质量比）洗涤剂的溶液，在（38±3）℃下浸泡试片（至少 2 片）72 h，洗涤剂组成见表 3—5。取出用自来水冲洗干净并擦干，立即贴上粘着力大于 10 N/25 mm 的粘胶带（带宽 20 mm），压紧并排去胶带内空腔的气泡。胶带沿试样长度方面贴至顶端，撕时胶带与试样成 90°快速撕下。

表 3—5　洗涤剂组成

工业级试剂	英文原名	质量百分比(%)
焦磷酸四钠	Tetrasodium pyrophosphate	45
无水硫酸钠	Sodium sulphate anhydrous	23
烷芳烃基硫酸钠	Sodium alkylarylsulfonate	22
水合硅酸钠	Sodium metasilicate hydrated	8
无水碳酸钠	Sodium carbonate anhydrous	2
总计	Total	100

十七、耐溶剂性

该项性能主要是考察烤漆是否烤好，涂层是否固化完全，如果固化不完全，将会严重影响涂层的质量和涂层的使用寿命。

（一）擦拭法

100 mm×200 mm，3 块，涂层耐溶剂性试验仪，用一柔性擦头裹 4 层医用纱布，吸饱丁酮（或二甲苯）溶剂后在试件涂层表面同一地方以（1000±10）g 的压力来回擦拭 200 次，目测擦拭处有无露底（即显露内层涂层或铝材）现象。擦拭行程 100 mm，频率为 100 次/min，擦头与试件的接触面积为 2 cm^2，擦拭过程中应使纱布保持丁酮浸润。以全部试件中耐溶剂性最差者作为试验结果。这里丁酮适用于外墙涂层，二甲苯适用于内墙涂层。在日常生产控制中，可在手指上裹上棉纱来擦洗，以方便地进行粗略判定，但应掌握力度大小，正式检验应在涂层耐溶剂性试验仪上进行。

（二）静置法

将饱蘸溶剂（氟碳涂层采用丁酮，粉末涂层采用二甲苯）的药棉条置于试样上，并保持 30 s，然后取掉棉条，将试样用自来水冲洗干净、抹干，在室温下放置 2 h 后，用手指甲作划痕试验，不应产生明显的划痕。

十八、封孔质量

封孔是保证铝合金制品耐腐蚀性、耐候性、耐磨性从而获得持久的使用性能的关键工序，封孔质量的试验方法有 4 种，如表 3—6 所示。

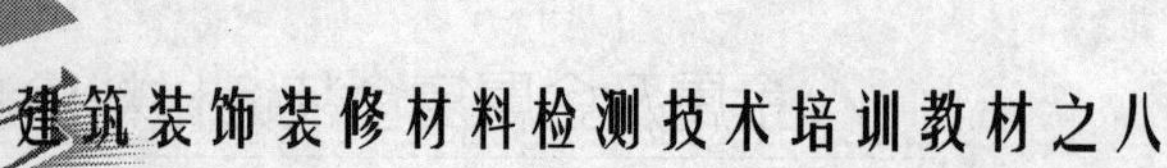

表 3—6 封孔质量试验方法标准

适用范围	试验方法标准
以装饰或保护为目的、以抗污染为主要功能的铝阳极氧化膜	GB/T 8753.1—2005《铝及铝合金阳极氧化 氧化膜封孔质量的评定方法 第 1 部分:无硝酸预浸的磷铬酸法》
建筑业用阳极氧化膜	GB/T 8753.2—2005《铝及铝合金阳极氧化 氧化膜封孔质量的评定方法 第 2 部分:硝酸预浸的磷铬酸法》
在水溶液中封孔的,膜厚大于 3 μm 的铝及铝合金阳极氧化膜	GB/T 8753.3—2005《铝及铝合金阳极氧化 氧化膜封孔质量的评定方法 第 3 部分:导纳法》
不适用于含铜量＞2%,含硅量＞4%;重铬酸钾封孔;深色氧化膜;厚度小于 3 μm 的;涂油、打蜡、上漆处理过的氧化膜	GB/T 8753.4—2005《铝及铝合金阳极氧化 氧化膜封孔质量的评定方法 第 4 部分:酸处理后的染色斑点法》

(一)无硝酸预浸的磷铬酸法

1.方法原理

未经封孔处理的阳极氧化膜会迅速溶解于特定的酸性介质中,而封孔良好的氧化膜经受长时间浸泡无明显浸蚀。基于此原理,本方法将氧化膜浸入磷—铬酸溶液,根据其质量损失情况评定封孔质量。

本实验最早为镁铝公司采用,由于与实际使用的相关性好,后来逐渐在美国及其他国家推广使用并发展成为阳极氧化膜封孔质量的仲裁标准。

2.试剂

磷铬酸溶液:将 20 g 三氧化铬(CrO_3)和 35 mL 磷酸($\rho_{20}=1.7$ g/mL)溶解于 500 mL 水中,移入 1000 mL 容量瓶,以水稀释至刻度,混匀。

3.仪器

分析天平,分度值为 0.1 mg。

4.试样

热封孔的材料,可在封孔后任意时间取样;冷封孔的材料,应放置 24 h 以上方可取样;

从待检材料中,切取一试样,其有效表面积约 10 000 mm^2(最小 5000 mm^2),通常试样质量不超过 200 g。

对中空挤压件,试样应从试件内外表面均覆盖有阳极氧化膜的型材端部切取。在特殊情况下(如某种类型的夹具、小的中空型材等),应去除其内表面的阳极氧化膜,在外表面上进行测试。

5.试验步骤

测量试样的有效表面积,用干布擦去试样的表面霜斑(试验溶液不浸蚀基体金属,不需考虑无氧化膜的表面);

在室温下,将试样在适当的有机溶剂中搅拌 30 s 或擦洗脱脂,使用氯化溶剂脱脂时,如全氯乙烯,于干燥应在良好的通风橱内进行,以防吸入溶剂蒸气;

对试样进行干燥处理:首先在室温空干(预干燥)5 min,再直立放入预热至 60℃的干燥箱内,干燥 15 min,然后在密封的干燥器内,将试样置于硅胶上方冷却 30 min;

立即称量试样质量(m_1),精确至0.1 mg;

将试样直立地完全浸入预先加热至(38±1)℃的磷—铬酸溶液中浸泡15 min。

从溶液中取出试样,先用自来水,然后用去离子水或蒸馏水清洗,干燥处理后立即称量试样质量(m_2),精确至0.1 mg;

6. 检测中的注意事项和常见问题分析

注意,在试验过程中切勿用手接触试样。试验前后两次试样的干燥方法对试验结果会产生影响,操作时必须保证前后两次干燥步骤完全相同,其干燥温度不得高于60℃。其次是试验温度对试验结果影响很大,操作时应使用水浴和连续搅拌以保证温度均匀。再其次是试验溶液经处理一定数量的试样后将会失效,因此每升溶液处理过$1\times10^5\ mm^2$氧化膜后应予作废,不得使用与铝及铝合金阳极氧化膜以外的材料接触过的溶液。

7. 计算

单位面积的质量损失见式(3—22):

$$\Delta m=\frac{m_1-m_2}{A} \tag{3—22}$$

式中 Δm——试样单位面积的质量损失,g/mm^2;

m_1——试样酸浸前的质量,g;

m_2——试样酸浸后的质量,g;

A——试样有效表面积,mm^2。

(二)硝酸预浸的磷铬酸法

1. 方法原理

未经封孔处理的阳极氧化膜经硝酸预浸后,于磷—铬酸溶液中浸泡会迅速溶解,而封孔良好的氧化膜经受长时间浸泡无明显浸蚀现象。基于此原理,本方法将氧化膜经硝酸预浸后,于磷—铬酸溶液中浸蚀,根据其质量损失情况评定封孔质量。

2. 试剂

预浸溶液:移取650 mL硝酸($\rho_{20}=1.4\ g/mL$)于1000 mL容量瓶中,用水稀释至刻度;

磷铬酸溶液:将20 g三氧化铬(CrO_3)和35 mL磷酸($\rho_{20}=1.7\ g/mL$)溶解于500 mL水中,移入1000 mL容量瓶,以水稀释至刻度,混匀。

3. 仪器

分析天平,分度值为0.1 mg。

4. 试样

热封孔的材料,可在封孔后任意时间取样;冷封孔的材料,应放置24 h以上方可取样;

从待检材料中,切取一试样,其有效表面积为10 000 mm^2(最小5000 mm^2),通常试样质量不超过200 g;

对中空挤压件,试样应从试件内外表面均覆盖有阳极氧化膜的型材端部切取。在特殊情况下(如某种类型的夹具、小的中空型材等),应去除其内表面的阳极氧化膜,在外表面上进行测试。

5. 试验步骤

测量试样的有效表面积,用干布擦去试样的表面霜斑(预浸溶液和试验溶液不浸蚀基体金属，不需考虑无氧化膜的表面）；

在室温下，将试样在适当的有机溶剂中搅拌 30 s 或擦洗脱脂，使用氯化溶剂脱脂时，如全氯乙烯，于干燥应在良好的通风橱内进行，以防吸入溶剂蒸气；

对试样进行干燥处理：首先在室温空干（预干燥）5 min，再直立放入预热至 60℃的干燥箱内，干燥 15 min，然后在密封的干燥器内，将试样置于硅胶上方冷却 30 min；

立即称量试样质量（m_1），精确至 0.1 mg；

将试样直立地完全浸入温度为(19±1)℃的预浸溶液中保持 10 min。

从溶液中取出试样，先用自来水，然后用蒸馏水彻底洗净；

将试样直立地完全浸入预先加热至（38±1）℃的磷—铬酸溶液中浸泡 15 min。该溶液应使用水浴和连续搅拌以保证温度均匀。

从溶液中取出试样，先用自来水，然后用去离子水或蒸馏水清洗，干燥处理后立即称量试样质量（m_2），精确至 0.1 mg；

6. 检测中的注意事项和常见问题分析

注意，在上述过程中切勿用手接触试样，干燥温度不得高于 60℃。试验前后两次试样的干燥方法对试验结果会产生影响，操作时必须保证前后两次干燥步骤完全相同，其干燥温度不得高于 60℃。其次是试验温度对试验结果影响很大，操作时应使用水浴和连续搅拌以保证温度均匀。再其次是试验溶液经处理一定数量的试样后将会失效，因此每升溶液处理过1×10^5 mm^2氧化膜后应予作废，不得使用与铝及铝合金阳极氧化膜以外的材料接触过的溶液。

7. 计算

单位面积的质量损失按式(3—23)计算：

$$\Delta m=\frac{m_1-m_2}{A} \tag{3—23}$$

式中 Δm——试样单位面积的质量损失，g/mm^2；

m_1——试样酸浸前的质量，g；

m_2——试样酸浸后的质量，g；

A——试样有效表面积，mm^2。

（三）导纳法

1. 方法原理

用导纳法测定铝及铝合金阳极氧化膜经封孔后的表面导纳值，可知氧化膜的电绝缘性（即阻抗），从而判断氧化膜封孔质量。导纳值越低则说明封孔质量越好。该方法适用于在水溶液中封孔的，膜厚大于 3 μm 的铝及铝合金阳极氧化膜封孔质量的快速无损检测。既适用于热封孔，也适用于冷封孔的阳极氧化膜。铝及铝合金阳极氧化膜可以等效为由若干电阻和电容在交流电路中经串联和并联组成的电路。导纳值决定于以下变量：铝合金材质、封孔工艺、阳极氧化膜的厚度和密度、着色方法、封孔与测试之间的间隔时间和存放条件。目前导纳试验仅在德国使用比较多，而在其他国家已经很少使用。

2. 试剂

无水乙醇（C_3H_5OH）或丙酮（CH_3COCH_3）；

氧化镁（MgO）；

电解液：硫酸钾溶液（35 g/L）或氯化钠溶液（35 g/L）。

3. 仪器

导纳仪：量程 3 μs～300 μs，精度±5%，工作频率为（1000±10）Hz；

电解池：由内径 13 mm、厚度 5 mm 的自粘橡胶圈构成。电解池内表面积为 133 mm^2；

4. 试样

试样尺寸形状不限，但检测部位面积应大于电解池内表面积，检测部位的膜厚应大于 3 μm；

试样的检测部位用无水乙醇或丙酮进行脱脂处理。如试样在封孔后表面已涂覆石蜡、硅油或清漆，则先用无水乙醇或丙酮脱脂，然后用氧化镁或浮石粉和水擦洗，直至无水渍。

5. 试验步骤

水蒸气或热水封孔的试样，应在封孔并冷却至室温后 1 h～4 h 内测试，不得超过 48 h，冷封孔的试样应在封孔后 24 h 以上测试，测试温度范围为 10℃～35℃；

将导纳仪的一个电极接到试样上，并与基体保持良好的电接触；

将电解池粘到试样的测试部位（如试样的几何形状改变了电解池的面积，则电解池面积必须重新测定）；

将电解液注入电解池（如测试部位不能水平放置，可将浸透电解液的脱脂棉放入电解池中），每次测量应使用新的橡胶圈和新的电解液；

在电解液中插入导纳仪的另一个电极，对于指针显示仪表，应选择测量范围，使其导纳值大于刻度的 1/3；

插入电极 2 min 后读数，入 2 min 后导纳值还继续增加，再过 3 min 后取最后读数；

测定测试部位的氧化膜厚度。

6. 计算

导纳为阻抗的倒数，按式（3—24）计算：

$$Y=\frac{1}{\sqrt{\left(\frac{1}{2\pi fC}\right)^2+R^2}} \tag{3—24}$$

式中 Y——导纳，μS；

R——电阻，Ω；

f——交流电频率，Hz；

C——电容，F。

需对不同条件下的测量数据进行比较时，

计算电解池面积为 133 mm^2 时的导纳修正值按式（3—25）计算：

$$Y_1=Y_m\times\frac{133}{A} \tag{3—25}$$

式中 Y_1——电解池面积为 133 mm^2 时的导纳修正值，μS；

Y_m——导纳实际测量值，μS；

A——电解池实际测量面积，mm^2。

计算电解池面积为 133 mm^2，测试温度为 25℃时的导纳修正值按式（3—26）计算：

$$Y_2=Y_1\times f_1 \tag{3—26}$$

式中 Y_1——电解池面积为 133 mm^2,测试温度为 25℃时的导纳修正值,μS;

Y_2——电解池面积为 133 mm^2 时的导纳修正值,μS;

f_1——实际测试温度下的温度系数,温度系数和温度的关系见表 3—7。

表 3—7 温度系数和温度的关系

温度/℃	10	12.5	15	17.5	20	22.5	25	27.5	30	32.5	35
温度系数	1.30	1.25	1.20	1.15	1.10	1.05	1.00	0.95	0.90	0.85	0.80

计算电解池面积为 133 mm^2、测试温度为 25℃、氧化膜厚度为 20 μm 时的导纳修正值按式(3—27)计算:

$$Y_3 = Y_2 \times \frac{e}{20} \tag{3—27}$$

式中 Y_3——电解池面积为 133 mm^2、测试温度为 25℃、氧化膜厚度为 20 μm 时的导纳修正值,μS;

Y_2——电解池面积为 133 mm^2,测试温度为 25℃时的导纳修正值,μS;

e——氧化膜实际测量厚度,μm。

(四)染斑法

1. 方法原理

本方法首先在试样的脱脂表面上进行酸处理,然后用染色剂着色,观察其染色情况,根据其氧化膜染色吸附能力的损失程度,评定阳极氧化膜抗染色吸附能力。

阳极氧化膜的抗染色吸附能力是评定封孔制量的方法之一,一般情况下,抗染色吸附能力强表示封孔质量优良,但有时抗染色吸附能力稍有降低,并不意味氧化膜封孔质量变差,因为抗染色体吸附能力有时还和其他因素有关。

2. 试剂

酸溶液 A:移取 25 mL 硫酸(ρ_{20}=1.84 g/mL),称取 10 g 氟化钾于 1000 mL 容量瓶中,慢慢加水稀释至刻度;

酸溶液 B:移取 25 mL 氟硅酸(H_2SiF_6)(ρ_{20}=1.29 g/mL)于 1000 mL 容量瓶中,慢慢加水稀释至刻度;

染色溶液 A:移取 5 g 铝蓝 2 LW 溶液(国际颜色编号为 69 的蓝色染色剂)于 1000 mL 容量瓶中,用稀硫酸或稀氢氧化钠溶液将溶液 pH 值调整为 5.0±0.5(温度约为 23℃);

染色溶液 B:移取 10 g 山诺德尔红 B3LW 溶液(国际颜色编号为 331 的酸性红)或铝红 GLW 溶液于 1000 mL 容量瓶中,用稀硫酸或稀氢氧化钠溶液将溶液 pH 值调整为 5.0±0.5(温度约为 23℃)。

试验溶液应使用分析纯试剂和蒸馏水(或去离子水)来配置,在以上溶液中,染色溶液 B 更加安全;另外用抗氢氟酸材料制成的容器贮存酸溶液,操作时一定要小心。

3. 试样

试样一般要从产品上直接切取。如果采用特殊制备的试样,即使它的生产工艺与产品相同,也会产生一些错误的结果。

4. 试验步骤

用蘸有丙酮或乙醇的棉花球将试样表面擦干净,使试样表面保持洁净、干燥并水平放置;

用一滴酸溶液 A 或酸溶液 B 滴在试样的表面上，并精确保持 1 min(试验溶液温度约为 23℃)；

除去酸酸溶液 A 或酸溶液 B 滴在已经用酸处理过的斑点上，并使溶液在试样上精确保持 1 min；

洗净染色液滴，用浸泡了悬浮溶液(由水和软质研磨剂配成，其中软质研磨剂为氧化镁等)的干净布将试件的试验表面彻底擦净(时间约为 20 s)，然后仔细冲洗并干燥。

5. 评级

评级方法按照表 3—8 所示。

表 3—8 染色等级的评定

铝蓝 2LW	山诺德尔红 B3LW	染色等级	染色吸附能力的损失程度
		5	无损失
		4	极轻度损失
		3	轻度损失
		2	中度损失
		1	高度损失
		0	全部损失

十九、耐湿热性

(一)基本原理

湿热试验是将涂有漆膜的样板或实物置于湿热试验箱中，定时观察起泡、腐蚀及附着力下降等变化。在湿热试验中，对渗透压而言，蒸馏水的活度高，涂层是半透膜，蒸馏水渗入漆膜的能力比较强。水分透入漆膜，在两层漆膜之间会降低层间附着力，在漆膜内会引起漆膜膨胀而产生内应力，透入漆膜与金属之间会降低附着力，最后导致漆膜起泡。起泡后金属与漆膜脱离而开始腐蚀。因为有许多涂了漆的物体是处在潮湿闷热的环境中，涂膜易破坏，因此耐湿热性是一项很重要的指标。

(二)检测设备

设备符合试验条件的调温调湿箱。试剂采用符合 GB/T 6682 规定纯度的三级水。

(三)试验样板

选用符合 GB/T 9271 要求的底材，尺寸约为 150 mm×70 mm×1 mm，除非另有规定，试板可用待试产品或体系进行封边、封背，例如彩钢板，试验前要进行封边、封背处理。而对于比如铝塑板、蜂窝板等，直接裁成规定尺寸进行试验即可，不需要进行封边处理。

如果试板的背面和边缘上的涂层与被试产品不同，则应比被试产品有更好的抗高温高湿性能。

将每一块已涂装的试板在规定的条件下干燥(或烘烤)并放置规定的时间。除非另有规定,试验前试板应在温度为(23±2)℃和相对湿度为(50±5)%的条件下至少调节16 h。

(四)试验步骤

按GB/T 1740的规定进行耐湿热试验:试板垂直悬挂于搁板上,试板的正面不允许相互接触。将搁板放入预先调到温度为(47±1)℃、相对湿度为(96±2)%的调温调湿箱中,也可采用其他商定的温度和湿度。当温度和湿度达到设定值时,开始计算试验时间。试验过程中表面不应出现凝露。

连续试验48 h检查一次,两次检查以后,每隔72 h检查一次,每次检查后,样板应变换位置。

试板检查时必须避免指印,在光线充足或灯光直接照射下与标准板比较,结果以3块试板中级别一致的两块为准。

试板四周边缘、板孔周围5 mm以内及外来因素引起的破坏现象不做考察。

按产品标准规定的时间进行最后一次检查,无产品标准的检查时间可根据具体情况确定。

(五)检测结果的评定

按GB/T 1766的评级方法进行评级,也可根据需要选择一下两种评定方法。

(1)分别评定试板生锈、起泡、变色、开裂或其他破坏现象。

(2)按表3—9评定综合破坏等级。

表3—9 破坏等级评定

等级	破坏现象			
	生锈	起泡	变色	开裂
1	0(S0)	0(S0)	很轻微	0(S0)
2	1(S1)	1(S1)、1(S2)	轻微	1(S1)
3	1(S2)	3(S1)、2(S2)、1(S3)	明显	1(S2)
4	2(S2)、1(S3)	4(S1)、3(S2)、2(S3)、1(S4)	严重	2(S2)
5	3(S2)、2(S3) 1(S4)、1(S5)	5(S1)、4(S2) 3(S3)、2(S4)、1(S5)	完全	3(S3)

注:1. 漆膜有数种破坏现象,评定等级时应按破坏最严重的一项评定。

二十、耐盐雾腐蚀性

(一)基本原理

耐盐雾性试验有中性盐雾试验(NSS)、乙酸盐雾试验(AASS)和铜加速乙酸盐雾试验(CASS)等(GB/T 10125—1997《人造气氛腐蚀试验 盐雾试验》)。中性盐雾试验法是1939年开发的,试验法中最广泛采用的是ASTM B-117(同GB/T 10125—1997中性盐雾试验部分和GB/T 1771—2007),在试验中,盐溶液呈中性,其pH值在6.5~7.2范围中。类似于

B117 中性盐雾试验的有：ISO 3768—1976 中性盐雾试验(NSS)，日本 JIS K5400 7.8，JIS Z2371，德国 SS DIN 50021—1975，DIN 53167，欧洲 ECCA T8(1985)(欧洲卷材涂装协会标准)。AASS 试验是将前述的盐雾液中加入冰乙酸，使 pH 值达 3.1～3.3，CASS 试验是将前述的乙酸盐雾液中加入氯化铜(GB/T 10125—1997 和 GB/T 12967.3—2008《铝及铝合金阳极氧化 氧化膜的铜加速盐雾试验(CASS 试验)》)。

(二)试验溶液

1. NSS 中性盐雾试验

将符合 GB 1266 化学纯的氯化钠溶解于符合 GB/T 6682 中规定的至少纯度为三级水中，质量浓度为(50±5)g/L，氯化钠应是白色，质量分数≥99.5%，而且基本不含铜和镍，碘化钠的质量分数≤0.1%。

试验溶液的 pH 值应调整致使试验箱内手机的喷雾溶液的 pH 值在 6.5～7.2 之间。超出范围时，可加入分析纯盐酸或氢氧化钠溶液进行调整。

应注意在喷雾时由于试验溶液中二氧化碳损失可能引起 pH 值的变化。这种变化可以由减少溶液中二氧化碳含量来避免，例如，在将试验溶液加到仪器设备之前先加热到 35℃以上或用新煮沸过的水配制溶液。

试验溶液注入仪器的贮罐前应予过滤，以防止固体物质堵塞喷嘴。

大气中的盐雾是由于海水浪花和海浪冲击海岸时形成的微小水滴经气流输送过程所形成。一般在沿海或近海地区的大气中都充满着盐雾。由于盐雾中的氯化物，如氯化钠、氯化镁等具有在很低相对湿度下吸潮的性能和氯离子具有很强的腐蚀性，因此盐雾对于在沿海或近海地区的金属材料及其保护层具有强烈的腐蚀作用。

2. AASS 乙酸盐雾试验

在上述的 NSS 盐溶液中加入适量冰乙酸以保证盐雾箱内收集液的 pH 值在 3.1～3.3 范围内，如最初配置的溶液 pH 值为 3.0～3.1，则收集液的 pH 值一般在 3.1～3.3 范围内。可加入冰乙酸或氢氧化钠溶液调整 pH 值。

3. CASS 铜加速乙酸盐雾试验

在上述 AASS 溶液中加入分析纯二氯化铜($CuCl_2 \cdot 2H_2O$)，使其浓度为(0.26±0.02)g/L 或(0.205±0.015)g/L $CuCl_2$，可加入冰乙酸或氢氧化钠溶液调整 pH 值。

(三)检测设备

试验设备为盐雾试验箱，应包括以下部件。

1. 盐雾箱

应由耐盐水溶液腐蚀的材料制成或用它衬里，而且应带有可防止冷凝水滴落到试板上的罩盖。为保证喷雾均匀分布，该箱的容积应不小于 0.4 m^3。

盐雾箱的大小和形状应能使喷雾收集器收集到溶液的量在规定的操作条件范围内。容积大于 2m^3 的盐雾箱为便于操作在设计和结构上应给与仔细的考虑。

2. 恒温控制元件

温度应由箱内的恒温元件控制，使得盐雾箱内各部件保持在规定温度范围内。该元件距箱壁应至少 100 mm，温度计应整体置于箱内，其距四壁、箱顶和箱端均应在 100 mm 以上，并能够在箱外读数。

3. 喷雾装置

应由一个压缩空气供给器、一个喷雾溶液的储罐和一个或多个由耐盐水腐蚀的材料制成的喷嘴组成。供给喷雾的压缩空气应通过滤清器以除去油分和固体颗粒，压力保持在70 kPa～170 kPa。空气在进入喷嘴之前应通过装填水的饱和塔柱使其加湿。装填水应至少符合GB/T 6682规定的三级水，其温度比盐雾箱高出几摄氏度。水的温度取决于所用的空气压力和喷嘴的类型，调节空气压力使箱内回收速度及收集的溶液浓度保持在规定的范围之内。盛放试验溶液的储罐应由耐盐水腐蚀的材料制成，并设有保持槽内恒定水位高度的装置。喷嘴应由惰性材料制成，如玻璃或塑料。为了防止盐雾箱内形成压力，通常是把装置的空气排放到实验室外的大气中，而且外部环境应不会影响盐雾箱内。

4. 喷雾收集装置

由化学惰性材料制成。放于盐雾箱内放置试验样板的地方，至少有一个靠近喷雾嘴，一个远离喷雾嘴。其位置要求是智能手机喷雾液，而不是试板或盐雾箱部件或支架上滴下的液体。收集装置的数量应至少为喷雾嘴的两倍。

5. 试板支架

是能以与垂直面成15°～25°的角度支撑试板，通用的支架由惰性非金属材料如玻璃、塑料或适宜的涂过漆的木材制成。此外，如果需要悬挂试板的话，所使用的材料应是合成纤维、棉纱线或其他惰性绝缘材料，不应使用金属材料。石板可以放置与盐雾箱内不同的水平面上，但其所处的位置应避免盐溶液滴从一个水平面上的试板或支架上滴到下面的其他试板上。

（四）试验样板

试板的尺寸为150 mm×100 mm，除非另有规定，试板的背面和边缘也用待试产品或体系涂覆。

如果试板的背面和边缘上的涂层与被试产品不同，则应具有比被试产品更好的耐腐蚀性。

涂覆试板按标准规定时间和条件干燥，除非另有规定，应在温度(23±2)℃和相对湿度(50±5)%、具有空气循环、不受阳光直接暴晒的条件下，状态调节至少16 h，然后尽快投入试验。

如果需要划痕，所有的划痕距试板的每一条边和划痕相互之间应至少为25 mm。划痕应为透过涂层至底材的直线。实施划痕时使用一种带有硬尖的划痕工具，划痕应有两侧平行或上部加宽的断面，金属底材划痕宽度为0.3 mm～1.0 mm，另有规定者除外。

可以划出一道或两道划痕。除非另有规定，划痕应与试板长边平行。

划痕不允许使用如手术刀、刮胡刀、小刀、针等工具。

对铝底材来说，应使两条划痕相互垂直但不交叉。一条划痕应与铝板轧制方向呈垂直角度。如果使用镀锌板或镀锌合金钢板，划至镀锌层与划至金属底材结果会有不同，有关方应商定划痕划破涂层及镀层的程度。

如果试样是从工件上切割下来的，不能损坏切割区附近的覆盖层。除另有规定外，必须用适当的覆盖层如油漆、石蜡或胶带等对切割区进行封边保护。值得注意的是，因为钢基材耐盐雾腐蚀性能很差，一般都会以漆膜或镀锌等方式来提高其耐腐蚀性能，所以钢基材的产品做盐雾试验时一定要封边，以防裸露出来的基材边缘被腐蚀影响评价表面保护层的耐腐蚀性能。

试验分为膜上表面腐蚀试验和膜下丝状腐蚀试验。但有膜下腐蚀试验要求时，沿对角线在试样上划两条深至阳极氧化膜的交叉线，线段不贯穿试样对角，线段各端点与相应的对角成等距离，然后按规定进行试验。

(五)试样放置

试样放在盐雾箱内且被试面朝上，让盐雾自由沉降在被试表面上，被试表面不能受到盐雾的直接喷射。

试板在箱内的暴露角度是很重要的，试样原则上应放平，在盐雾箱中被试表面与垂直方向成(20±5)°，或按产品方法标准要求。对于不规则的试样也尽可能接近上述规定。

试样可以放置在箱内不同水平面上，但不得接触箱体，也不能互相接触。试样之间的距离应不影响盐雾自由降落在试样表面上，试样上的液滴不得落在其他试样上，对总的试验周期超过 96 h 的新检验或试验，可允许试样移位。

试样支架用玻璃塑料等材料制造，悬挂试样的材料不能用金属，应用人造纤维，棉纤维或其他绝缘材料。

(六)试验条件

中性盐雾试验和乙酸盐雾试验的盐雾箱温度为(35±2)℃。铜加速盐雾试验的盐雾箱内温度为(50±2)℃。在试验过程中，整个盐雾箱内的温度波动尽可能小。在盐雾箱内已按计划放置好试样，并确认盐雾收集速度和条件在规定范围内后才开始进行试验。

盐雾沉降速度，经 24 h 喷雾后，每 80 cm^2 面积上为 1 mL/h～2.5 mL/h；氯化钠浓度为(50±10)g/L，pH 值应为 6.5～7.2。

用过的溶液不得再用。

试验期间的温度和压力应稳定在规定范围内。

(七)试验周期

试验周期应根据被试材料或产品的有关标准选择。若无标准，可经有关方面协商决定。

推荐的试验周期为 2 h、4 h、6 h、8 h、24 h、48 h、72 h、96 h、144 h、168 h、240 h、480 h、720 h、1000 h。

在规定的试验周期内喷雾不得中断，只有当需要短暂观察试样时才能打开盐雾箱。如果试验重点取决于开始出现腐蚀的时间，应经常检查试样。因此，这些试样不能同要求预定试验周期的试样一起试验。

可定期目视检查预定试验周期的试样，但是在检查过程中，不能破坏被试表面，开箱检查的时间与次数尽可能少。

(八)试验后试样的处理

实验结束后取出试样，为减少腐蚀产物的脱落，试样在清洗前放在室内自然干燥 0.5 h～1 h，然后用温度不高于 40℃ 的清洁流动水轻轻清洗以除去试样表面残留的盐雾溶液，再立即用吹风机吹干。

(九)检测中的注意事项和常见问题分析

值得注意的是：不应将试板放置在雾粒从喷嘴出来的直线轨迹上，可使用挡板防止喷雾直接冲击试板；试板的排列应不使其互相接触或与箱体接触。被试面应暴露在盐雾无阻碍沉降的地方，试板最好放在箱内的同一水平面上，以免液滴从上层的试板或支架上落到下面的其他试板上；试板的支架必须由玻璃、塑料或涂漆木材之类的惰性非金属材料制成。如果试板需要悬挂，则挂具应用合成纤维、棉线或其他惰性绝缘材料制成。

试板应周期的进行目测检查，但不允许破坏试板表面。在任一个 24 h 为周期的检查时间不应超过 60 mim，并且尽可能的在每天的同一时间进行检查。试板不允许呈干燥状态；在规定的试验周期结束时，从箱中取出试板，用清洁的水冲洗试板以除去表面上残留的试验溶液，立即检查试板表面的破坏现象，如起泡、生锈、附着力的降低、由划痕处腐蚀的蔓延等。

（十）试验结果评级方法

试验结果的评价标准，通常应由被试材料或产品标准提出。一般试验仅需考虑以下几个方面：试验后的外观，除去表面腐蚀产物后外观，腐蚀缺陷如点蚀、裂纹、气泡等的分布数量，开始出现腐蚀的时间，重量变化，显微镜观察，力学性能变化。

(1)中性盐雾按 GB/T 1740 的评级方法进行评级，见表 3—10，以 3 块试件中性能最差者作为试验结果。

表 3—10 中性盐雾试验破坏程度评级方法

等级	破坏程度
一级	轻微变色 漆膜无起泡、生锈和脱落等现象
二级	明显变色 漆膜表面起微泡面积小于 50%，局部小泡面积在 4%以下；中泡面积在 1%以下 锈点直径在 0.5 mm 以下 漆膜无脱落
三级	严重变色 漆膜表面起微泡面积超过 50%，局部小泡面积在 5%以上；中泡面积出现大泡 锈点面积在 2%以上 漆膜出现脱落现象

注：1. 起泡面积计算：使用百分格板，其中 1%的面积只要有泡，则算为 1%的面积，余此类推。

2. 起泡等级如下：微泡——肉眼仅可看见者；

小泡——肉眼明显可见，直径小于 0.5 mm；

中泡——直径 0.6 mm～1 mm；

大泡——直径 1.1 mm 以上。

3. 板的四周边缘（包括封边在内）及孔周围 5 mm 不考核，对外来因素引起的破坏现象不做计算。

4. 漆膜破坏现象凡符合上表规定等级中的任何一条，即属该等级。

(2)ASS 和 CASS 评级按 GB/T 6461 的评级方法进行评级，见表 3—11，以 3 块试件中性能最差者作为试验结果。

表 3—11 酸性盐雾评级方法

缺陷面积 A(%)	评级 R_P 或 R_A	缺陷面积 A(%)	评级 R_P 或 R_A
无缺陷	10	$2.5<A\leqslant5.0$	4
$0<A\leqslant0.1$	9	$5.0<A\leqslant10$	3
$0.1<A\leqslant0.25$	8	$10<A\leqslant25$	2
$0.25<A\leqslant0.5$	7	$25<A\leqslant50$	1
$0.5<A\leqslant1.0$	6	$50<A$	0
$1.0<A\leqslant2.5$	5		

二十一、耐候性

幕墙材料在使用过程中直接与外界大气接触，要经历风吹、日晒、雨淋等恶劣的气候条件，作为幕墙的饰面板必须经得住这种恶劣的气候条件考验，就是说耐久性要好。铝塑复合板、蜂窝板是由不同的材料（金属与塑料、金属与金属）经粘结剂粘结而成，其表面为有机成分组成的烤漆，是否经得住这种恶劣的气候条件是衡量其能否有效地应用于幕墙的重要条件。为了保证其能有效地应用于幕墙，幕墙用金属及金属复合板要求其涂层为高耐候涂层，目前最常用的是氟碳涂层，要求氟碳树脂含量大于70%，涂层厚度25μm以上。在这方面，国外的生产厂家曾做过不少工作，他们对其产品进行了最严酷的室外曝晒试验，到现在已经历30多年的时间，表面的颜色变化和粉化现象都很小，证实了长期耐久性是完全能满足幕墙的要求。

所谓涂层的老化，是指产品涂装后在使用过程中受到各种不同因素的作用，使涂层的物理化学和机械性能引起不可逆的变化，并最终导致涂层破坏的现象。

涂层的老化是由于涂层在大气中经受光、热、氧气、风、雪、雨、露、温度、湿度及各种化学介质等因素的影响，涂料中高分子聚合物的链状结构断裂、涂层强度随之下降而引起的。涂层老化的表现为失光、变色、粉化、裂纹、起泡、泛金、斑点、长霉、脱落等现象。

测试涂层耐老化性最直接、最可靠的方法是大气老化试验，即把涂层试样置于一定的大气条件下曝晒，通过试样的外观检查以鉴定其耐久性。大气老化试验方法简单，数据可靠，但费时过长，某些耐候性好的品种可能需要几年、十几年至更长的时间才能看出结果。因此，人工加速老化试验在考核涂层的耐候性方面亦得到了广的应用。人工加速老化试验是基于大量的天然曝晒试验的结果，从中找出规律，找出气候因素与漆膜破坏之间的关系，在试验室内模仿自然界中各种气候因素创造出所谓人工气候，并且达到一定的加速性。目前常用的人工加速老化试验方法主要有氙灯、荧光紫外灯、碳弧灯等。

（一）大气曝晒试验

大气老化试验是指在各种气候类型区域里研究大气各种因素如日光、风、雪、雨、露、温度、湿度、氧气、化工气体等对涂层所起的老化破坏作用，通过试板的外观检查以鉴定其耐久性。也有在曝晒过程中进行涂膜的物理机械性能及游离漆膜的性能测试。根据大气种类可分为乡村大气、工业大气和海洋性大气；根据地区来分又可分为温带、寒带、干热带、湿热带等类型；而曝露方法又可分为朝南45°、当地纬度、垂直角度及水平曝露等方式。此外，根据试验的要求，自然曝露老化试验常见的曝露试验见表3—12。

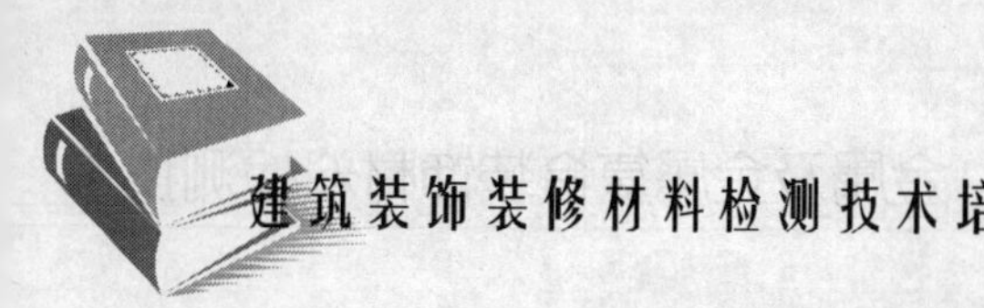

表 3—12　常见的自然曝露老化试验

老化种类	老化特征
直接曝露试验	样品在日光、风、雨等自然环境条件下直接曝露试验
玻璃下曝露试验	样品放在玻璃覆盖的试验箱中日光透过玻璃板进行曝露试验
遮蔽曝露试验	样品放在遮蔽物下，避开日光、雨、雪的直接作用进行曝露试验
浸渍曝露试验	样品的一部分或全部浸入水中或其他试验液体中进行曝露试验
应力下曝露试验	样品保持在设定的应力应变条件下进行曝露试验
黑箱曝露试验	样品放在经黑色处理的金属试验箱中进行曝露试验
追踪阳光曝露试验	样品放在能追踪阳光的暴露架上，保持日光对样品的直射而进行的曝露试验
接地曝露试验	样品直接放在地面上进行曝露试验
定位曝露试验	样品放在固定角度的样品架上进行曝露试验

1. 气候、季节、曝晒角度的影响

(1)我国面积广大，气候类型复杂，从北到南、由东到西气候条件很不一样，往往同一个配方的品种，在不同地区使用性能差异很大，因此为了要全面考核某一个品种的耐久性，就有必要在各个气候类型区域内同时进行曝晒试验。

通过一系列样品的曝晒可得出不同气候地区对试板破坏的严酷程度。以同样的醇酸漆膜为例，如白、红、绿、黑 4 种颜色。采用同样的施工工艺，同时在天津、上海、武汉、重庆、广州、海南岛等地进行曝晒，可发现气候条件以重庆、广州、海南岛等地最为严酷，样板破坏严重；武汉、上海居中，天津破坏最慢；而在重庆、广州、海南岛等地中又以海南岛最快，样板破坏最为厉害。

(2)样品的耐久性除与气候地区有关外，曝晒季节对其影响也很大。由于季节不同，样品所经历的气候条件不同，因此漆膜的破坏程度也不同。

对于自干类型的涂料，在春季曝晒时，由于漆膜尚未完全坚实，就受到温差的急剧变化而引起漆膜变形；接着在夏季又遭受到强烈的紫外光照射或大量的雨水侵袭而进一步造成破坏。在秋季曝晒时，由于气温较平稳，紫外光强度也日趋下降，致使新涂的漆膜能有一段继续坚硬的过程，从而经得起来年的大气破坏作用。

实际试验也证实了这点：即春季晒板破坏最快，秋季晒板破坏最慢。其顺序是：春→夏→冬→秋。因此，从涂料的角度来看，试验在春季，施工在秋季是有其一定道理的。

需指出的是：我国南方地处温热带或亚温热带的一些地区，虽然炎热，但温差变化较小，气候随季节不同的变化不大显著。故曝晒季节对涂膜耐久性的影响不如我国其他地区大。

(3)另外，曝晒角度对涂料的耐久性影响也是需要加以考虑的，因为在大气老化中，光是一个很重要的因素，因此应该尽量设法以最合适的角度来最大限度地利用太阳能。

经试验发现在短期曝晒过程中及为了加速样品的破坏。每年的上半年可采用春、夏季最热角度(即 $\varphi-25°$。其中 φ 为当地纬度)；下半年则可调节成秋、冬季最热角度($0.893\varphi+24°$)，这样易于快速地获得天然曝晒试验的试验结果。对于需要连续曝晒几年或因条件所限而不考虑来回调整角度的，则应采取当地纬度(φ)最为适宜，以使样品比其他角度能受到更多的和更长时间的光照。

样品的自然老化试验一般在大气地理环境比较典型的地方进行曝晒试验。如在美国，就有亚热带气候型的南佛罗里达曝晒场，干燥环境的亚里桑那曝晒场，这两个曝晒场分别被称为“参考”环境和“标准”环境。这两个暴晒场的温度变化、阳光照射强度、紫外线强度以及相对湿度情况分别见图 3—20～图 3—24 所示。

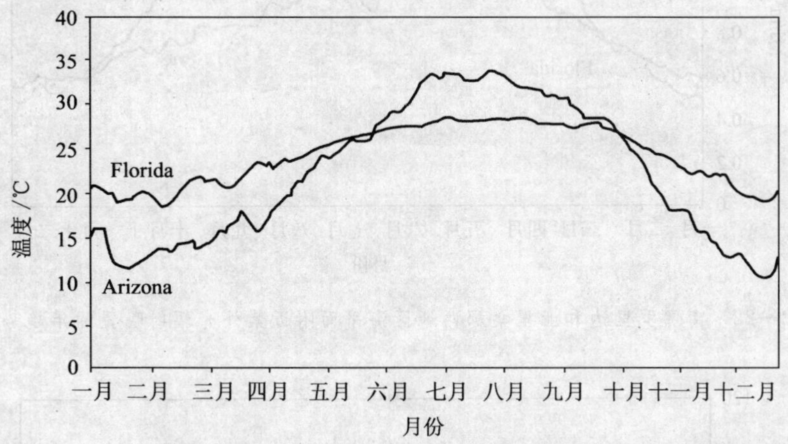

图 3—20 南佛罗里达和亚里桑那两地区平均大气环境温度

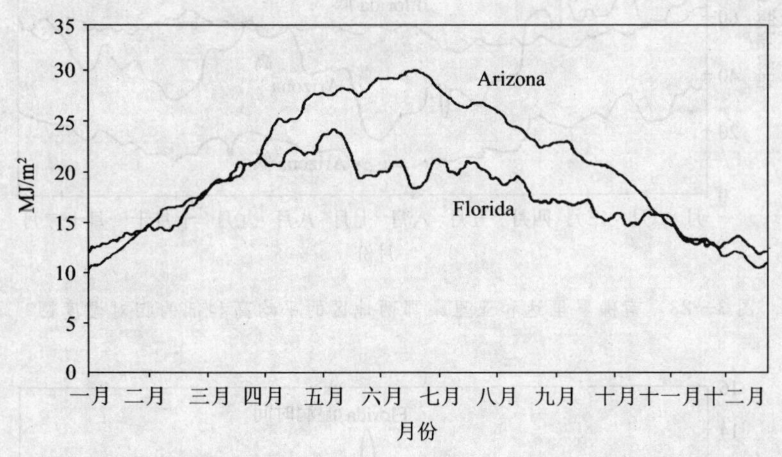

图 3—21 南佛罗里达和亚里桑那两地区海平面附近全部阳光辐射曝置的年趋势图

2. 曝晒场的设置

(1)选址

曝露试验场应选在能代表各种气候类型最严酷的地区或在受试产品实际使用环境条件下建立。

曝晒场应建立在平坦、空旷的地方，周围无高大障碍物，使样板能光分受到各种大气因素的作用。曝露场地应不集水、草高不超过 0.3 m。作为一般的大气曝晒试验附近应无工厂烟筒和能散发大量腐蚀性气体的设施，避免局部严重污染的影响。

(2)条件

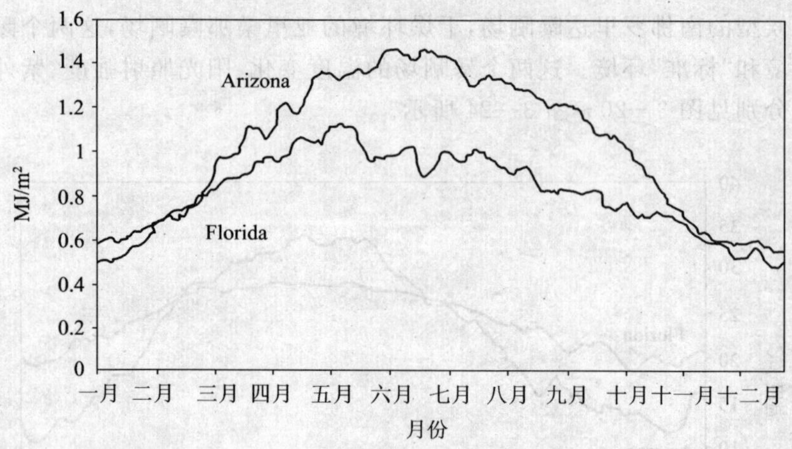

图 3—22　南佛罗里达和亚里桑那两地区海平面附近紫外光辐射曝置的年趋势图

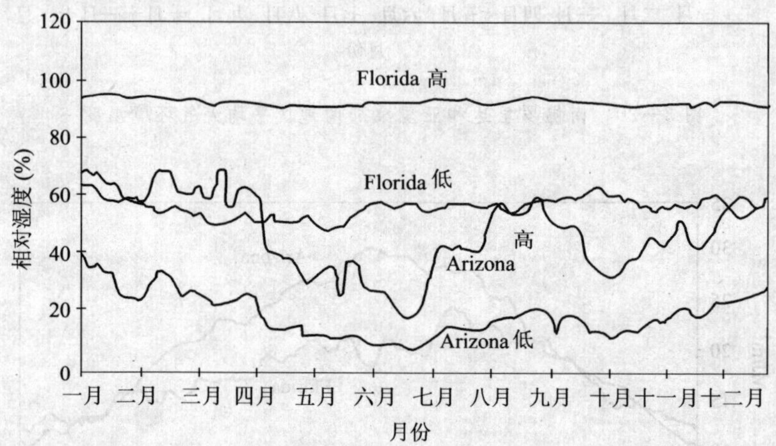

图 3—23　南佛罗里达和亚里桑那两地区的平均高和低的相对湿度图

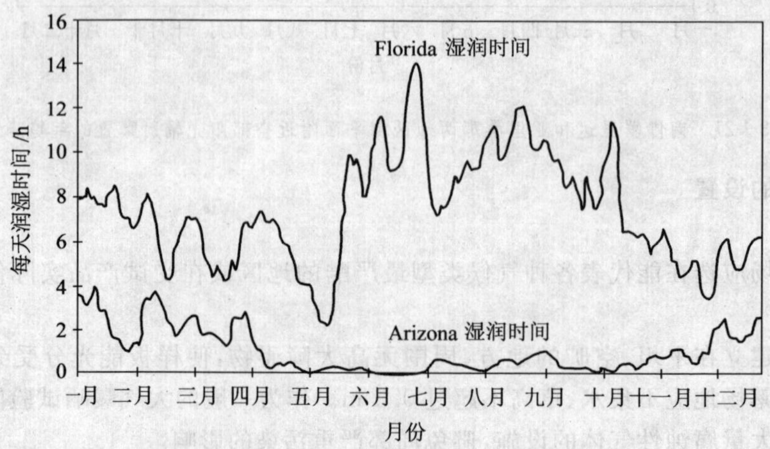

图 3—24　南佛罗里达和亚里桑那两地区平均日常湿润时间

曝晒场应有明亮的工作室、贮存室，并应具有必备的气象观测设备，各种漆膜检查的仪器及洗手池、上下水、照明电等各种设施。位于国家气象站附近的曝露场，可以直接利用该站观测资料。气象资料主要包括：气温、湿度。日照时数、太阳辐射量、降雨量、风速、风向等。

(3)曝晒架

曝晒架可用钢材或木材制成，并用耐候性较好的涂料涂装。其结构应力求简便、牢固，能调节曝晒角度者更好。

曝露架是摆设在曝露场内用于曝露试样的支架应由不影响试验结果的惰性材料，如木材、钢筋混凝土、铝合金或经涂刷防腐涂料的钢材制成。结构力求坚固，经得起当地最大风力的吹刮。

(4)样品摆放

曝露架内的样板应与金属绝缘，并尽可能不与木材或多孔材料接触。推荐使用瓷绝缘子来固定样板。

曝露架的摆放应保证架子间自由通风，避免互相遮挡阳光和便于工作，行距一般不小于1 m。

曝露架的底端离地面不小于0.5m。

曝露架面向赤道，并与地平线成45°角曝露样板。为使样板表面接受最大的太阳辐射量，宜把曝露架面与地平线成当地纬度角摆放。

3. 试样的制备

试样的尺寸为300 mm×300 mm，同时制备3块曝露样板和1块对照用标准样板，切取试样时距板边距离不得少于50 mm。

标准样板应存放在通风、干燥、不受光照的地方。

4. 样板检查方法

国家标准GB/T 9276—1996《色漆和清漆涂层天然老化试验的指导性文件》中规定了以年和月为样板检查的计时单位，规定：在曝晒的第一月至第三个月内，每隔15天检查一次；从第四个月起，每月检查一次；一年以每3个月检查一次。由于涂料的不同以及曝晒地区破坏速度的不同。检查周期可根据情况适当变更。规定的检查项目包括失光、变色、粉比、裂纹、起泡、斑点、生锈、泛金、沾污、长期脱落等，或者根据产品标准中的规定检查其他物理化学性能的变化。

检查主要是目测法，比较简便。能具体判断涂装的实用性能和耐老化程度的差别，但易产生个人的主观误差。其中漆膜的光泽和颜色，可用仪器测定，以数值来反映漆膜耐久性变化。

对于色漆粉化程度可按GB/T 14826—1993《色漆涂层粉化程度的测定方法及评定》的规定，或者采用粉化测定仪，或者采用手工测定，对照标准评定等级。具体评级方法在国家标准GB/T 1766《色漆和清漆 涂层老化的评级方法》中有规定。

此外，近年来利用仪器分析日渐增多，如对漆膜表面进行复型，在电子显微镜下就可观察到漆膜表面微细结构的改变，从而在较短的时间内就可预测天然曝晒的最终结果。也可在曝晒样板上切下游离漆膜进行红外分析，以判断曝晒的不同阶段漆膜老化所达到的程度。

5. 注意事项

由于铝的腐蚀可能会对试样边缘的涂层产生不良影响，涂层的有效评定范围是距离板边往里 1 cm 的区域，试验前也可对试样进行封边处理，但封边材料不能对样品产生污染或产生其他不良影响。

标准中的老化试验并不是准确说明产品的实际使用寿命，而是作为一种相对的评判依据，作为实际使用寿命的大概参考。因为产品的实际使用寿命的影响因素很多，与产品的使用环境有密切的关系，如大气污染程度、太阳辐照程度、湿度、温度、粉尘等。国外有的厂家进行了曝晒试验，有的产品实际使用寿命已经超过 20 年，但由于国内厂家的起步较晚，尚无厂家专门进行曝晒试验。有个别厂家自己进行了类似的试验，但未能系统地进行，目前尚无结果。材料的老化与寿命问题需要进行长期的专门的对比研究，是一个很有意义的研究课题。

（二）氙灯加速老化试验

1. 基本原理

按 GB/T 16259—2008《彩色建筑材料人工气候加速颜色老化试验方法》的规定进行，采用氙灯光源，连续光照，控制一定的温度、湿度、辐射能、降雨周期和时间，模拟和强化自然气候条件中的光、热、氧、湿气、降雨等主要环境因素，以加速试样的老化，并以试样在一定时间内的辐射能下的色差值作为人工气候加速颜色老化的试验结果。

2. 试验装置

(1)光源

石英套管的氙弧灯的光谱范围包括波长大于 270 nm 的紫外光、可见光和红外辐射。

氙灯是一种精确的气体放电灯，它使用石英球罩密封和过滤技术，可以精确调节其光谱能量分布，可以模拟各种条件下的自然光，从大气层外的太阳光到透过玻璃窗的日光等。

在氙灯技术发展过程中，出现了两种仪器系统：风冷和水冷氙弧设备。冷却类型对设备的总体设计和光学过滤系统都有影响。目前使用较多的为水冷氙灯，水冷氙灯是由两块同轴圆柱形光学滤镜围住的一个密封石英管，冷却水在灯表面、内滤镜和外滤镜之间流动。除了冷却功能，水还对红外线光谱范围产生所需的效应。水吸收了 1200 nm 波长以上的光线，减少了氙灯中过多的红外线能量。这种减少足以保持样品温度稳定；使用红外线吸收滤镜还可以进一步减少红外能量。

未过滤的氙弧在短波紫外线区的辐射能力很强。因此，滤镜的主要目的是获得所需的能量光谱分布。通过综合水冷系统的两个圆柱形滤镜的不同玻璃特性，可以产生不同的光谱能量分布。可用的圆柱形滤镜类型有石英、硼硅酸盐玻璃、高硼酸盐类玻璃、碱石灰玻璃和涂层红外线吸收（CIRA）石英。加入辅助玻璃滤镜支架放置不同种类的平面玻璃后，可以实现辅助过滤。图 3—25 为氙灯与自然光光谱图比较。

从图 3—19 中可以看出，氙灯的光谱谱图与自然光的光谱图在紫外和可见光部分很相似，因此氙灯可以很好地模拟自然光。另外，通过使用不同的氙灯内外过滤管的组合，可以模拟不同条件下的太阳光，如户内、户外等，而且，通过改变氙灯的辐照强度、温度、湿度等参数，可以模拟不同产品的使用环境，如汽车内外等。目前使用氙灯进行人工加速老化试验已成为一种首选的、通用的光老化试验方法，因而相应的氙灯老化试验方法也很多，有 ISO、

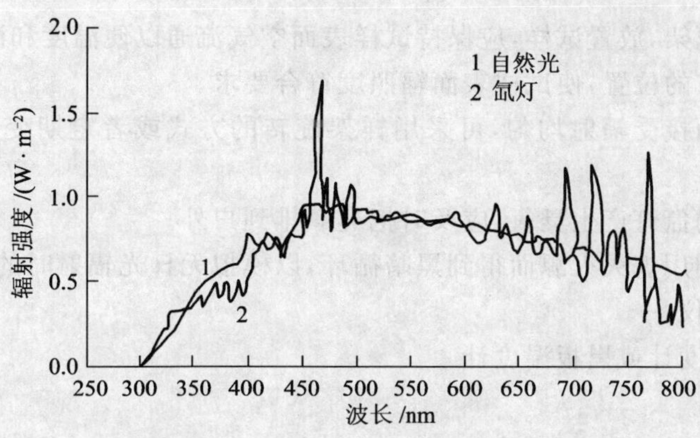

图 3—25 氙灯光谱谱图与自然光光谱图比较

ASTM、SAE J、GM 等。

1)适用于人工气候老化(方法 A):为了模拟直接的自然暴露,辐射光源必须采用滤光罩过滤,以便提供与地球上的日光相似的光谱能量分布,见表 3—13。

表 3—13 人工气候老化的相对光谱辐照度(方法 A)

波长 λ/nm	相对光谱辐照度(%)	波长 λ/nm	相对光谱辐照度(%)
290<λ≤800	100	320<λ≤360	4.2±0.5
λ≤290	0	360<λ≤400	6.2±1.0
290<λ≤320	0.6±0.2		

注:按方法 A 操作的氙灯光源发出少量低于 290 nm 的辐射会发生降解反应,在某些情况下,在户外暴露时并不会发生。

2)适用于透过窗玻璃日光的模拟暴露(方法 B):采用可减少波长 320 nm 以下光谱辐照度的滤光器来模拟透过窗玻璃滤光后的日光,见表 3—14。

表 3—14 人工气候老化的相对光谱辐照度(方法 A)

波长 λ/nm	相对光谱辐照度(%)	波长 λ/nm	相对光谱辐照度(%)
300<λ≤800	100	320<λ≤360	3.0±0.5
λ≤300	0	360<λ≤400	6.0±1.0
300<λ≤320	<0.1		

当加热试样对光化学反应速度有不利影响,或在自然暴晒下并不会引起热老化时,可以使用附加的滤光器来减少非光化学作用的红外能量。

波长 290 nm～800 nm 之间的通带,选择 550 W/m^2 的辐照度用作暴露试验的首选辐照度。若经有关方面协商,也可选择其他的辐照度,但在试验报告中要说明。

在平行于灯轴的试样架平面上的试样,其表面上任意两点之间的辐照度差别不应大于 10%,如不能达到这种要求,应定期变换试样的位置,以保证试样在任意部位上有相同的暴露量。

(2)试验箱

试验箱中设置框架,放置试样,应保持试样表面空气流通以便温度和湿度的控制。

调整试样及氙灯的位置,使试样表面辐照度符合要求。

为了使样品表面接受辐射均匀,可采用样架旋转的方式或者定期变换每件试样的位置的方式实现。

如果实验箱内的氙灯产生臭氧,应及时把臭氧排到户外。

可以设定程序利用熄灭火源而得到黑暗循环,以模拟无日光辐射时的受控暴露条件。

(3)辐照度测定仪

(4)黑板标准温度计或黑板温度计

(5)控湿装置

(6)喷水系统

在规定条件下,可用蒸馏水或软化水间歇地喷淋试样表面。喷水系统应由不污染用水的惰性材料制成。喷水不应在试样表面上留下明显的污迹和沉淀物,水的固体含量小于 1 mg/L或水的电导率小于 5 μS/cm。在试验报告中应说明水的 pH 值。

(7)试样架

试样架可以是有背板或无背板形式,应采用不影响试验结果的惰性材料制成,与试样接触的物件不应使用黄铜、铜或钢。有背板时,可能会影响试验结果,因此应由有关方面规定。

3. 试验条件

1)黑标准温度或黑板温度

应参考一下两种温度:(65±3)℃或(100±3)℃。

黑板温度正确读数为不降雨时温度达到稳定后的读数。

如果使用黑板温度计应在试验报告中说明温度计的类型、安装方式和选择的工作温度。

2)相对湿度

推荐使用以下任何一种条件:(50±5)%和(65±5)%。

相对湿度的正确读数为不降雨时湿度达到稳定后的读数。

3)喷水周期

优先选用:喷水时间(18±0.5)min;两次喷水之间的无水时间:(102±0.5)min;或由有关方面商定。

4. 检测中的注意事项和常见问题分析

氙弧灯和滤光器的特性在使用时会因老化而变化,因此应定期更换。

氙弧灯和滤光器积聚污垢时也会改变其特性,因此应定期清洗。

5. 检测结果的计算与处理

当达到产品标准中规定的或协商同意的时间间隔和辐射能量时,关闭老化设备,将试样从试验箱中取出,用毛巾擦干背面的水珠,用吸水纸轻轻吸去其正面的水分,再正面朝上置于试验台上晾干备用。

按 GB/T 11942、GB/T 9754 和 GB/T 1766 测量试件相同位置相同方向涂层老化前后的色差、失光等级以及其他老化性能。色差和失光等级以全部试件试验值的算术平均值作为试验结果,其他老化性能以全部试件中的最差者为试验结果。

例如:GB/T 17748—2008《建筑幕墙用铝塑复合板》标准规定老化时间为 4000 h,累积总辐射能不小于 8000 MJ/m²。黑板温度为(55±3)℃，相对湿度为(65±5)%。其余按 GB/T 16259 的规定进行。

(三)荧光紫外耐候性试验

1. 基本原理

试验方法参照 GB/T 16585－1996

2. 检测设备

试验箱工作室安装两排每排 4 支荧光灯，设有加热水槽、试样架、黑板温度计、控制和指示工作时间和温度的装置。荧光灯分为 UV－A、UV－B、UV－C、UV－D 和 UV－E 5 种类型，各种类型的荧光灯出现最大峰值辐射的波长不同。除非另有规定，一般使用 UV－B 灯。荧光灯能量输出随使用时间而逐步衰减，为了减小因光能量衰减造成对实验的影响，在 8 支荧光灯中每隔 1/4 的荧光灯寿命时间，在每排由一支新灯替换一支旧灯，其余位置变换，使荧光灯按顺序定期更换，紫外光源始终由新灯和旧灯组成，而得到一个输出恒定的光能量。试样按自由状态安装在试样架上，试样的暴露表面朝向灯。荧光灯与自然光光谱图比较见图 3—26。

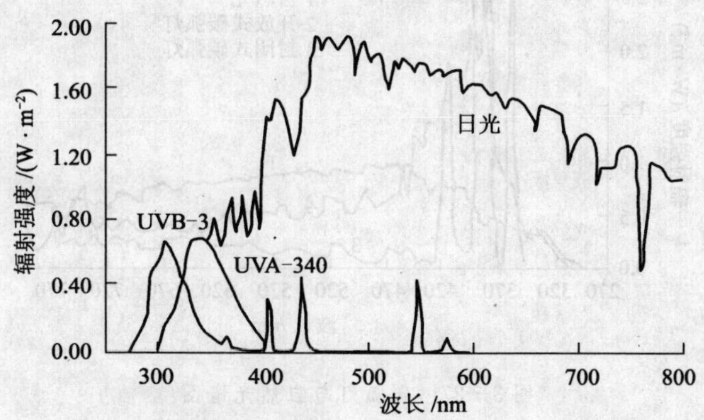

图 3—26　荧光灯与自然光光谱图比较

从图 3—26 可以看出，荧光灯 UVA 的射线波长主要集中在 340 nm～370 nm 之间，如 UVA－340 和 UVA－351，UVA－340 的短波辐射与 325 nm 以下的日光直射很相似，UVA－351 的短波光谱分布与透过窗玻璃的太阳光相似；荧光灯 UVB(F40 和 UVB－313) 的峰值波长在 313 nm 左右，其能量几乎全部集中在 280 nm～360 nm 之间，其能量分布的波长范围比日光的要短，在 360 nm 以上几乎没有什么能量，在使用这种 UVB 灯进行加速老化实验时，所得到的被测材料稳定性经常与户外自然测试中的数据差异较大。这是因为这种光源的短波紫外线能量比例很大，而缺少长波紫外线和可见光部分的能量，因此，在这种光源下材料的老化可能与“自然”测试中相差很大。

总之，紫外荧光灯设备可通过控制亮/暗循环变化、温度、湿度和喷水的变化以及灯管的改变来提供模拟白天/黑夜、不同的温度、户内、户外等各种外界环境条件。紫外荧光灯对太阳光紫外部分的模拟程度较碳弧灯好，但还是人为地增加了紫外部分的光谱能量。由于紫外荧光灯人工老化试验方法可以较快地考核材料耐老化性能，因此在很多标准中还在采用。

3. 检测中的注意事项和常见问题分析

当试样完全没有装满架时要用空白板填满剩下的空位，以保持箱内的试验条件稳定。在暴露期间定期调换暴露区中央和暴露区边缘的试样位置，以减少不均匀的暴露。

4. 检测结果的计算与处理

评定试样老化后的表面颜色变化，按照仪器测定法进行。

(四)碳弧灯光老化试验方法

碳弧灯是一种较古老的技术，碳弧仪器最初被德国合成染料化学家用来评估被染纺织品的耐光度。碳弧灯分为封闭式碳弧灯和开放式碳弧灯。封闭式碳弧灯有单弧和双弧两种，电弧封闭在一个 Pyrex 球中，这个球可以具有某些过滤功能，并可提供一个无氧环境；而开放式碳弧灯，即带 Corex 过滤的阿特拉斯 Et 光碳弧 Weather－Ometer，它可以比自然日光提供更多的波长<300 nm 的紫外线，但是在 300 nm～340 nm 波段上更接近自然光，并且比封闭式碳弧灯在更长的波段上的偏离性更小，见图 3—27。

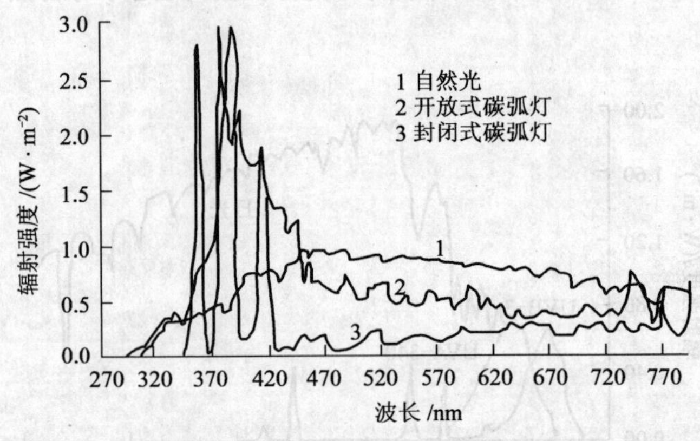

图 3—27　碳弧灯与自然光谱图

从图 3—27 中可以看出，开放式碳弧灯比封闭式碳弧灯的光谱谱图更接近太阳光的光谱，也就是前者对太阳光的模拟程度比后者好，但是，无论那种碳弧灯，其谱图与太阳光的谱图相差都很大。由于该项技术的历史较长，最初的人工模拟光老化技术都是采用该设备，因此在较早些的标准中还能见到该方法，尤其是在日本的早期标准中常常采用碳弧灯技术作为人工光老化试验手段。

(五)色漆和清漆 涂层老化的评级方法

参照采用下列国际标准：

ISO 4628《色漆和清漆——漆膜老化的评定——一般类型破坏的程度、数量和大小的评定——第 1 部分：总则和等级表》

ISO 4628《色漆和清漆——漆膜老化的评定——一般类型破坏的程度、数量和大小的评定——第 2 部分：起泡等级的评定》

ISO 4628《色漆和清漆——漆膜老化的评定——一般类型破坏的程度、数量和大小的评定——第 3 部分：生锈等级的评定》

ISO 4628《色漆和清漆——漆膜老化的评定——一般类型破坏的程度、数量和大小的评

定——第 4 部分:开裂等级的评定》

ISO 4628《色漆和清漆——漆膜老化的评定——一般类型破坏的程度、数量和大小的评定——第 5 部分:脱落等级的评定》

1. 通则和评级方法

(1)分级

以 0～5 的数字等级来评定破坏程度和数量,“0”表示无破坏,“5”表示严重破坏。数字 1、2、3、4 的 4 个等级的确定应使整个等级范围得到最佳区分,如有需要,可以采用中间的半级来对所观察到的破坏现象作更详细的记录。

(2) 破坏程度、数量、大小的评定

评定涂层表面目视可见的均匀破坏,用破坏的变化程度评级,见表 3—15。

评定涂层破坏非连续性或其局部不规则破坏,用破坏数量评级,见表 3—16。

如破坏类型有大小的数量意义时,加上破坏大小等级的评定,见表 3—17。

表 3—15　破坏的变化程度评级

等　级	变化程度
0	无变化,即无可察觉的变化
1	很轻微,即有刚可察觉的变化
2	轻微,即有明显觉察的变化
3	中等,即有很明显觉察的变化
4	较大,即有较大的变化
5	严重,即有强烈的变化

表 3—16　破坏数量评级

等级	破坏数量
0	无,即无可见破坏
1	很少,即刚有一些值得注意的破坏
2	少,即有少量值得注意的破坏
3	中等,即有中等数量的破坏
4	较多,即有较多数量的破坏
5	密集,即有密集型的破坏

表 3—17　破坏大小等级的评定

等级	破坏大小
S0	10 倍放大镜下无可见破坏
S1	10 倍放大镜下才可见破坏
S2	正常视力下刚可见破坏
S3	正常视力明显可见破坏(<0.5 mm)
S4	0.5 mm～5 mm 范围的破坏
S5	>5 mm 的破坏

(3) 表示方法

表示方法应包括下列内容：

1)破坏类型：破坏的程度或破坏数量的等级。若要表示破坏大小等级，则在括号内注明，并在等级前加上字母“S”。

例如：均匀破坏中的失光等级表示：失光：2，表示涂层2级失光。

2)分散破坏中的起泡等级表示。

例如：起泡：3(S2)表示涂层起泡密度2级，起泡大小为3级。

(4)单项评定等级

1)失光等级的评定

目测漆膜老化前后的光泽变化程度及按GB/T 9754测定老化前后的光泽，计算失光率，其等级见表3—18。

表3—18　失光率等级

等级	失光程度	失光率(仪器测)(%)
0	无失光	≤3
1	很轻微失光	4～15
2	轻微失光	16～30
3	明显失光	31～50
4	严重失光	51～80
5	完全失光	>80

失光率的计算见式3—28：

$$失光率(\%)=\frac{A_0-A_1}{A_0}\times 100 \tag{3—28}$$

式中　A_1——老化后光泽测定值；

A_0——老化前光泽测定值。

2)变色等级的评定

①目视比色法

按GB/T 9761的规定将老化后的样板与未老化的样板(标准板)进行比色。按漆膜老化前后颜色变化程度评级，见表3—19。

表3—19　色差的分级

等级	变色程度(目测)	色差值(NBS)(仪器测)
0	无变色	≤1.5
1	很轻微变色	1.6～3.0
2	轻微变色	3.1～6.0
3	明显变色	6.1～9.0
4	较大变色	9.1～12.0
5	严重变色	>12.0

②仪器测定法

按GB/T 11186.2～3测定和计算老化前与老化后样板之间的色差，按色差值评级。

3)粉化等级的评定

粉化程度测定按GB/T 14826进行，等级评定见表3—20。

表3—20　粉化的分级

等级	粉化状态
0	无粉化
1	很轻微，仪器加压重，或手指用力擦样板，试布或手指上刚可观察到的微量颜料粒子
2	轻微，仪器加压重，或手指用力擦样板，试布或手指沾有少量颜料粒子
3	明显，仪器加压重，或手指用力擦样板，试布或手指沾有较多颜料粒子
4	较重，仪器不加压重，或手指用力较轻擦样板，试布或手指沾有很多颜料粒子
5	严重，仪器不加压重，或手指用力较轻擦样板，试布或手指沾满大量颜料粒子，或样板出现露底

4)开裂等级的评定

①用涂层开裂数量，见表3—21、开裂大小，见表3—22评定裂纹等级，如有可能，还可表明裂纹的深度类型。

表3—21　开裂数量分级

等级	开裂数量	等级	开裂数量
0	无可见的开裂	3	有中等数量的开裂
1	刚有几条值得注意的开裂	4	有较多数量的开裂
2	有少量的开裂	5	密集型的开裂

表3—22　开裂大小的分级

等级	开裂大小	等级	开裂大小
S0	10倍放大镜下无可见的开裂	S3	正常视力下清晰可见开裂
S1	10倍放大镜下才可见开裂	S4	通常达1 mm宽的大裂纹
S2	正常视力下刚可见开裂	S5	通常比1 mm宽的很大裂纹

②开裂深度类型分如下类型：

a.没有穿透涂层的表面开裂；

b.穿透面涂层，但对底下各涂层基本上没有影响的开裂；

c.穿透整个涂层体系的开裂，可见底材。

③裂纹形状：可见线状，网状等。有些是有方向的裂纹，也有不规则的裂纹，表示方法包括如下内容：

开裂数量的数字等级，大小的数字等级(加括号)，如有可能，可表明开裂的深度。

例如：开裂3(S4)b，表示中等数量约1 mm宽的裂纹，裂纹穿透面涂层而未影响底层。

5)起泡等级的评定

①用涂层起泡的密度(表 3—23),起泡的大小(表 3—24)评定涂层起泡的等级,

表 3—23 起泡密度的分级

等级	起泡密度	等级	起泡密度
0	无泡	3	有中等数量的泡
1	很少,几个泡	4	有较多数量的泡
2	有少量泡	5	密集型的泡

表 3—24 起泡大小的分级

等级	起泡大小(直径)	等级	起泡大小(直径)
S0	10 倍放大镜下无可见的泡	S3	<0.5 mm 的泡
S1	10 倍放大镜下才有可见的泡	S4	0.5 mm～5 mm 范围的泡
S2	正常视力下可见的泡	S5	>5 mm 的泡

②表示方法包括如下内容:

起泡密度等级,起泡大小等级(加括号)。

例如:起泡 2(S3),表示涂层起泡密度为 2 级,起泡大小为 3 级,即有少量直径小于 0.5 mm的泡。

6)生锈等级的评定

①用涂层生锈状况的锈点(锈斑)数量(表 3—25)及锈点大小(表 3—26)评级。

表 3—25 生锈等级的评定

等级	生锈状况	锈点(斑)数量(个)
0	无锈点	0
1	很少,几个锈点	≤5
2	有少量锈点	6～10
3	有中等数量锈点	11～15
4	有较多数量锈点	16～20
5	密集型锈点	>20

表 3—26 锈点大小的分级

等级	锈点大小(最大尺寸)	等级	锈点大小(最大尺寸)
S0	10 倍放大镜下无可见锈点	S3	<0.5 mm 锈点
S1	10 倍放大镜下才可见锈点	S4	0.5 mm～5 mm 锈点
S2	正常视力下刚可见锈点	S5	>5 mm 锈点(斑)

②表示方法包括如下内容:生锈数量的数字等级,大小的数字等级(加括号)。

例如:生锈 3(S4),表示生锈的数量等级为 3 级(有 11～15 个锈点),锈点大小等级为 4

级(最大尺寸 0.5 mm～5 mm 锈点或斑)。

7)剥落等级的评定

①用涂层剥落的相对面积、剥落暴露面积的平均大小来评定等级,分别见表 3—27 和表 3—28。

表 3—27 剥落面积的分级

等级	剥落面积(%)	等级	剥落面积(%)
0	0	3	≤1
1	≤0.1	4	≤3
2	≤0.3	5	>15

表 3—28 剥落大小的分级

等级	剥落大小(最大尺寸)	等级	剥落大小(最大尺寸)
S0	10 倍放大镜下无可见剥落	S3	≤10 mm
S1	≤1 mm	S4	≤30 mm
S2	≤3 mm	S5	>30 mm

②可根据涂层体系破坏的层次,表示剥落的深度。

a. 面涂层从它底下的涂层上剥落;

b. 整个涂层体系从底材上剥落。

③表示方法包括如下内容:剥落数量的数字等级、大小的数字等级(加括号)。如有可能,可表示剥落的深度(a 和 b)。

例如:剥落 3(S2)a,表示剥落面积为 3 级(>0.3%,≤1%),剥落大小为 2 级(3 mm),面涂层从底下的涂层上剥落。或表示有 3 mm 大小面积 1%的表面涂层的剥落。

8)长霉等级的评定

①用涂层长霉的数量和长霉的大小评定涂层长霉的等级,见表 3—29 和表 3—30。

表 3—29 长霉数量的分级

等级	长霉数量	等级	长霉数量
0	无霉点	3	有中等数量霉点
1	很少几个霉点	4	有较多数量霉点
2	稀疏少量霉点	5	密集型霉点

表 3—30 长霉大小的分级

等级	长霉大小	等级	长霉大小
S0	无可见霉点	S3	<2 mm 霉点
S1	正常视力下刚可见霉点	S4	<5 mm 霉点
S2	<1 mm 霉点	S5	>5 mm 霉点和菌丝

②表示方法包括下列内容：长霉数量数字等级，大小数字等级（加括号）。

例如：长霉 2(S3)，表示涂层长霉数量为 2 级（有稀疏少量霉点），霉点大小为 2 mm，或表示有稀疏少量，大小<2 mm 的霉点。

9）斑点等级的评定

①用涂层斑点的密度和斑点大小评定等级，见表 3—31 和表 3—32。

表 3—31　斑点密度的分级

等级	斑点密度	等级	斑点密度
0	无斑点	3	中等密度斑点
1	很少几个斑点	4	较多数量斑点
2	少量稀疏斑点	5	稠密斑点

表 3—32　斑点大小的分级

等级	斑点大小	等级	斑点大小
S0	10 倍放大镜下无可见斑点	S3	<0.5 mm 斑点
S1	10 倍放大镜下有可见斑点	S4	0.6 mm～5 mm 斑点
S2	正常视力下可见斑点	S5	>5 mm 斑点

②表示方法包括下列内容：斑点密度的数字等级，大小的数字等级（加括号）。

例如：斑点 2(S3)，表示涂层斑点密度等级为 2 级（少量稀疏斑点），斑点大小为 3 级（≤0.5 mm）或表示有少量稀疏≤0.5 mm 的斑点。

10）泛金等级的评定

用涂层泛金程度评定涂层泛金的等级，见表 3—33 和表 3—34。

表 3—33　泛金程度的分级

等级	泛金程度	等级	泛金程度
0	无泛金	3	明显泛金
1	刚可觉察，很轻微泛金	4	较大程度泛金
2	轻微泛金	5	严重泛金

表 3—34　沾污程度的分级

等级	沾污程度	等级	沾污程度
0	无沾污	3	明显沾污
1	刚可观察到的很轻微沾污	4	较大程度沾污
2	轻微沾污	5	整板严重沾污

（5）综合评定等级

按老化过程中出现的老化现象的单项等级评定漆膜老化的综合等级，分 0、1、2、3、4、5 六个等级，分别代表漆膜耐老化性能的优、良、中、可、差、劣。

装饰性漆膜综合老化性能等级的评定，见表 3—35。

表 3—35　综合老化性能等级的评定

综合等级	单项等级										
	失光	变色	粉化	泛金	斑点	沾污	裂纹	起泡	长霉	脱落	生锈
0	1	0	0	0	0	0	0	0	0	0	0
1	2	1	0	1	1	1	1(S1)	1(S1)	1(S1)	0	0
2	3	2	1	2	2	2	3(S1)或2(S2)	2(S2)或1(S3)	2(S2)	0	1(S1)
3	4	3	2	3	3	3	3(S2)或2(S3)	3(S2)或2(S3)	3(S2)或2(S3)	1(S1)	1(S2)
4	5	4	3	4	4	4	3(S3)或2(S4)	4(S3)或3(S4)	3(S3)或2(S4)	2(S2)	2(S2)或1(S3)
5		5	4	5	5	5	5	5(S3)或4(S4)	3(S4)或2(S5)	3(S3)	3(S2)或2(S3)

(6) 检查注意事项

样板的四周边缘、板孔周围 5 mm 及外来因素引起的破坏现象不作计算。

漆膜如出现上述 11 项以外的老化现象应作记录。

漆膜评定等级时，应在同一等级里按外观好坏的先后次序进行排队，以进一步明确其优劣。

如漆膜有数种破坏现象，评定等级时，应按破坏最严重的一项评定。

二十二、氟碳含量检测方法

众所周知，超耐候性氟碳涂层成分，聚偏二氟乙烯在树脂中的含量必须等于或高于70%。只有这样才能确保氟碳涂层的质量及建筑物的长久美观。然而，市面上也出现不少低价位、质量差的聚偏二氟乙烯涂装，短期内这类涂装虽与 Hylar® 5000 涂装难有区别，但长期使用，它们的耐候性完全无法与 Hylar® 5000 涂装相抗衡，建筑物的美观和寿命也将缩短，重涂及维修成本将提高，因此引起了建筑业界的关注。

聚偏二氟乙烯在树脂中的含量必须等于或高于 70%，但涂料由树脂(包括聚偏二氟乙烯树脂和丙烯酸树脂)、颜料和溶剂构成，除去丙烯酸树脂、颜料和溶剂外，聚偏二氟乙烯在总涂料中含量远远低于 70%。已经成膜的氟碳涂层的聚偏二氟乙烯树脂含量检测，没有标准可以依据，而恰恰最关心氟碳含量的，是最终已经涂装成膜的产品的用户。

在这种情况下，为了保护客户的利益，苏威苏来克斯对氟碳涂层成分分析进行了深入的研究，提出了 3 种不同鉴定法来鉴定涂层中聚偏二氟乙烯的含量。这 3 种方法为：传统的定量鉴定法——溶解度；熔点定量鉴定法——使用差分扫描热量计(Differential Scanning Calorimeter，简称 DSC)；惰性气中热解定量鉴定法——使用热重量分析(Thermogravimetric Analysis，简称 TGA)。

这 3 种鉴定法，各有长短，可结合使用，以求准确。下面对这 3 种鉴定法作较详细的说明。

(一) 传统定量鉴定法

聚偏二氟乙烯氟碳涂层除含聚偏二氟乙烯及聚丙烯酸酯两种基本树脂成分外，还含有为美观而添加的色料，以及为改变操作特性而添加的少量添加剂。这些成分在有机溶剂中的溶解性各不相同。

色料——完全不溶于有机溶剂。

聚偏二氟乙烯——仅溶于 N－methylpyrolidone、dimethylsulfoxide、N，N－dimethylacetamide 及 N，N－dimethylfornmmide 等溶剂。

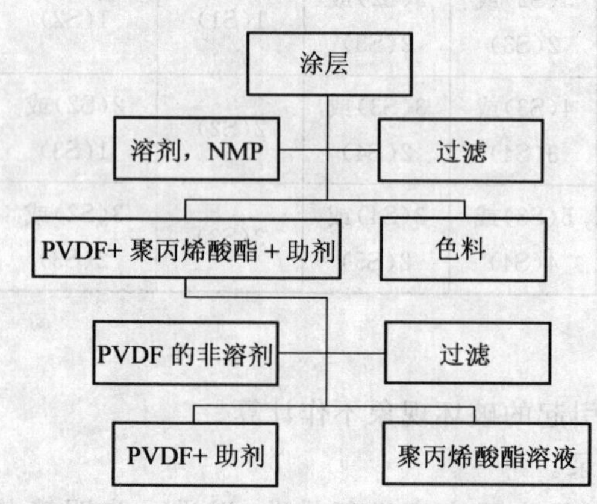

图 3—28　传统定量鉴定法流程

聚丙烯酸酯——除溶于聚偏二氟乙烯的溶剂外，还溶于其他普通有机溶剂。

传统定量鉴定法就是根据涂层成分的不同溶液性进行鉴定的。图 3—28 所示为传统定量鉴定法流程。此法被应用已久，其主要误差来自不溶性聚凝型聚丙烯酸酯的使用，有机色料的使用也可能造成误差。此法的缺点是涂层需要量大，样品收集困难，鉴定时间长。

(二) 熔点定量鉴定法

1. 基本原理

一般来说，结晶物的熔点因可溶物含量而下降，其下降度数可由热力学来估量。高分子的结晶行为较一般结晶物来得复杂，由于相对分子质量高，跟其他高分子的互溶可能性也急剧下降。高分子的互溶性的基本原理与一般物质相同，基本热力学公式如式(3—29)所示：

$$\Delta G_{mix}=\Delta H_{mix}-T\Delta S_{mix} \tag{3—29}$$

式中，自由能(ΔG_{mix})必须是负值，ΔS_{mix}通常是负值，因此混合热要高，才能导致负的自由能。在与助塑剂互溶条件下，结晶塑料的熔点可由 Flory 的熔点下降方程式来表示。

此方程式已被引伸应用于两互溶的塑料，改良后的熔点下降方程式已成功的用来预估聚偏二氟乙烯在其聚丙烯酸酯的互溶混合物中的熔点。此原理可被简化为式(3—30)和式(3—31)：

$$\left[\frac{1}{T_m}-\frac{1}{T_m^0}\right]_H=-\frac{BV_{2u}V_1^2}{\Delta H_{2u}T_m} \tag{3—30}$$

$$B=\frac{\chi_{12}RT}{V_{1u}} \tag{3—31}$$

式中　V_1——非结晶塑料在互溶混合物中的体积成分；

T_m^0——纯结晶塑料的熔点，℃；

T_m——结晶塑料在互溶混合物的熔点，℃；

V_{1u}——非结晶塑料单元的摩尔(mol)体积；

V_{2u}——结晶塑料单元的摩尔(mol)体积；

ΔH_{2u}——结晶塑料的完全结晶热；

χ_{12}——Flory－Huggins 参数。

使用原 Flory 的熔点下降原理，聚偏二氟乙烯的 ΔH_{2u} 已被认定为 104.2 J/g。在 160℃，参数 B 等于－12.42 J/cm³。测定 T_m^0 及 T_m 之后，便能鉴定聚偏二氟乙烯在涂层中的含量。

为证明熔点定量鉴定法的可靠性，图 3—29 收集了文献中聚偏二氟乙烯熔点下降的资料，熔点是由 DSC 来测定。

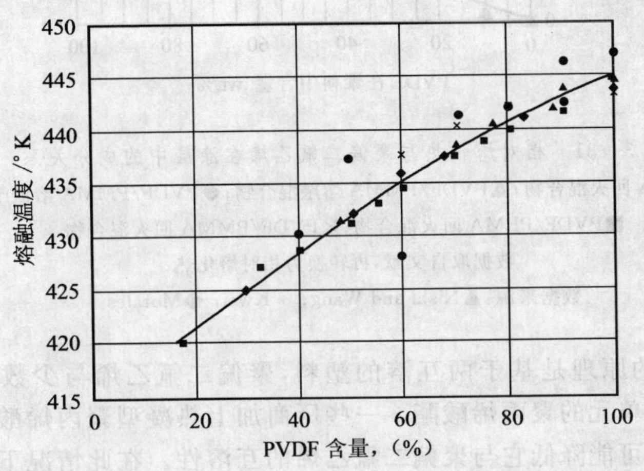

图 3—29　在相互混合物中，聚丙烯酸酯含量对聚偏二氟乙烯的熔点的影响

文献中原聚偏二氟乙烯的熔点较 Hylar 5000 的熔点高，可是图 3—23 证明了熔点下降原理是切实可行的。为使鉴定法更简便，图 3—30 图给予聚偏二氟乙烯熔点下降度数（$\Delta T_m = T_m^0 - T_m$）与其含量的关系。只要测定两次熔点，便能估计涂料成分。

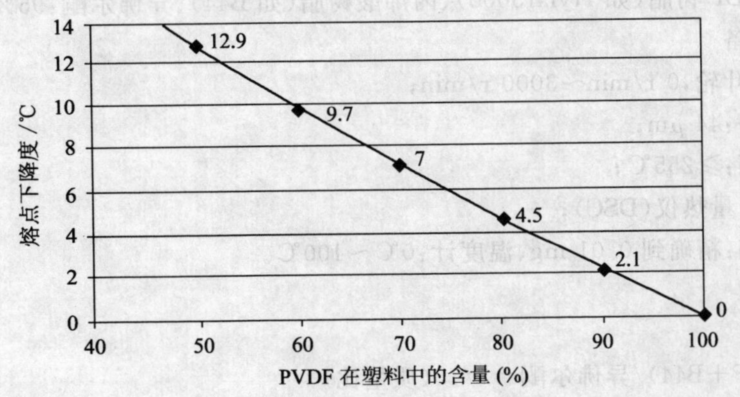

图 3—30　聚偏二氟乙烯熔点下降度数（$\Delta T_m = T_m^0 - T_m$）与其含量的关系

聚偏二氟乙烯在互溶混合物的熔化热也能用来辅助熔点鉴定法，DSC 不单能测量熔点及结晶点，它同时还可提供熔化热。图 3—31 所示为相对熔化热与聚偏二氟乙烯在涂层中的成分关系。相对熔化热为聚偏二氟乙烯在互溶混合物中的熔化热与纯聚偏二氟乙烯熔化热的比值。

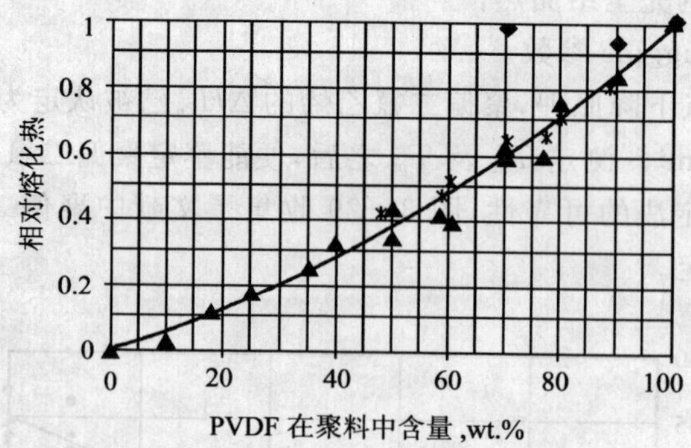

图 3—31 相对熔化热与聚偏二氟乙烯在涂层中的成分关系

●PVDF/PMMA 回火混合物；▲PVDF/PMMA 熔融混合物；◆PVDF/PMMA 溶液干燥混合物；

■PVDF/PEMA 回火混合物；×PVDF/PMMA 回火混合物

数据取自文献，再转换为相对熔化热

数据来源：▲Nishi and Wang；＊Kwei；◆Morales

熔点定量鉴定法的原理是基于两互溶的塑料，聚偏二氟乙烯与少数的塑料相互溶，例如，含甲基丙烯酸甲酯单元的聚丙烯酸酯。一些厂商加上热凝型聚丙烯酸酯以增加硬度，或改变其他特性，后果是可能降低它与聚偏二氟乙烯的互溶性。在此情况下，聚偏二氟乙烯的熔点也许会有偏高，熔点下降便不能单独使用，熔比热就成为必用鉴定工具，尤其是涂层由完全与聚偏二氟乙烯不互溶塑料所组成，熔点与纯聚偏二氟乙烯非常接近，熔化热的决定成为必要工具。

2. 检测方法

(1)药品试剂

涂料用 PVDF 树脂(如 Hylar5000)、丙烯酸树脂(如 B44)、异佛尔酮：95%。

(2)仪器设备

1)搅拌机：叶轮，0 r/min～3000 r/min；

2)线棒规格：44 μm；

3)鼓风烘箱：≥255℃；

4)示差扫描量热仪(DSC)；

5)分析天平：精确到 0.01 mg、温度计：0℃～100℃。

(3)分散液

1)配方

树脂(PVDF＋B44)/异佛尔酮＝7/10(质量比)

PVDF 与 B44 的质量比分别为 5/5，6/4，7/3，8/2，9/1。

2)制备分散液

①按配比称取好药品。

②将异佛尔酮置于容器中，安装好搅拌设备，开启搅拌，转速 1500 r/min。

③缓缓加入 B44，搅拌 24 h，使之完全溶解。

④将转速升至 2000 r/min，缓缓加入 PVDF，加料完毕后搅拌 30 min，此过程中控制分液

温度≤37℃。

(4)制备涂层

1)将表面洁净的薄铝板用夹子固定在平台上,线棒搁置在薄铝板的一端,与铝板的纵向正交。

2)烘箱升温至245℃。

3)用一次性滴管吸取足量分散液,均匀滴加在线棒刮下方向一侧与薄铝板的间隙处,双手各持线棒的一端,迅速刮下形成厚度均匀的液膜。

4) 将薄铝板放入烘箱中烘12 min,取出迅速在去常温离子水中淬火。

(5)DSC测试

用单面刀片小心的将涂层刮下,严禁带入铝屑。称取约5 mg样品进行测试。设定程序,从室温按10℃/min升至220℃,恒温5 min,然后按10℃/min降至40℃,恒温5 min,再按10℃/min升至220℃。对PVDF纯样及各不同配比试样进行测试,每个测5次平行样,要求误差不超过0.2℃。

(6)绘制标准曲线

1)记录第二次升温过程的熔点。

2)将所得到的熔点取平均值。

3)以PVDF占树脂质量为横坐标,各配比熔点与PVDF纯样熔点之差为纵坐标作图,得到熔点下降—PVDF含量标准曲线。

(7)样品检测

1)用单面刀片小心的将样品涂层的面漆刮下,严禁带入底漆。按上述DSC测试方法进行测试,得到熔点每个样品测3次平行样取平均值,同时测定一次PVDF树脂的熔点。

2) 求得试样熔点与PVDF树脂熔点之差,在熔点下降—PVDF含量标准曲线上得出相应的PVDF含量。

(三)惰性气中热解定量鉴定法

基本原理

塑料在高温无氧条件下必然产生热解,热解可进一步碳化,碳化程度随分子结构而异。超耐候涂层主要含有聚偏二氟乙烯、聚丙烯酸酯及无机色料。在通常情况下,无机色料的热解量等于零,聚丙烯酸酯在低于500℃的条件下也不发生无氧热解,聚偏二氟乙烯的碳比量在34%左右。图3—32所示为用热重量分析(TGA)测定氮气中聚偏二氟乙烯的碳比结果。

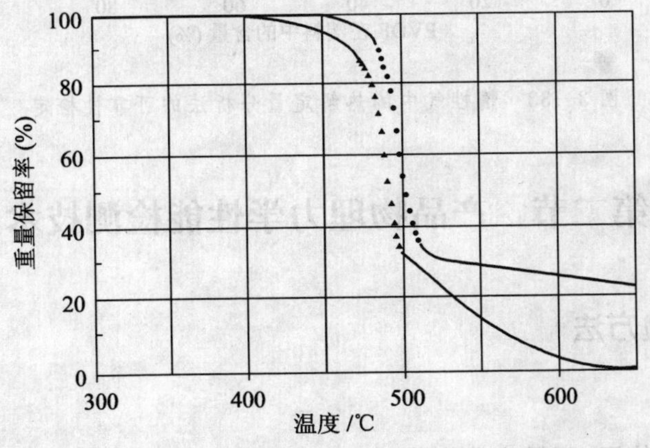

图3—32 聚偏二氟乙烯的TGA结果

●在氢气中;▲在空气中

假设涂层中的成分在热解时不相互作用，某成分(i)在某温度下的热解量力 L_i，L_i 与其在涂层中的重量成分(W_i)成正比，如式(3—32)所示。

$$L_i = L_i^0 \times W_i \tag{3—32}$$

i 是表示某一成分，如聚偏二氟乙烯(PVDF)、聚丙烯酸酯(A)、或无机色料(P)；假设某纯成分(i)在某温度下的热解量为 L_i^0，那么涂层在某温度下的总热解量(L)可以由式(3—33)来表示。

$$L = \frac{W_P * L_P^0 + W_{PVDF} * L_{PVDF}^0 + W_A * L_A^0}{W_P + W_{PVDF} + W_A} = \frac{\sum W_i * L_i^0}{\sum W_i} \tag{3—33}$$

$L_P^0 = 0\%$(无机色料在此温度下不热解)；

$L_A^0 = 100\%$；

$W_P + W_{PVDF} + W_A = 100\%$

W_P 可由空气热解来决定，当然，有机色料的使用，可导致相当严重的误差。一般来说，有机色料成本较昂贵且不耐候。为降低成本而减低聚偏二氟乙烯在涂层的含量，再使用昂贵的有机色料，似乎与逻辑不合。L 由 TGA 来决定，W_{PVDF} 便可计算而得。

为了验证此鉴定法的可靠性，取具有不同 PVDF 含量的涂层，其中色料(TiO_2/Shepherd Blue＃3＝1/1)含量为 33.3%，在 760℃下惰性气中进行热解，结果如图 3—33 所示。PVDF 本身在此温度下的热解量为(66.6±1.8)%。下图证明了此原理是可行的，使用线性关系，此实验中，聚丙烯酸酯及纯 PVDF 涂层个别给予 32.1%及 34.0%的色料含量，接近于期望值 33.3%。证明此鉴定法可被可靠地用于涂料中 PVDF 含量的快速定量分析。

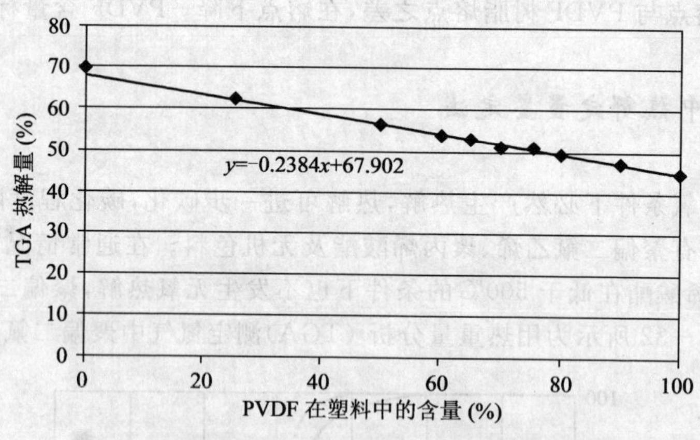

图 3—33 惰性气中的热解定量分析法的可靠性检定

第二节 产品物理力学性能检测技术

一、面密度试验方法

(一) 检测方法

按图 3—34 所示位置，用最小分度值为 0.02 mm 的游标卡尺测量室温(23℃)下试件各测量位置的长度(测量位置分别为 AB、CD、EF、A′B′、C′D′、E′F′)。在测量长度前,试件应在相应的温度下恒温至少 1 h。

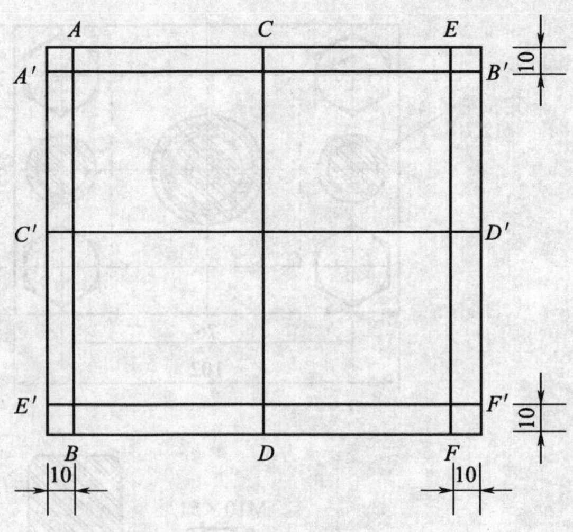

图 3—34 面密度测量位置示意图

(二)检测结果的计算与处理

按式(3—34)分别计算各样品的面密度:

$$D=\frac{G}{L_{纵}\times L_{横}} \tag{3—34}$$

式中 D——面密度,kg/m^2;

G——铝塑板面板质量,kg;

$L_{纵}$——室温下试件平均长度,mm;

$L_{横}$——低温下试件平均宽度,mm。

测量 3 个样品,以全部测量值的算术平均值作为试验结果。

二、贯穿阻力、剪切强度试验方法

剪切受力是铝塑复合板的重要受力方式之一,对于用户来说,剪切性能也同样是用户进行结构设计的重要参数之一。为设计者提供一个习惯上的方便,因此我们要求同时对贯穿阻力和剪切强度进行规定,该性能的检验方法等同采用了 ASTM D 732《冲孔法测量塑料剪切强度试验方法》。

(一)材料试验机

能以恒定速率加载,示值相对误差不大于±1%,试验的最大荷载应在试验机示值的15%~90%之间。

剪切夹具:为冲孔剪切夹具,其构造能使试件卡紧在不动模块和可动模块之间,使得测试时试件不发生偏斜,如图 3—35 所示。

(二)试验过程

用千分尺在离试件中心 13 mm 对称的 4 个点处测量试件的厚度并计算其算术平均值作为该试件的厚度。在试件中心钻一直径为 11 mm 的装配孔,把试件装在冲头上,用垫圈和螺母将其固定紧(要尽量使剪切孔对中,否则测出的数据偏差较大),装好夹具,拧紧螺栓,在冲头上以 1.25 mm/min 的速度施加载荷,记录试件所承受的最大载荷。

(三)检测结果的计算与处理

50 mm×50 mm,6 块试验样品,最大载荷即为该试件的贯穿阻力。剪切强度按式(3—35)计算:

$$\sigma=\frac{P}{\pi hd} \tag{3—35}$$

式中 σ——剪切强度,MPa;

P——最大载荷,N;

h——试件厚度,mm;

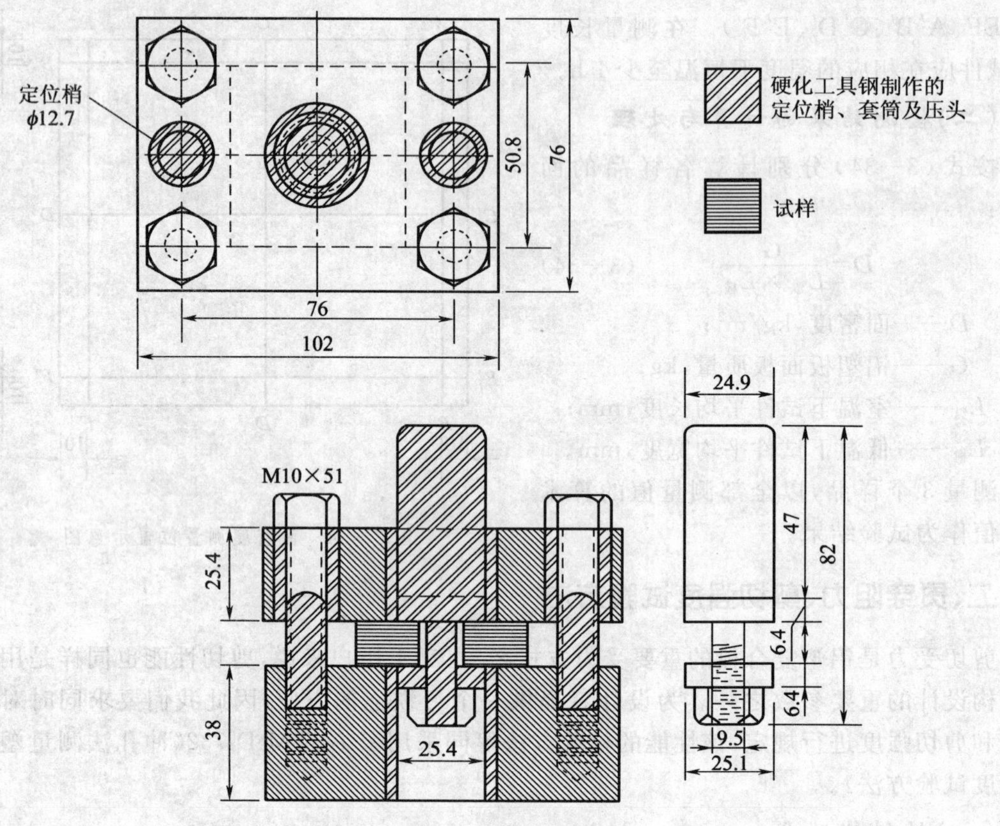

图 3—35　剪切夹具示意图

d——冲孔直径,mm。

以全部试件试验值的算术平均值作为试验结果。精确到小数点后 1 位。

三、耐温差性试验方法

(一)基本原理

在冷热循环的情况下产品的性能如何,是人们对外墙装饰材料所普遍关心的问题,通过耐温差试验检查涂层有无破坏,粘结层有无开胶等破坏。这也是金属及金属复合材料的环境适应性问题。

(二)检测设备

检验仪器为冷冻箱,控制精度为 1℃;烘箱,控制精度为 1℃;1 mm 划格器;涂层附着力测定仪;毛刷;胶带;低倍放大镜。

(三)试验方法

将试件在(−40±2)℃下恒温至少 2 h,取出立即放入(80±2)℃下恒温至少 2 h,此为一个循环,共进行 50 次循环。目测试件有无鼓泡、剥落、开胶、涂层开裂等外观上的异常变化;进行附着力的试验;分别测量并计算耐温差试验前后滚筒剥离强度平均值的下降率。

四、热膨胀系数试验方法

(一)基本原理

热胀冷缩是任何材料的基本性能,但对于金属复合材料,整体的热胀冷缩还会受到铝材、芯材及粘结情况的多重影响。该性能的提出是为设计部门提供一个设计参数,这是因为产品的热胀冷缩在结构上应预留伸缩缝,否则会发生翘拱变形,影响装饰效果。热膨胀系数就是指温度每变化1℃时样品长度的变化值与其原始长度的比值。

(二)检测设备

测定所用仪器为冷冻箱,控制精度为1℃;水浴,控制精度为1℃;游标卡尺,精度为0.02 mm。

(三)试验方法

3块200 mm×200 mm样品,按图3—36所示位置,用最小分度值为0.02 mm的游标卡尺分别测量室温(23℃)、低温(−30℃)和高温(70℃)下试件各测量位置的长度(测量位置分别为AB、CD、EF、A′B′、C′D、′E′F′)。

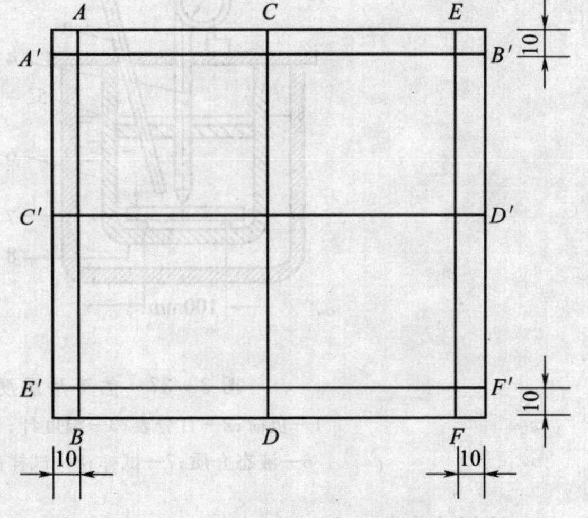

图3—36 热膨胀系数测量位置示意图

(四)检测结果的计算与处理

按式(3—36)分别计算各测量位置的热膨胀系数:

$$\alpha=\frac{L_2-L_1}{L_0\cdot(T_2-T_1)} \qquad (3—36)$$

式中 α——热膨胀系数,$℃^{-1}$;

L_0——室温下试件长度,mm;

L_1——低温下试件长度,mm;

L_2——高温下试件长度,mm;

T_1——低温温度,℃;

T_2——高温温度,℃。

测量纵向和横向全部位置的热膨胀系数,分别以纵向和横向的测量值的算术平均值作为试验结果。

(五)检测中的注意事项和常见问题分析

特别应注意的是,尺寸测量的位置与面密度尺寸的测量位置一样,每一尺寸的测量应是在该温度下恒温30 min以后进行,一块板上测6个数据。

由于测量尺寸受温度的变化影响,为尽可能提高测量的准确性,低温下尺寸的测量应在冰柜中进行,高温尺寸的测量应在水浴中进行。若测量过程中温度超过了规定温度2℃以上,则应暂停测量,等温度恢复并恒温后再进行测量。测量过程应由同一人员进行操作,测量点和测量时的角度等都应保持一致,以降低测量误差。

五、热变形温度试验方法

(一)基本原理

热变形温度是反映芯材和粘结层抵抗温度变形的重要指标。从实际使用情况来看,热变形温度太低,产品在非平放的情况下自身就容易产生严重的不可恢复的变形,就是说在稍微高一点的温度下受力时,就会发生塑性变形,影响装饰效果,严重时,随着变形的不断增大,会产生开胶,出现质量问题。

(二)检测设备

以加热前后试件中点挠度的相对变化量达到 0.25 mm 时的温度作为试件的热变形温度。热变形温度试验装置示意图见图 3—37,装置由以下各部分组成。

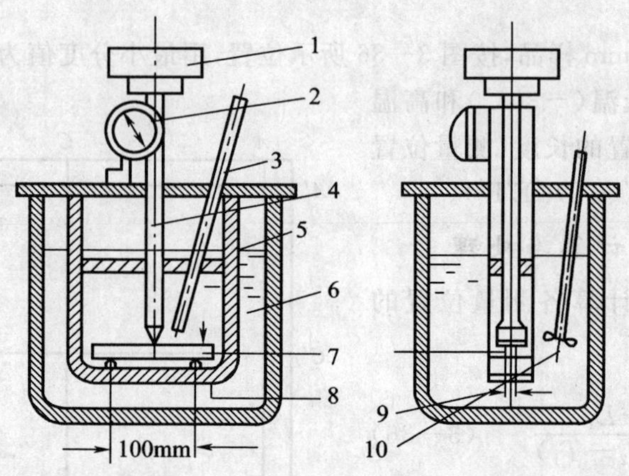

图 3—37 热变形温度检验装置示意图

1—负荷;2—百分表;3—温度计;4—负载杆及压头;5—支架;6—液态介质;7—试样;8—试样高;9—试样宽;10—搅拌器

(1)试样支架:用金属制成。两个支座中心间的距离为 100mm,在两个支座的中点,能对试样施加垂直的负载。支座及负载杆压头应互相平行,与试样接触部分必须制成半圆形,其半径为(3±0.2)mm。支架的垂直部件与负载杆必须用线膨胀系数小的材料制成,使在测试温度范围内,由于热膨胀引起的变形测量装置的读数偏差不得超过 0.01mm(可用 GG－17 硅硼玻璃试样代替塑料试样进行修正)。

(2)保温浴槽:盛放温度范围合适和对试样无影响的液体传热介质。具有搅拌器、加热器。使试验期间传热介质以(12±1)℃/6 min 等速升温。液体传热介质一般选用室温时粘度较低的硅油、变压器油、液体石蜡或乙二醇等。

(3)砝码:一组大小合适的砝码,使试样受载后最大弯曲正应力为 1.82 MPa。负载杆、压头的重量及变形测量装置的附加力应作为负载中的一部分计入总负荷中。

应加砝码的重量由式(3—37)计算:

$$W=\frac{2\sigma bh^2}{3l}-R-t \tag{3—37}$$

式中 W——砝码重量,g;

σ——试样最大弯曲正应力,N;

b——试样的宽度,mm;

h——试样的高度,mm;

l——两支座中心间距离,mm;

R——负载杆,压头的重量,N;

t——变形测量装置的附加力,N。

注:由于仪器结构不同,附加力向下取正值,向上取负值,实际使用的负载与计算的负载相差应±2.5%以内。

(4)测温装置:经校正的、温度范围合适的局部浸入式水银温度计(或其他测温仪表),其分度值为1℃。

(5)变形测量装置:具有精度为0.01 mm的百分表或其他测量装置。

(6)冷却装置:将液体传热介质迅速冷却,以备及时再次试验。

试验在热变形温度测定仪上进行。根据铝塑复合板的特性,参照试验方法标准,对试验参数作了适当修改,当加热前后挠度的相对变化达到0.25 mm时的温度即为热变形温度。

试验条件为:加载方式为3点弯曲,跨距100 mm,测量试样中部的宽度和厚度,用3点弯曲强度的公式,按弯曲强度等于1.82 MPa反算出样品上应施加的荷载,加温速度控制在2℃/min,若升温速度难以控制,可采用12℃/6 min的升温方法。载荷计算方法如式(3—38)所示:

$$P=\frac{2\times 1.82bh^2}{3L} \tag{3—38}$$

式中 P——试验载荷,N;

L——跨距,mm;

b——试件中部宽度,mm;

h——试件中部厚度,mm。

(三)检测中的注意事项和常见问题分析

仪器在使用前最好用一尺寸与试样相当,但热变形温度远高于样品热变形温度的材料(如硼玻璃或石英玻璃)或采用其他方法进行一次校验,对试验系统加以修正,若试验系统的温度效应不会对试验结果产生影响,则不必每次都进行修正校验。试验过程中应避免震动,一般在进行连续试验时,最好等系统的温度降到室温以后再进行下一组试验,除非能保证较高的起始温度不会影响试验结果。注意升温应保持匀速,因为往往试验加温后开始产生变形时的温度与最后的热变形温度可能会相差好几度甚至十几度。

(四)检测结果的计算与处理

以6个试件为一组,其余按GB/T 1634.2的规定进行试验。分别测量正面向上纵向、正面向上横向、背面向上纵向、把背面向上横向各组试件的热变形温度,无论正面是朝上还是朝下,测得的热变形温度都应是合格的。分别以各组试件的测量值的算术平均值作为该组的试验结果。

六、平压性能试验方法

(一)基本原理

按照GB/T 1453—2005《夹层结构或芯子平压性能试验方法》或GJB 130.5—1986《胶结

铝蜂窝夹层结构和芯子平面压缩性能试验方法》的规定进行试验。平压是指垂直于夹层结构面板方向的压缩，平压模量是指沿垂直夹层结构面板方向在弹性范围内测得的压缩应力与应变之比。试验原理是通过带球形支座的压缩夹具沿垂直夹层结构面板方向施加压缩载荷，使芯子破坏，测出平压强度，同时安装测量变形仪表测出压缩变形，可测定平压弹性模量。

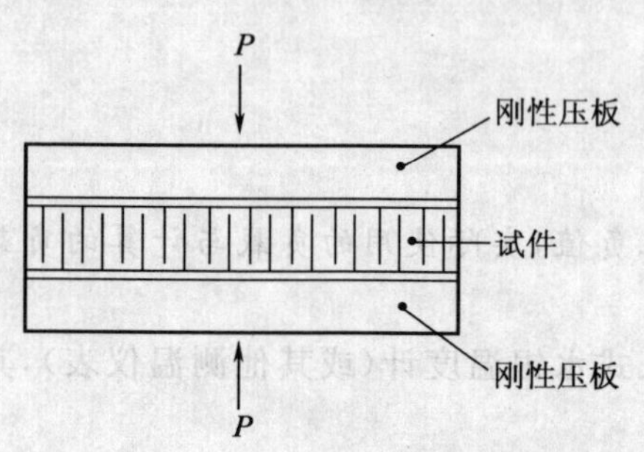

图 3—38　平压试验试样示意图

（二）试样要求

如图 3—38 所示，试样边长或直径为 60 mm，或至少应包括 4 个完整的格子，试样数量每组不少于 5 个，并保证同批有 5 个有效试样。

（三）试验过程

将合格的试样编号，测量试样任意 3 处的边长或直径（a 或 D）、厚度 t_f，取算术平均值，面板厚度取标称厚度或者同一批试样的平均厚度，精确到 0.01 mm。将试样装在上下垫块之间，注意对中，调整试验机零点。测定平压强度时，调整球形支座，使上垫块与试验机上压头平面平行，然后均匀连续加载直至破坏，读取破坏载荷，记录破坏形式。测定平压弹性模量时，调整球形支座，施加初载（破坏载荷的 15%～20%），调整变形计仪表，再加一定载荷（破坏载荷的 15%～20%），检查变形计读数，若不对称，重新调整球形支座，待试样两侧仪表读数一致后，卸至初载，然后以破坏载荷的 5%～10%级差，按规定加载速度，分级加载至破坏载荷的 50%左右，记录各级载荷和相应的变形值。若需要这个载荷—变形资料，则应测到破坏为止，如有自动记录仪器，可以连续加载。

（四）检测结果的计算与处理

平压强度按式（3—39）计算：

$$\sigma=\frac{P}{F}$$

$$F=a^2\text{（正方形试样）}$$

$$F=1/4\pi D^2\text{（圆形试样）}\qquad(3-39)$$

式中　σ——平压强度，MPa；

P——破坏载荷，N；

F——试样横截面面积，mm^2；

a——试样边长，mm；

D——试样直径，mm。

芯子平压弹性模量按式（3—40）计算：

$$E=\frac{(h-2t_f)\Delta P}{\Delta h\cdot F}\text{或}G=\frac{(h-t_{f_1}\quad t_{f_2})\Delta P}{\Delta h\cdot F}\qquad(3-40)$$

式中　E——芯子平压弹性模量，MPa；

h——试样厚度，mm；

t_f——面板厚度，mm；

t_{f_1}、t_{f_2}——面板厚度，mm；

ΔP——载荷—变形曲线上直线段的载荷增量值，N；

Δh——对应 ΔP 的平压变形增量值，mm。

七、平拉强度

(一)基本原理

按照 GB/T 1452—2005《夹层结构平拉强度试验方法》或 GJB 130.4—1986《胶结铝蜂窝夹层结构平面拉伸试验方法》的规定进行试验。平拉是用专用夹具沿垂直夹层结构面板方向拉伸，发生芯子拉伸破坏或者面板与芯子间胶结拉伸破坏。平拉强度是平拉试验单位面积上所承受的最大拉伸破坏力。

(二)试样制备

如图 3—39 所示，试样上下表面及加载块的胶结面，用纱布打毛，溶剂擦干净后，用胶粘剂把试样粘结在两加载块之间，注意对中，加载块中线与试样胶结中线误差小于 0.3 mm，胶结固化温度应为室温或比夹层结构胶结固化温度至少低于 30℃，施加的压力不影响面板与芯子间已存在的胶结。

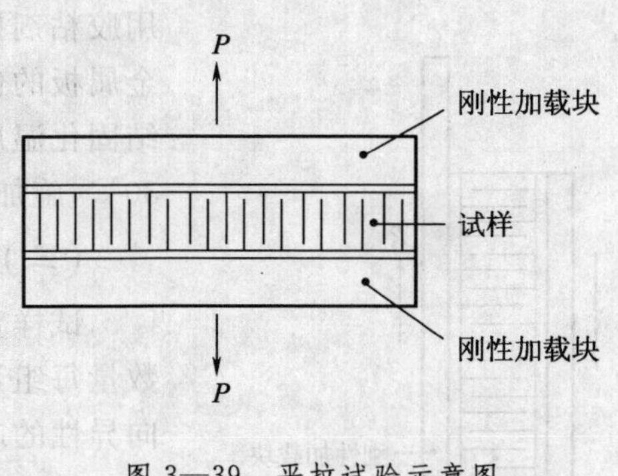

图 3—39　平拉试验示意图

(三)试样要求

试样边长或直径为 60 mm，或至少应包括 4 个完整的格子，试样数量每组不少于 5 个，并保证同批有 5 个有效试样。

(四)试验过程

将合格的试样编号，测量试样任意 3 处的边长或直径(a 或 D)，取算术平均值。精确到 0.01 mm。把试样组合件装在拉伸夹具的 T 型卡头中，然后把拉伸夹具拉杆装在试验机上夹头中，注意对中，调整试验机零点，再把拉伸夹具的下拉杆装在试验机的下夹头中。以 1 mm/min～2 mm/min的速度(仲裁试验加载速度为 1 mm/min)均匀连续加载直到破坏，读取破坏荷载值 P，记录破坏形式。

(五)检测结果的计算与处理

平拉强度按式(3—41)计算：

$$\sigma=\frac{P}{F}$$

$$F=a^2\text{(正方形试样)}$$

$$F=1/4\pi D^2\text{(圆形试样)} \quad (3—41)$$

式中　σ——平拉强度，MPa；

P——破坏载荷，N；

F——试样横截面面积，mm^2；

a——试样边长，mm；

D——试样直径，mm。

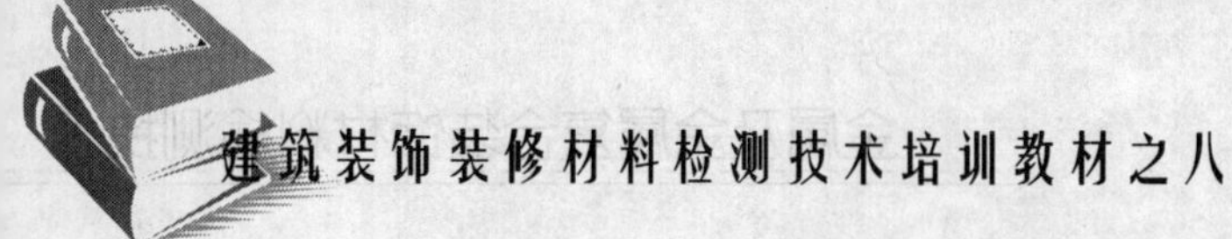

八、平面剪切强度、平面剪切弹性模量试验方法

(一)基本原理

按照 GB/T 1455—2005《夹层结构或芯子剪切性能试验方法》或 GJB 130.6—1986《胶结铝蜂窝夹层结构和芯子平面剪切试验方法》的规定进行试验。试验原理是对与试样胶结的金属加载块施加拉伸或压缩载荷,沿夹层结构面板方向对芯子产生平面剪切,从而测得芯子的剪切强度。当安装变形计,测出二面板或二加载钢板的相对位移后,则可测出芯子的剪切弹性模量。

(二)试样制备

如图 3—40 所示,试样上下表面及加载块金属板的胶结面,用纱布打毛,溶剂擦干净后,用胶粘剂把试样粘结在两加载金属板之间,注意试样与加载金属板的位置,使金属板的不加载端比试样长出约 5 mm。胶结固化温度应为室温或比夹层结构胶结固化温度至少低于 30℃,施加的压力不影响面板与芯子间已存在的胶结。

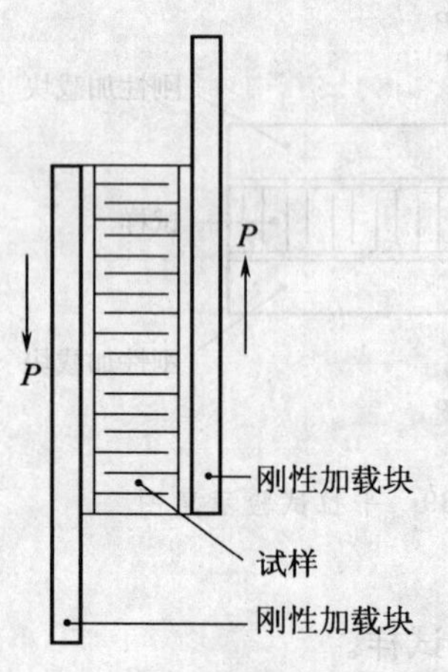

图 3—40 平面剪切试样示意图

(三)试样要求

试样宽度为 60 mm,或至少应包括 4 个完整的格子,试样数量每组不少于 5 个,并保证同批有 5 个有效试样。对于各向异性的芯子,试样分纵向和横向两种。

(四)试验过程

将合格的试样编号,测量试样任意 3 处的长度 l、宽度 b 和厚度 t_f,取算术平均值,面板厚度取标称厚度或者同一批试样的平均厚度,精确到 0.01 mm。把试样组合件装在拉剪夹具的上或装在压剪垫块上,然后将夹具和试样组合件装在试验机上,调整试验机载荷零点,再夹紧下夹具。或对压剪施加初载,使载荷作用线尽量接近试样的对角线。测定剪切强度时,按规定的 0.5 mm/min~1.0 mm/min 加载速度,对试样施加拉力或压力,均匀连续加载直到破坏,读取破坏载荷值,记录破坏形式。测定剪切弹性模量时,施加初载(破坏载荷的 5%),调整仪表,再加一定载荷(破坏载荷的 15%~20%),检查仪表读数,若不对称,调整夹具或球形支座,待试样两侧仪表读数基本一致后,卸至初载。然后以破坏载荷的 5%为级差,按规定的加载速度,分级加载至破坏载荷的 40%~50%,记录各级载荷和相应的变形值。

(五)检测结果的计算与处理

芯子剪切应力按式(3—42)计算:

$$\tau=\frac{P}{lb} \tag{3—42}$$

式中 τ——芯子剪切应力,MPa;

P——试样上的载荷,N;

l——试样长度,mm;

b——试样宽度,mm。

芯子剪切弹性模量按式(3—43)计算：

$$G=\frac{(h-2t_f)\Delta P}{l\cdot b\cdot \Delta h}\text{ 或 }G=\frac{(h-t_{f_1}-t_{f_2})\Delta P}{l\cdot b\cdot \Delta h} \quad (3—43)$$

式中 G——芯子剪切弹性模量，MPa；

h——试样厚度，mm；

t_f——面板厚度，mm；

t_{f_1}、t_{f_2}——面板厚度，mm；

ΔP——载荷—变形曲线上直线段的载荷增量值，N；

Δh——对应 ΔP 的剪切变形增量值，mm。

九、剥离强度试验方法

铝材与芯材的粘结强度，是反映铝板和芯材粘结性能的重要指标，在发生的一些铝塑复合板工程质量事故中，有很大一部分就是出现了开胶事故。有的产品经过一段时间后，在自身或结构应力作用下发生严重变形并开胶，产品一旦开胶将严重影响建筑质量安全，所以粘结强度还应该包括耐久性和粘结强度的衰减问题。

除了以上提到的平面拉伸粘结强度外，铝塑复合板更多的是采用剥离强度，剥离强度的检测就比平面拉伸强度的检测方便多了，也更接近铝塑复合板的实际破坏形式。

剥离强度的检测也有几种方式，T 形剥离、90°剥离、滚筒剥离、180°剥离等。

(一) 180°剥离强度

按 GB/T 2790—1995《胶粘剂 180°剥离强度试验方法 挠性材料对刚性材料》的规定进行。

1. 试验原理

将胶接试样以规定的速率从胶接的开口处拨开，两块被粘物沿着被粘面长度的方向逐渐分离，通过挠性被粘物所施加的剥离力基本上平行于胶接面。

2. 材料试验机

能以恒定速率加载，示值相对误差不大于±1%，试验的最大荷载应在试验机示值的 15%～90%之间。

3. 试验过程

试样尺寸为 25 mm×200 mm，以 6 个试件为一组，先将样品的一端剥开成 180°剥离强度试验样品，使试样未剥开部分长度至少为 125 mm，用卡尺测量样品待剥离部分的宽度，多测量几个宽度值，取其平均值作为样品宽度，然后夹到万能材料试验机上以 100 mm/min 的速度进行剥离(图 3—41)。若发现复合板刚度不够，发生歪曲而影响到剥离力的测定，可在复合板的后面加上刚性垫板，以保证

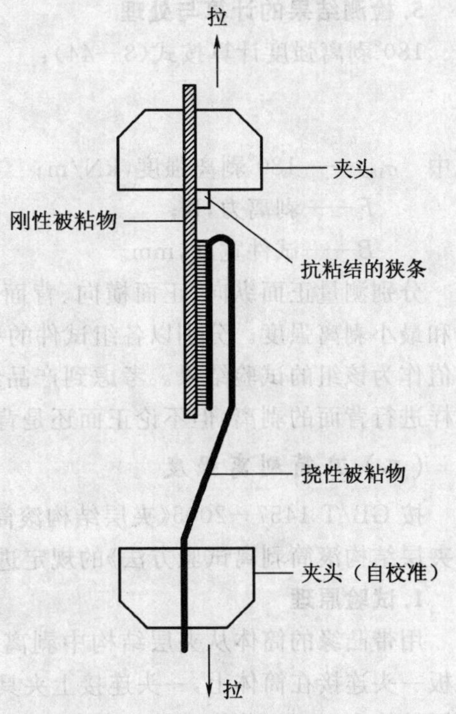

图 3—41 180°剥离强度装置示意图

样品是在180°的情况下剥离的，剥离长度不小于125 mm，记录剥离长度—剥离力曲线图(图3—42)，计算剥离强度所用的剥离长度至少要 100 mm，但最初得 25 mm 内的剥离力不能用，剥离力并不是取最大值或最小值，应该是一个平均值，严格说来，剥离力应等于曲线所包围的面积除以剥离长度，有时曲线可能很复杂，不易计算包围面积，在不会对试验结果产生较大影响的情况下，可近似地用一条估计的等高线来计算平均剥离力。或者在剥离长度内平均取 10 点处的最大值和最小值进行平均。仲裁时还是应该用测量包围面积的办法来进行计算。

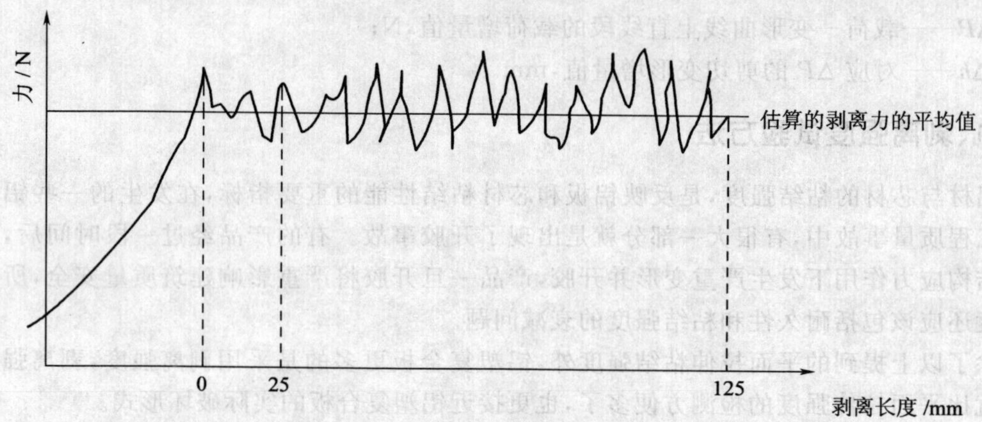

图 3—42　180°剥离强度曲线示意图

4. 检测中的注意事项和常见问题分析

对于正交各向异性的夹层结构，试样应分纵向和横向两种。

5. 检测结果的计算与处理

180°剥离强度计算按式(3—44)：

$$\sigma_{180^\circ} = \frac{F}{B} \tag{3—44}$$

式中　σ_{180°——180°剥离强度，kN/m；

F——剥离力，N；

B——试件宽度，mm。

分别测量正面纵向、正面横向、背面纵向、背面横向各组试件中每个试件的平均剥离强度和最小剥离强度。分别以各组试件的平均剥离强度的算术平均值和最小剥离强度中的最小值作为该组的试验结果。考虑到产品结构的对称性，应用 3 条试样进行正面的剥离，3 条试样进行背面的剥离，但不论正面还是背面，剥离强度首先应合格。

(二) 滚筒剥离强度

按 GB/T 1457—2005《夹层结构滚筒剥离强度试验方法》或 GJB 130.7—1986《胶结铝蜂窝夹层结构滚筒剥离试验方法》的规定进行，这两个方法基本上是一样的。

1. 试验原理

用带凸缘的筒体从夹层结构中剥离面板的方法来测定面板与芯子胶结的抗剥离强度。面板一头连接在筒体上，一头连接上夹具，凸缘连接加载带时，筒体向上滚动，从而把面板从夹层结构中剥开。凸缘上的加载带与筒体上的面板相差一定距离，夹层结构滚筒剥离强度实为面板与芯子分离的单位宽度上的抗剥离力矩。

2. 材料试验机

能以恒定速率加载，示值相对误差不大于±1%，试验的最大荷载应在试验机示值的15%～90%之间。

滚筒装置：如图 3—43 所示，滚筒装置主要由滚筒、试件夹、试件夹的平衡配重、柔性加载带以及上下夹板所组成。滚筒中间段直径为(100±0.10)mm，滚筒凸缘直径为(125±0.10)mm，加载带为柔韧的钢带或索，滚筒用铝合金材料制，质量不超过 1.5 kg。

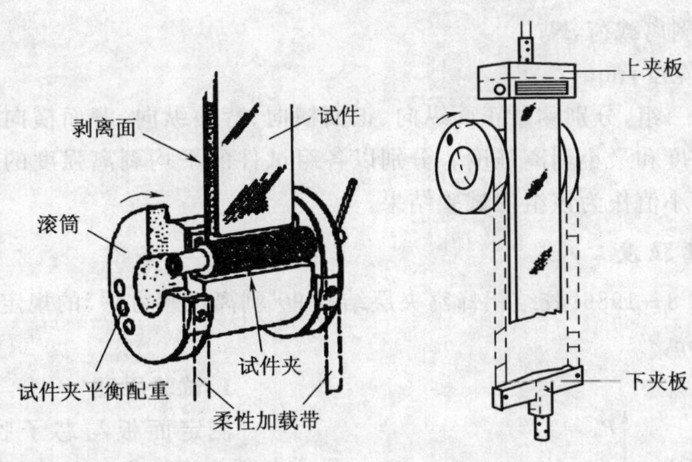

图 3—43　滚筒剥离强度示意图

3. 试验过程

在试件两端将待剥离面的铝材剥开一小段，其中一端剥开铝材后将后面的芯材和铝材截去，把留下的铝材夹在上夹板上并与试验机的上夹头相连；把另一端剥开的铝材用试件夹夹在滚筒上。使试件的长度轴线与滚筒的中心轴线垂直，试验机载荷清零，然后把下夹板与试验机的下夹头相连。

加载速度：20 mm/min～30 mm/min，仲裁试验时加载速度为 25 mm/min。用游标卡尺测量试件的宽度(试样尺寸为 75 mm×300mm)，试验机以规定的速度拉伸，滚筒向上旋转爬升，铝材被剥离开并缠绕在滚筒上，直至试件剥开至少 150 mm，同时记录载荷—剥离距离曲线。使试验机返回直到滚筒回到剥离前的初始位置，重复试验机拉伸动作并运动同样的距离，同时记录拉伸载荷—拉伸距离曲线。根据所记录的曲线计算试件剥开 25 mm～150 mm 范围内对应的平均剥离载荷、最小剥离载荷和平均拉伸载荷。

4. 检测中的注意事项和常见问题分析

对于正交各向异性的夹层结构，试样应分纵向和横向两种；

对于湿法成型的夹层结构制品，试样应分剥离上面板和下面板两种；用作空白实验的面板试样，其材料、宽度、厚度应与相应的夹层结构试样的面板相同。

5. 检测结果的计算与处理

平均剥离强度和最小剥离强度的计算分别按式(3—45)和式(3—46)进行：

$$\overline{T}=\frac{(r_0-r_i)(F_p-F_0)}{b} \tag{3—45}$$

$$T_{\min}=\frac{(r_0-r_i)(F_{\min}-F_0)}{b} \tag{3—46}$$

式中 $\overline{T}$——平均剥离强度，N·mm/mm；

$T_{\min}$——最小剥离强度，N·mm/mm；

r_0——滚筒凸缘半径加上加载带厚度的一半，mm；

r_i——滚筒中间段半径加上被剥离层厚度的一半，mm；

F_0——按等距离方法计算的平均拉伸载荷，N；

F_p——按等距离方法计算的平均剥离载荷，N；

$F_{\min}$——最小剥离载荷，N；

b——试件宽度，mm。

以6个试件为一组，分别测量正面纵向、正面横向、背面纵向、背面横向各组试件中每个试件的平均剥离强度和最小剥离强度。分别以各组试件的平均剥离强度的算术平均值和最小剥离强度中的最小值作为该组的试验结果。

（三）90°剥离强度

按照GJB 130.8—1986《胶结铝蜂窝夹层结构90°剥离试验方法》的规定进行。试样尺寸为20 mm×200 mm。

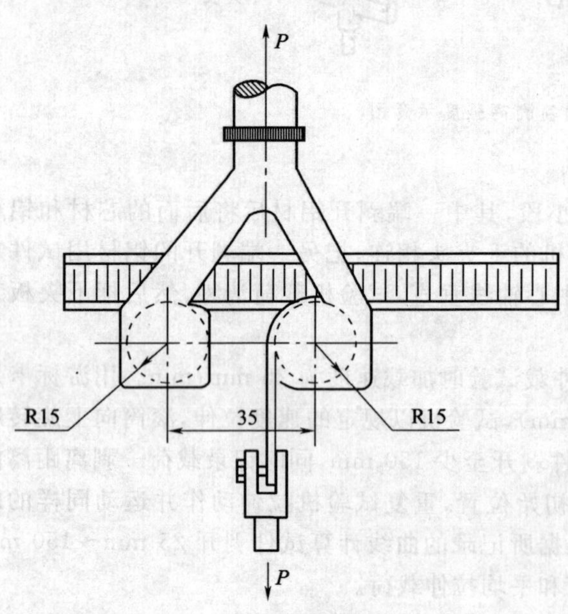

图3—44 90°剥离强度示意图

1.试验原理

测定面板与芯子胶结的抗剥离强度。面板一头连接在下夹具上，一头连接上夹具，凸缘连接加载带时，筒体向上滚动，从而把面板从夹层结构中剥开。凸缘上的加载带与筒体上的面板相差一定距离，夹层结构滚筒剥离强度实为面板与芯子分离的单位宽度上的抗剥离力矩。

2.材料试验机

能以恒定速率加载，示值相对误差不大于±1%，试验的最大荷载应在试验机示值的15%～90%之间。

3.试验过程

如图3—44所示，在试件一端将待剥离面的铝材剥开一小段，将后面的芯材和铝材截去，把留下的铝材与试验机的下夹头相连；使试件的长度轴线与滚筒的中心轴线垂直，试验机载荷清零，然后把下夹板与试验机的下夹头相连。

4.加载速度

加载速度为90 mm/min～100 mm/min，用游标卡尺测量试件的宽度（试样尺寸为200 mm×200 mm）（测量3个～5个宽度值，取算术平均值，精确到0.1 mm），试验机以规定的速度拉伸，同时记录载荷—剥离距离曲线，如图 3—45 所示。根据所记录的曲线计算试件在开始剥离的最初峰值以后除去剥离线段的 15％～20％后的平均剥离力。

5. 检测中的注意事项和常见问题分析

对于正交各向异性的夹层结构，试样应分纵向和横向两种。不同的复合材料剥离曲线波动度不同。

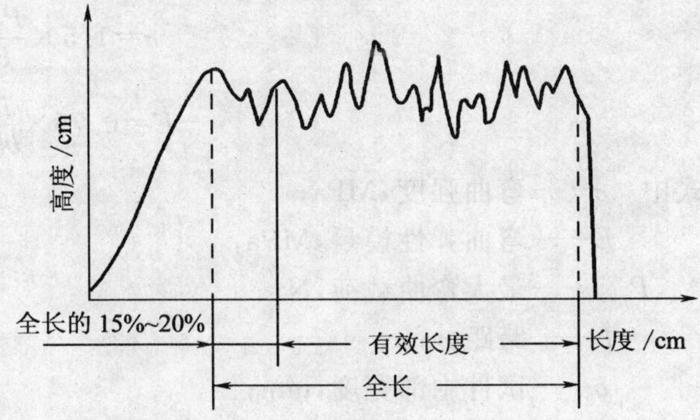

图 3—45　90°剥离强度曲线示意图

6. 检测结果的计算与处理

90°剥离强度按式(3—47)计算：

$$\sigma=\frac{P_b}{B} \tag{3—47}$$

式中　σ——90°剥离强度，kN/m；

P_b——剥离力，N；

B——试件宽度，mm。

以 6 个试件为一组，分别测量正面纵向、正面横向、背面纵向、背面横向各组试件中每个试件的平均剥离强度和最小剥离强度。分别以各组试件的平均剥离强度的算术平均值和最小剥离强度中的最小值作为该组的试验结果。

十、铝塑板弯曲强度、弯曲弹性模量试验方法

(一)材料试验机

能以恒定速率加载，示值相对误差不大于±1％、试验的最大荷载应在试验机示值的 15％～90％之间。

(二)试验过程

用游标卡尺测量试件中部的宽度和厚度，将试件居中放在弯曲装置上，按图 3—46 所示的三点或四点弯曲方法进行加载直至达到最大载荷值，同时记录载荷—挠度曲线。跨距为 170 mm，加载速度为 7 mm/min，压辊及支辊的直径为 10 mm(以铝塑板为例)。

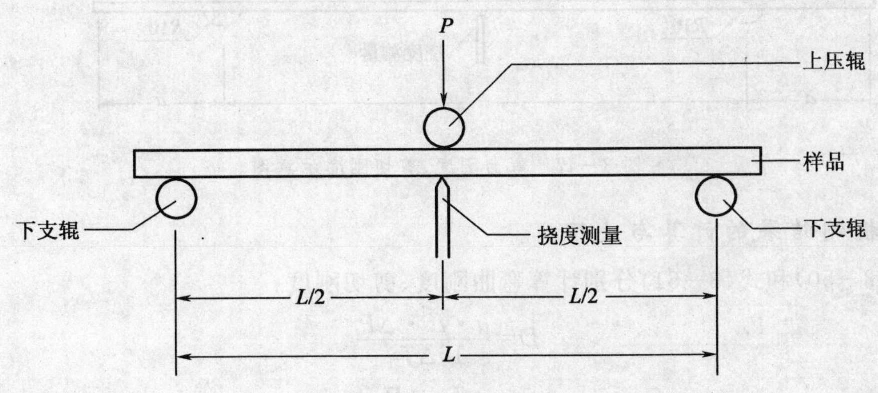

图 3—46　弯曲装置示意图

第三章　金属及金属复合装饰材料性能检测技术

(三)检测结果的计算与处理

弯曲强度和弯曲弹性模量分别按式(3—48)和式(3—49)计算：

$$\sigma=1.5\times\frac{P_{\max}L}{bh^2} \tag{3—48}$$

$$E=0.75\times\frac{L^3\Delta P}{bh^3\Delta L} \tag{3—49}$$

式中 σ——弯曲强度，MPa；

E——弯曲弹性模量，MPa；

$P_{\max}$——最大弯曲载荷，N；

L——跨距，mm；

b——试件中部宽度，mm；

h——试件中部厚度，mm；

ΔP——载荷—挠度曲线上弹性段的载荷取值，N；

ΔL——载荷—挠度曲线上与 ΔP 对应的挠度取值，mm。

以 6 个试件为一组，测量正面向上纵向、正面向上横向、背面向上纵向、背面向上横向各组试件的弯曲强度和弯曲弹性模量，分别以各组试件的测量值的算术平均值作为该组的试验结果。

十一、蜂窝板弯曲刚度、剪切刚度

(一)实验步骤

如图 3—47 所示，跨距取 450 mm，外伸位移测量点到支撑辊中心的距离为 150 mm，支撑辊和压辊都为直径 20 mm 的半圆。以 1 mm/min 进行加载直至试件产生明显塑性变形，记录载荷—挠度—左右外伸点位移曲线。其余按 GB/T 1456 的规定进行。

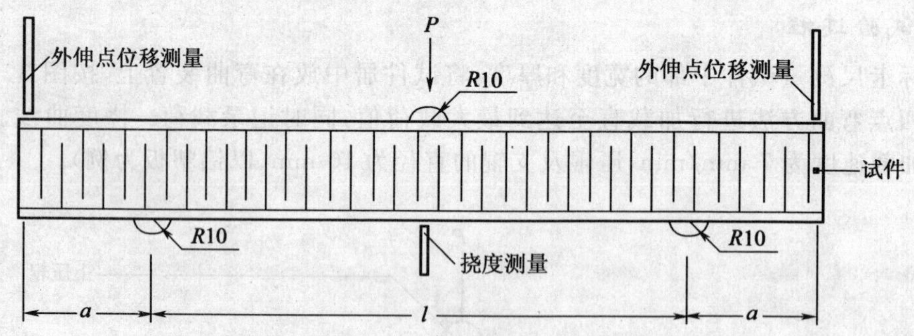

图 3—47 弯曲刚度、剪切刚度示意图

(二)检测结果的计算与处理

按式(3—50)和式(3—51)分别计算弯曲刚度、剪切刚度：

$$D=\frac{a\cdot l^2\cdot\Delta P}{16\Delta f_{外}} \tag{3—50}$$

$$U=\frac{l\cdot\Delta P}{4(\Delta f_{中}-\frac{l}{3a}\Delta f_{外})} \tag{3—51}$$

式中　D——弯曲刚度，$N \cdot mm^2$；

U——剪切刚度，N；

ΔP——载荷—挠度—左右外伸点位移曲线上弹性段的载荷增量，N；

a——外伸位移测量点到支撑辊中心的距离，mm；

l——跨距，mm；

$\Delta f_{外}$——载荷—挠度—左右外伸点位移曲线上对应于 ΔP 的两个外伸点的位移增量的平均值，mm；

$\Delta f_{中}$——载荷—挠度—左右外伸点位移曲线上对应于 ΔP 的跨中挠度增量，mm。

以 5 个试件的弯曲刚度和剪切刚度的平均值作为检验结果。

十二、铝蜂窝芯节点强度

(一)基本原理

参照 GJB 130.4—1986《胶结铝蜂窝芯子节点强度试验方法》，节点强度指相邻两个铝蜂窝芯格从胶层处拉开所需要的力，以 N/cm 表示。

(二)试样要求

取样要求如图 3—48 所示。

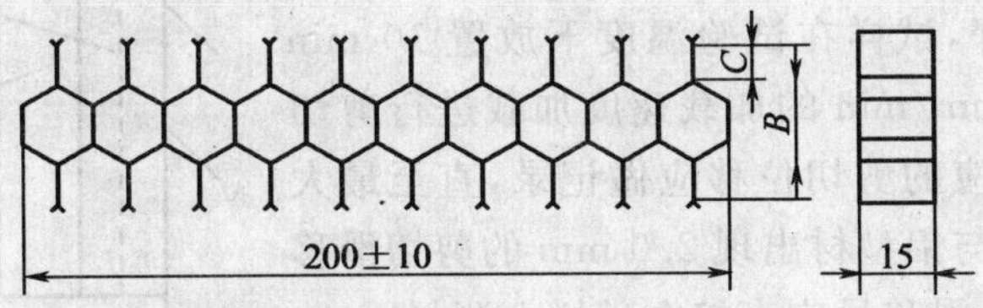

图 3—48　取样示意图

(三)试验设备

销子直径应比蜂窝孔格内切圆直径小 2 mm。

(四)实验步骤

试验前用卡尺测量试样芯子厚度，最少测量 3 点。准确至 0.1mm，取算术平均值。

将夹具安装在试验机上下钳口的万向接头上。选择与所试验的铝蜂窝芯格边长相适应的销子插入蜂窝芯格，然后用销子使试样与上下夹具相连接，调整试验机载荷零点。

开动试验机，使试验机以 90 mm/min～100 mm/min 的速度均匀连续加载，直至试样破坏，记录下试样破坏载荷及破坏模式。非节点破坏的数据无效。

(五)检测结果的计算与处理

按式(3—52)计算蜂窝芯子节点强度：

$$F=\frac{P}{t_c} \tag{3—52}$$

式中　F—蜂窝芯子节点强度，N/cm；

P——试样破坏负荷，N；

t_c——铝蜂窝芯子厚度，cm。

十三、隔热型材力学性能

标准为 GB 5237.6，进行产品性能试验前，试样需在室温(23±2)℃、(50±10)%湿度试验室内存放 48 h。

(一)试验温度

1. 穿条式产品试验温度

室温：(+23±2)℃、低温：(−20±2)℃、高温：(+80±2)℃。

2. 浇注式产品试验温度

室温：(+23±2)℃、低温：(−29±2)℃、高温：(+70±2)℃。

(二)纵向剪切试验方法

1. 试验装置

试验夹具应能够有效防止试样在加载时发生旋转或偏移，作用力宜通过刚性支承传递给型材截面，既要保证负载的均匀性，又不能与隔热材料相接触。试验装置示意图参见图 3—49。

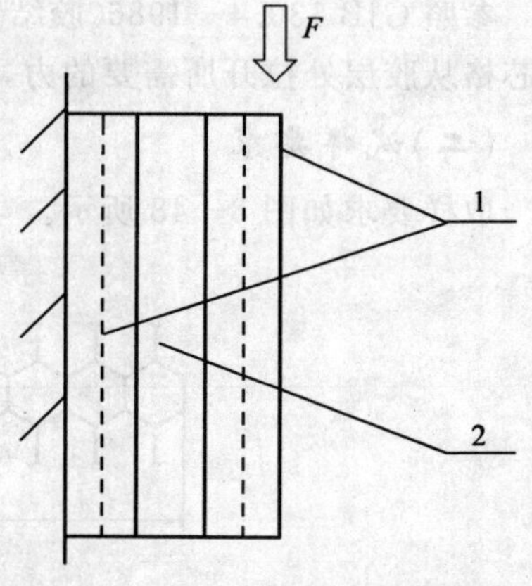

图 3—49 纵向剪切试验装置示意图

1—铝型材；2—隔热材料

2. 试验操作

用夹具将试样夹好，试样在试验温度下放置 10 min 后，以 1 mm/min～5 mm/min 的加载速度加载进行剪切试验，所加的载荷和相应的剪切位移应做记录，直至最大载荷出现，或隔热材料与铝型材出现 2.0 mm 的剪切滑移量(此时称剪切失效)。滑移量应直接在试样上测量。

3. 检测结果的计算与处理

按式(3—53)计算各试样单位长度上所能承受的最大剪切力：

$$T=F_{max}/L \qquad (3\text{—}53)$$

式中 T——试样单位长度上所能承受的最大剪切力，N/mm；

L——试样长度，mm；

F_{max}——最大剪切力，N。

再按式(3—54)计算纵向抗剪特征值：

$$T_e=T-2.02\times s \qquad (3\text{—}54)$$

式中 T_e——纵向抗剪特征值，N/mm；

T——10 个试样单位长度上所能承受最大剪切力的平均值，N/mm；

s——相应样本估算的标准差，N/mm。

(三)横向拉伸试验方法

1. 试验装置

试验夹具应能够有效防止试样由于装夹不当造成的破坏(如在加载初始，型材即发生撕裂等破坏)，试验装置示意图参见图 3—50。

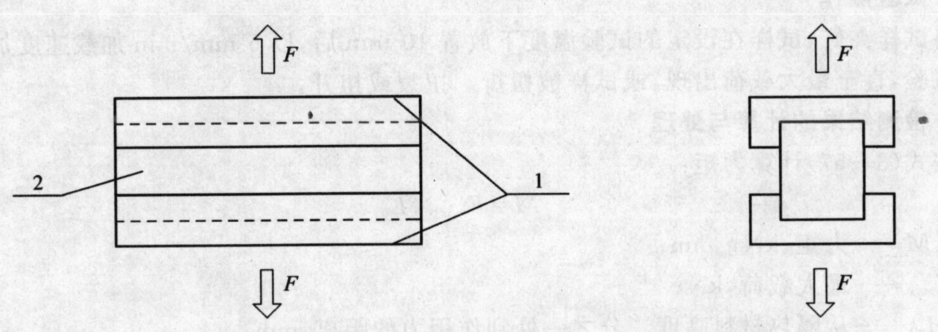

图 3—50 横向拉伸试验装置示意图

1—铝型材；2—隔热材料

2. 试样

A 类隔热型材试样需先通过室温纵向剪切失效（隔热材料与铝型材之间出现 2.0 mm 的剪切滑移。）再做横向拉伸试验；B 类型材试样不通过室温纵向剪切失效，直接做横向拉伸试验。

3. 试验操作

将试样用夹具夹好。试样在设定的试验温度下放置 10 min 后，以 1 mm/min～5 mm/min 的拉伸速度加载做拉伸试验，直至试样抗拉失效（出现型材撕裂或隔热材料断裂或型材与隔热材料脱落等现象），测定其最大载荷。

4. 检测结果的计算与处理

按式（3—55）计算各试样单位长度上所能承受的最大拉伸力：

$$Q=F_{max}/L \tag{3—55}$$

式中 Q——试样单位长度上所能承受的最大拉伸力，N/mm；

L——试样长度，mm；

F_{max}——最大拉伸力，N。

再按式（3—56）计算横向抗拉特征值：

$$Q_e=Q-2.02\times s \tag{3—56}$$

式中 Q_e——横向抗拉特征值，N/mm；

Q——10 个试样单位长度上所能承受最大拉伸力的平均值，N/mm；

s——相应样本估算的标准差，N/mm。

（四）抗扭试验方法

1. 试验装置

试验夹具应能够有效防止试样在加载时发生旋转或移动，加载作用点应在隔热材料和铝合金型材结合表面外侧，浇注式隔热材料应将浇注面朝上装夹，试验装置示意图参见图 3—51。

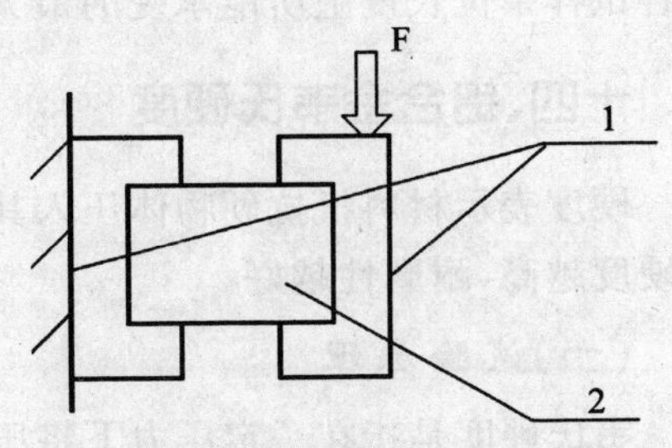

图 3—51 抗扭试验装置示意图

1—铝型材；2—隔热材料

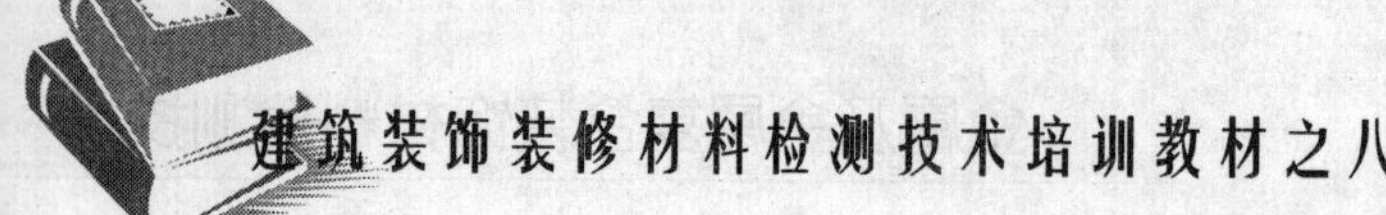

2. 试验操作

将试样夹好，试样在设定的试验温度下放置 10 min 后，以 5 mm/min 加载速度加载进行抗扭试验，直至最大载荷出现，或试样被扭折。扭裂或扭开。

3. 检测结果的计算与处理

按式(3—57)计算力矩：

$$M=F_{max}\times L_0 \qquad (3-57)$$

式中 M——力矩，kN·mm；

F_{max}——最大载荷，kN；

L_0——从隔热材料高度二分之一处到作用力的距离，mm。

(五)高温持久复合试验方法

1. 试样

A 类隔热型材试样需先通过室温纵向剪切失效(隔热材料与铝型材出现 2.0 mm 的剪切滑移)。可采用室温纵向剪切试验失效的试样。

2. 试验操作和计算

试样在温度(80±2)℃和(10±0.5)N/mm 横向拉伸连续载荷作用下经过 1000 h 后，测定和试样隔热材料的变形量，计算所有试样的变形量平均值，再对这些试样进行低温、高温的横向拉伸试验。并计算各试样单位长度上所能承受的最大拉伸力以及低温、高温横向抗拉特征值。

(六)热循环试验方法

1. 试样

隔热型材施压前，需先将试样存放在室温(固化)168 h 后，再将试样按规定进行状态调节。

2. 试验操作和计算

试样按该 GB 5237.6—2004 所示的热循环曲线重复试验，试验的循环次数根据隔热型材的不同用途进行选择(用于住宅进行 30 次循环；用于商业建筑进行 60 次循环；用于幕墙建筑进行 90 次循环)。在室温中平衡调节 8 h，用刻度值为 0.02 mm 游标卡尺测量其两端隔热材料的 I_1、I_2、I_3、I_4 4 个读数值总和除以 4，所得值为变形量，计算这些试样的变形量平均值。然后从每个试样中截取长度为(100±1)mm 的剪切试样，做室温纵向剪切试样，并按公式计算各试样单位长度上所能承受的最大剪切力，再按以上公式计算试样室温纵向抗剪特征值。

十四、铝合金韦氏硬度

硬度表示材料抵抗硬物体压入其表面的能力。它是金属材料的重要性能指标之一。一般硬度越高，耐磨性越好。

(一)试验原理

韦氏硬度是指在一定压力下将压针压入试样的表面，材料的硬度与压入的深度成反比。现有标准为 YS/T 420—2000《铝合金韦氏硬度试验方法》。

(二)测量仪器

韦氏硬度计。

(三)试样

试样厚度为1 mm～6 mm,试样的试验面应光滑、洁净、不应有机械损伤,试样边缘不应有毛刺,试验面如有涂层应彻底清除,如有轻微的擦划伤或模具痕等,需轻轻磨光;

试样的最小尺寸约为25 mm×25 mm,并应保证测量时压痕到边缘的距离不小于3 mm。

(四)测量步骤

将试样置于仪器的砧座和压针之间,压针应与试验面垂直,轻轻压下手柄,使压针压住试样;

快速压下手柄,施加足够的力,使压针套筒的端面紧压在试样上,在表头上读出硬度值(精确到0.5HW);

两次测量时相邻压痕中心间的距离应不小于6 mm;

在测量较软的材料时,表头指针在瞬间达到最大值,随后可能会稍稍下降,此时测量值以观察到的最大值为准;

在一般情况下,每个试样至少应测量3点。

(五)检测结果的计算与处理

以至少3点测量值的算术平均值作为试样的硬度值,计算结果修约到0.5HW。

十五、铝合金维氏硬度

在静态力测定硬度的方法中,维氏硬度试验方法是最精确的一种,这种方法测量硬度的范围较宽,可以测定目前所使用的绝大部分金属材料的硬度。当实验材料的结构较为均匀时,采用不同实验力获得的维氏硬度试验结果相近。维氏硬度的压痕为正方形,轮廓清晰,用测量对角线长度方法计算的硬度值精确度高、重复性好。

(一)试验原理

韦氏硬度是指在一定压力下将压针压入试样的表面,材料的硬度与压入的深度成反比。现有标准为:

GB/T 4340.1—1999《金属维氏硬度试验 第1部分:试验方法》;

GB/T 4340.2—1999《金属维氏硬度试验 第2部分:硬度计的检验》;

GB/T 4340.3—1999《金属维氏硬度试验 第3部分:标准硬度块的标定》。

该标准等效采用以下国际标准:

ISO 6507－1:1997《金属材料 维氏硬度试验 第1部分:试验方法》;

ISO 6507－2:1997《金属材料 维氏硬度试验 第2部分:硬度计的检验》;

ISO 6507－3:1997《金属材料 维氏硬度试验 第3部分:标准块的标定》。

(二)测量仪器

维氏硬度计。

(三)试样

试样厚度至少为压痕对角线长度的1.5倍,试验后背面不应出现可见变形痕迹,为1 mm～6 mm,试样的试验面应光滑、洁净、不应有机械损伤,试样边缘不应有毛刺,试验面如有涂层应彻底清除,如有轻微的擦划伤或模具痕等,需轻轻磨光。

试样的最小尺寸约为 25 mm×25 mm，并应保证测量时压痕到边缘的距离不小于 3 mm。

（四）测量步骤

将试样置于仪器的砧座和压针之间，压针应与试验面垂直，轻轻压下手柄，使压针压住试样；

快速压下手柄，施加足够的力，使压针套筒的端面紧压在试样上，在表头上读出硬度值（精确到 0.5HW）；

两次测量时相邻压痕中心间的距离应不小于 6 mm；

在测量较软的材料时，表头指针在瞬间达到最大值，随后可能会稍稍下降，此时测量值以观察到的最大值为准；

在一般情况下，每个试样至少应测量 3 点。

（五）检测结果的计算与处理

以至少 3 点测量值的算术平均值作为试样的硬度值，计算结果修约到 0.5HW。

十六、尺寸偏差

（一）长宽度

用最小分度值为 1 mm 的钢卷尺测量。以长度（宽度）的全部测量值与标称值之间的极限值误差作为试验结果。

（二）金属基材厚度

基材厚度的测量应至少在整件试样的四角和中心 5 个位置。用最小分度值为 0.001 mm 的厚度测量器具测量某点的总厚度，然后按照 GB/T 4957 的规定测量该点的局部膜厚，以总厚度与局部膜厚的差值为该点的基材厚度。以全部测量值与标称值之间的极限偏差作为试验结果。

（三）对角线差

用最小分度值为 1 mm 的钢卷尺测量并计算同一张板上两对角线长度之差值。以全部试件测得的差值中的最大值作为试验结果。

（四）边直度

将板平放于水平台上，用 1000 mm 长的钢直尺的侧边与板边相靠，再用最小厚度为 0.01 mm的一套塞尺测量板的边沿与钢直尺的侧边之间的最大间隙。以全部试件各边测量值中的最大值作为试验结果。

（五）翘曲度

将板凹面向上平放于水平台上，将 1000 mm 长的钢平尺放在板面上，再用一最小分度值不大于 0.5 mm 的测量尺测量钢平尺与板之间的最大缝隙高度。以全部试件测量值中的最大值作为试验结果。

（六）金属基材厚度

基材厚度的测量应至少在整件试样的四角和中心 5 个位置。用最小分度值为 0.001 mm

的厚度测量器具测量某点的总厚度，然后按照 GB/T 4957 的规定测量该点的局部膜厚，以总厚度与局部膜厚的差值为该点的基材厚度。以全部测量值与标称值之间的极限偏差作为试验结果。

附表　国内外相关标准

	国外标准
1	EN 13523－0:2001《Coil coated metals-test methods-part 0：general introduction and list of test methods》
2	AAMA 2603—2002《Voluntary Specification，Performance Requirements and Test Procedures for Pigment on Aluminum Extrusions and Panels》
3	AAMA 2604—2005《Voluntary Specification，Performance Requirements and Test Procedures for High Performance Organic Coatings on Aluminum Extrusions and Panels》
4	AAMA 2605—2005《Voluntary Specification，Performance Requirements and Test Procedures for Superior Performing Organic Coatings on Aluminum Extrusions and Panels》
5	ASTM B117—1997《Standard Practice for Operating Salt Spray (Fog) Apparatus》
6	ASTM D 732—2002《Standard Test Method for Shear Strength of Plastics by Punch Tool》
7	ASTM D 968—1993《Standard Test Methods for Abrasion Resistance of Organic Coatings by Falling Abrasive》
8	ASTM D1781—98《Climbing Drum Peel Test for Adhesives》
9	ASTM D2794—93《Standard Test Methods for Resistance of Organic Coatings to the Effects of Rapid Deformation(Impact)》
10	ASTM D3363—00《Standard Test Methods for Film Hardness by Pencil Test》
11	ASTM D790—03《Standard Test Methods for Flexural Properties of Unreinforced and Reinforced Plastics and Electrical Insulating Materials》
12	ASTM D905—03《Standard Test Method for Strength Properties of Adhesive Bonds in Shear by Compression Loading》
13	ASTMC297—94《Standard Test Method for Flatwise Tensile Strength of Sandwich Constructions》
14	EN 13523－10:2001《Coil coated metals-Test methods-Part 10：Resistance to fluorescent UV light and water condensation》
15	EN 13523－11:2004《Coil coated metals-Test methods-Part 11：Resistance to solvents(rubbing test)》
16	EN 13523－1:2001《Coil coated metals-test methods-part 1：coating thickness》
17	EN 13523－12:2004《Coil coated metals-Test methods-Part 12：Resistance to scratching》
18	EN 13523－13:2001《Coil coated metals-Test methods-Part 13：Resistance to accelerated ageing by the use of heat》
19	EN 13523－14:2001《Coil coated metals-Test methods-Part 14：Chalking (Helmen method)》
20	EN 13523－15:2002《Coil coated metals-Test methods-Part 15：Metamerism；German version》
21	EN 13523－16:2004《Coil coated metals-Test methods-Part 16：Resistance to abrasion》
22	EN 13523－17:2004《Coil coated metals-Test methods-Part 17：Adhesion of strippable films》

续表

	国外标准
23	EN 13523－18:2002《Coil coated metals-Test methods-Part 18: Resistance to staining》
24	EN 13523－19:2004《Coil coated metals-Test methods-Part 19: panle design and method of atmospheric exposure testing》
25	EN 13523－20:2004《Coil coated metals-Test methods-Part 20: Foam adhesion》
26	EN 13523－22:2004《Coil coated metals-Test methods-Part 22: Colour difference－visual comparison》
27	EN 13523－2:2001《Coil coated metals-Test methods-part 2: Specular gloss》
28	EN 13523－23:2003《Coil coated metals-Test methods-Part 23: Colour stability in humid atmospheres containing sulfur dioxide》
29	EN 13523－24:2004《Coil coated metals-Test methods-Part 24: Resistance to blocking and pressure marking》
30	EN 13523－3:2001《Coil coated metals-test methods-part 3: colour difference-instrumental comparison》
31	EN 13523－4:2001《Coil coated metals-test methods-part 4: pencil hardness 》
32	EN 13523－5:2001《Coil coated metals-test methods-part 5: resistance to rapid deformation (impact test) 》
33	EN 13523－6:2002《Coil coated metals-Test methods-Part 6: Adhesion after indentation (cupping test)》
34	EN 13523－7:2001《Coil coated metals-Test methods-Part 7: Resistance to cracking on bending (T－bend test)》
35	EN 13523－8:2002《Coil coated metals-Test methods-Part 8: Resistance to salt spray (fog)》
36	EN 13523－9:2001《Coil coated metals-Test methods-Part 9: Resistance to water immersion》
37	TAIM e. V. －November 2003《Quality Standards for Metal Ceilings and Long－Span Metal Planks》
	国内实验方法标准
38	GB/T 1033—1986《塑料密度和相对密度试验方法》
39	GB/T 1040.1—2006《塑料 拉伸性能的测定 第1部分:总则 》
40	GB/T 1040.2—2006《塑料 拉伸性能的测定 第2部分:模塑和挤塑塑料的试验条件》
41	GB/T 1040.3—2006《塑料 拉伸性能的测定 第3部分:薄膜和薄片的试验条件》
42	GB/T 10125—1997《人造气氛腐蚀试验 盐雾试验》)EQV ISO 9227:1990
43	GB/T 11186.1—1989《涂膜颜色的测量方法 第1部分 原理》
44	GB/T 11186.2—1989《涂膜颜色的测量方法 第2部分 颜色测量》
45	GB/T 11186.3—1989《涂膜颜色的测量方法 第3部分 色差计算》
46	GB/T 11999—1989《塑料薄膜和薄片耐撕裂性试验方法 埃莱门多夫法 》
47	GB/T 12160—2002《单轴试验用引伸计的标定(idt ISO9513:1999)》
48	GB/T 12967.1—2008《铝及铝合金阳极氧化膜检测方法 第1部分:用喷磨试验仪测定阳极氧化膜的平均耐磨性 》
49	GB/T 12967.2—2008《铝及铝合金阳极氧化膜检测方法 第2部分:用轮式磨损试验仪测定阳极氧化膜的耐磨性和耐磨系数》

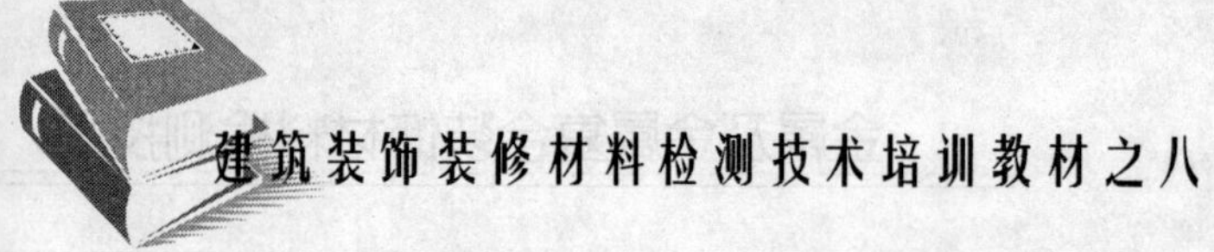

续表

	国内实验方法标准
50	GB/T 12967.3—2008《铝及铝合金阳极氧化膜检测方法 第3部分:铜加速乙酸盐雾试验(CASS试验)》
51	GB/T 13448—2006《彩色涂层钢板及钢带试验方法》
52	GB/T 13891—1992《建筑饰面材料镜向光泽度测定方法》
53	GB/T 1452—2005《夹层结构平拉强度试验方法》
54	GB/T 1453—2005《夹层结构或芯子平压性能试验方法》
55	GB/T 1454—2005《夹层结构侧压性能试验方法》
56	GB/T 1455—2005《夹层结构或芯子剪切性能试验方法》
57	GB/T 1456—2005《夹层结构弯曲性能试验方法》
58	GB/T 1457—2005《夹层结构滚筒剥离强度试验方法》
59	GB/T 1720—79《漆膜附着力测定法》
60	GB/T 14826—1993《色漆涂层粉化程度的测定方法及评定》
61	GB/T 16259—2008《彩色建筑材料人工气候加速颜色老化试验方法》
62	GB/T 1634.2—2004《塑料 负荷变形温度的测定 第2部分:塑料、硬橡胶和长纤维增强复合材料》
63	GB/T 16585—1996《硫化橡胶人工气候老化(荧光紫外灯)试验方法》
64	GB/T 16825.1—2007《静力单轴试验机的检验 第1部分:拉力和(或)压力机测力系统的检验与校准》(ISO 7500—1:1999,IDT)
65	GB/T 16825.2—2007《静力单轴试验机的检验 第2部分:拉力蠕变试验机 施加力的检验》(ISO 7500—2:1996,MOD)
66	GB/T 1732—1993《漆膜耐冲击测定法》
67	GB/T 1740—2007《漆膜耐湿热性测定法》
68	GB/T 17600.1—1998《钢的伸长率换算 第1部分:碳素钢和低合金钢》(eqv ISO 2566—1:1984)
69	GB/T 17600.2—1998《钢的伸长率换算 第2部分:奥氏体钢》(eqv ISO 2566—2:1984)
70	GB/T 1766—2008《色漆和清漆 涂层老化的评级方法》
71	GB/T 1768—2006《色漆和清漆 耐磨性的测定 旋转橡胶砂轮法》
72	GB/T 1771—2007《色漆和清漆 耐中性盐雾性能的测定》(ISO 7253:1996,IDT)
73	GB/T 228—2002《金属材料 室温拉伸试验方法》(ISO 6892:1998,MOD)
74	GB/T 2790—1995《胶粘剂180°剥离强度试验方法 挠性材料对刚性材料》(EQV ISO 8510—2—1990)
75	GB/T 2792—1998《压敏胶粘带180°剥离强度试验方法》
76	GB/T 2975—1998《钢及钢产品 力学性能试验取样位置和试样制备》(EQV ISO377:1997)》
77	GB/T 3190—2008《变形铝及铝合金化学成分》
78	GB/T 3682—2000《热塑性塑料熔体质量流动速率和熔体体积流动速率的测定》(IDT ISO 1133:1997)
79	GB/T 4851—1998《压敏胶粘带持粘性试验方法》
80	GB/T 4956—2003《磁性基体上非磁性覆盖层 覆盖层厚度测量 磁性法》(ISO 2178:1982,IDT)

续表

	国内实验方法标准
81	GB/T 4957—2003《非磁性金属基体上非导电覆盖层覆盖层厚度测量 涡流法》(ISO 2360:1982,IDT)
82	GB/T 6462—2005《金属和氧化物覆盖层 厚度测量 显微镜法》(ISO 1463:2003,IDT)
83	GB/T 6672—2001《塑料薄膜和薄片厚度的测定 机械测量法》(IDT ISO 4593:1993)
84	GB/T 6673—2001 塑料薄膜与片材长度和宽度的测定(IDT ISO 4592:1992)
85	GB/T 6739—2006《涂膜硬度铅笔测定方法》(ISO 15184:1998,IDT)
86	GB/T 6742—2007《色漆和清漆 漆膜弯曲试验(圆柱轴)》(ISO 1519:2002,IDT)
87	GB/T 8014.2—2005《铝及铝合金阳极氧化 氧化膜厚度的测量方法 第2部分:质量损失法》
88	GB/T 8014.3—2005《铝及铝合金阳极氧化 氧化膜厚度的测量方法 第3部分:分光束显微镜法》
89	GB/T 8170—1987《数值修约规则》
90	GB/T 8753.1—2005《铝及铝合金阳极氧化 氧化膜封孔质量的评定方法 第1部分:无硝酸预浸的磷铬酸法》
91	GB/T 8753.2—2005《铝及铝合金阳极氧化 氧化膜封孔质量的评定方法 第2部分:硝酸预浸的磷铬酸法》
92	GB/T 8753.3—2005《铝及铝合金阳极氧化 氧化膜封孔质量的评定方法 第3部分:导纳法》
93	GB/T 8753.4—2005《铝及铝合金阳极氧化 氧化膜封孔质量的评定方法 第4部分:酸处理后的染色斑点法》
94	GB/T 8802—2001《热塑性塑料管材、管件 维卡软化温度的测定》(eqv ISO 2507:1995)
95	GB/T 9275—2008《色漆和清漆 巴克霍尔兹压痕试验》
96	GB/T 9276—1996《涂层自然气候曝露试验方法》
97	GB/T 9279—2007《色漆和清漆 色漆和清漆 划痕试验》
98	GB/T 9286—1998《色漆和清漆 漆膜的划格试验》
99	GB/T 9753—2007《色漆和清漆 杯突试验》(IDT ISO 1520:2006)
100	GB/T 9754—2007《色漆和清漆 不含金属颜料的色漆膜之20°、60°、85°镜面光泽的测定》idt ISO 2813:1994
101	GB/T 9761—2008《色漆和清漆 色漆的目视比色》
102	GB/T 9780—2005《建筑涂料涂层耐沾污性试验方法》
103	GJB 130.2—1986《铝蜂窝芯子密度测定方法》
104	GJB 130.3—1986《胶结铝蜂窝芯子节点强度试验方法》
105	GJB 130.4—1986《胶结铝蜂窝夹层结构平面拉伸试验方法》
106	GJB 130.5—1986《胶结铝蜂窝夹层结构和芯子平面压缩性能试验方法》
107	GJB 130.6—1986《胶结铝蜂窝夹层结构和芯子平面剪切试验方法》
108	GJB 130.7—1986《胶结铝蜂窝夹层结构滚筒剥离试验方法》
109	GJB 130.8—1986《胶结铝蜂窝夹层结构90°剥离试验方法》
110	GJB 130.9—1986《胶结铝蜂窝夹层结构弯曲性能试验方法》

续表

	国内实验方法标准
111	ISO 2360—1982《非磁性金属基体上非导电覆盖层厚度测量方法 涡流方法》
112	ISO 4628－1—2003 色漆和清漆.漆膜降解的评定.缺陷量值、大小和外观均匀改变程度的规定.第1部分:一般说明和名称与符号系统
113	ISO 4628－2—2003 色漆和清漆.漆膜降解的评定.缺陷量值、大小和外观均匀改变程度的规定.第2部分:起泡等级的评定
114	ISO 4628－3—2003 色漆和清漆.漆膜降解的评定.缺陷量值、大小和外观均匀改变程度的规定.第3部分:生锈等级的评定
115	ISO 4628－4—2003 色漆和清漆.漆膜降解的评定.缺陷量值、大小和外观均匀改变程度的规定.第4部分:裂纹等级的评定
116	ISO 4628－5—2003 色漆和清漆.漆膜降解的评定.缺陷量值、大小和外观均匀改变程度的规定.第5部分:剥落等级的评定
117	YS/T 420—2000《铝合金韦氏硬度试验方法》
	国内产品标准
118	GB 5237.1—2004《铝合金建筑型材 第1部分 基材》
119	GB 5237.2—2004《铝合金建筑型材 第2部分 阳极氧化、着色型材》
120	GB 5237.3—2004《铝合金建筑型材 第3部分 电泳涂漆型材》
121	GB 5237.4—2004《铝合金建筑型材 第4部分 粉末喷涂型材》
122	GB 5237.5—2004《铝合金建筑型材 第5部分 氟碳漆喷涂型材》
123	GB 5237.6—2004《铝合金建筑型材 第6部分 隔热型材》
124	GB/T 12754—2006《彩色涂层钢板及钢带》
125	GB/T 17748—2008《建筑幕墙用铝塑复合板》
126	GB/T ***** — ****《普通装饰用铝塑复合板(报批稿)》
127	GB/T 3880.2—2006《一般工业用铝及铝合金板、带材第2部分:力学性能》
128	GB/T 3880.3—2006《一般工业用铝及铝合金板、带材第3部分:尺寸偏差》
129	GB/T 8013.1—2007《铝及铝合金阳极氧化膜与有机聚合物膜 第1部分:阳极氧化膜》
130	GB/T 8013.2—2007《铝及铝合金阳极氧化膜与有机聚合物膜 第2部分:阳极氧化复合膜》
131	GB/T 8013.3—2007《铝及铝合金阳极氧化膜与有机聚合物膜 第3部分:有机聚合物喷涂膜》
132	JG/T 133—2000《建筑用铝型材、铝板氟碳涂层》
133	YS/T 429.1—2002《铝幕墙板 板基》
134	YS/T 429.2—2002《铝幕墙板 氟碳喷漆铝单板》
135	JC/T 1059—2007《金属及金属复合材料吊顶板》
136	GB/T ***** — ****《金属及金属复合材料吊顶板(报批稿)》
137	GB/T ***** — ****《建筑装饰用铝单板(报批稿)》
138	JC/T ***** — ****《建筑幕墙用铝蜂窝板(征求意见稿)》

续表

	国内产品标准
139	JC/T ***** — ****《建筑装饰用铝蜂窝板(征求意见稿)》
140	JG/T ***** — ****《建筑用泡沫铝板(征求意见稿)》
141	JG/T ***** — ****《钛锌复合板(征求意见稿)》
142	JG/T ***** — ****《金属装饰保温板(征求意见稿)》

参考文献

1. 杜继予，关注铝塑复合板幕墙的现状和未来发展，中国建材科技，2004(4)

2. 周维祥编. 塑料测试技术. 北京：化学工业出版社. 2005

3. 张中编. 铝塑复合板. 北京：化学工业出版社. 2005

4. 朱祖芳编. 铝合金阳极氧化与表面处理技术. 北京：化学工业出版社. 2007